LE

BUFFON

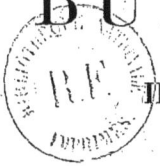

ILLUSTRÉ

4419-98. — CORBEIL. Imprimerie Éd. Crété.

LE
BUFFON

ILLUSTRÉ

A L'USAGE DE LA JEUNESSE

CONTENANT

UNE DESCRIPTION TRÈS COMPLÈTE

DES MAMMIFÈRES, OISEAUX, POISSONS, REPTILES
INSECTES ET COQUILLES

PAR

A. DE BEAUCHAINAIS

PARIS
LIBRAIRIE DE THÉODORE LEFÈVRE ET Cie
ÉMILE GUÉRIN, ÉDITEUR
2, RUE DES POITEVINS.

LE
BUFFON ILLUSTRÉ

MAMMIFÈRES

ANIMAUX DOMESTIQUES

LE CHEVAL

Le cheval compose à lui seul la famille des solipèdes, c'est-à-dire des animaux qui n'ont qu'un seul sabot à chaque pied. Il a quarante-deux dents, et l'on voit entre les incisives et les môlaires un espace vide appelé *barre* dans lequel se met le mors. Le cheval atteint, en taille moyenne, à un mètre et demi ; il vit environ trente ans. C'est à quatre ans qu'on le monte et qu'on l'exerce à obéir aux ordres d'un maître.

La plus noble conquête que l'homme ait jamais faite est celle de ce fier et fougueux animal qui partage avec lui les fatigues de la guerre : aussi intrépide que son maître, le cheval voit le péril et l'affronte : il se fait au bruit des armes, il l'aime, il le cherche, et s'anime de la même ardeur ; il partage aussi ses plaisirs à la chasse. Mais, docile autant que courageux, il ne se laisse point emporter à son feu, il sait réprimer ses mouvements : non seulement il fléchit sous la main de celui qui le guide, mais il semble consulter ses désirs, et, obéissant toujours aux impressions qu'il en reçoit, il se précipite, se modère ou s'arrête, et n'agit que pour y satisfaire : c'est une créature qui renonce à son être, pour n'exister que par la volonté d'un autre, qui sait même la prévenir ; qui, par la promptitude et la précision de ses mouvements, l'exprime et l'exécute, qui sent autant qu'on le désire et ne rend qu'autant qu'on veut ; qui, se livrant sans réserve, ne se refuse à rien, sert de toutes ses forces, s'excède, et même meurt pour mieux obéir.

Il est de tous les animaux celui qui, avec une grande taille, a le plus de proportion et d'élégance dans les parties de son corps ; car, en lui comparant les animaux qui sont immédiatement au-dessus et au-dessous, on verra que l'âne est mal fait, que le lion a la tête trop grosse, que le bœuf a les jambes trop minces et trop courtes pour la grosseur de son corps, que le chameau est difforme, et que les plus gros animaux, le rhinocéros et l'éléphant, ne sont, pour ainsi dire, que des masses informes. Le grand allongement des mâchoires est la principale cause de la différence entre la tête des quadrupèdes et celle de l'homme ; c'est aussi le caractère le plus ignoble de tous : cependant, quoique les mâchoires du cheval soient fort allongées, il n'a pas comme l'âne un air d'imbécillité, ou de stupidité

comme le bœuf : la régularité des proportions de sa tête lui donne, au contraire, un air de légèreté qui est bien soutenu par la beauté de son encolure. Le cheval semble vouloir se mettre au-dessus de son état de quadrupède en élevant sa tête ; dans cette noble attitude, il regarde l'homme face à face : ses yeux sont vifs et bien ouverts ; ses oreilles sont bien faites et d'une juste grandeur, sans être courtes comme celles du taureau, ou trop longues comme celles de l'âne : sa crinière accompagne bien sa tête, orne son cou, et lui donne un air de force et de fierté ; sa queue traînante et touffue couvre et termine avantageusement l'extrémité de son corps ; et, comme il peut la mouvoir de côté, il s'en sert utilement pour chasser les mouches qui l'incommodent.

On juge assez bien du naturel et de l'état actuel de l'animal par le mouvement de ses oreilles : il doit, lorsqu'il marche, avoir les pointes des oreilles en avant. Un cheval fatigué a les oreilles basses ; ceux qui sont colères et mutins portent alternativement l'une des oreilles en avant ou en arrière.

Les espèces du genre cheval paraissent toutes originaires du grand plateau central de l'Asie et de l'Afrique orientale et méridionale ; le cheval domestique vient primitivement de la Tartarie.

Dans tous les animaux, chaque espèce est variée suivant les différents climats, et les résultats généraux de ces variétés forment et constituent les différentes races.

Les chevaux arabes sont les plus beaux que l'on connaisse en Europe ; ils sont plus grands et plus étoffés que les barbes, et tout aussi bien faits.

Les chevaux barbes sont plus communs : on en voit de tous poils, mais plus communément de gris. Les barbes ont un peu de négligence dans leur allure ; ils ont besoin d'être recherchés, et on leur trouve beaucoup de vitesse et de nerf : ils sont fort légers et très propres à la course. Ces chevaux paraissent être les plus propres pour en tirer races.

Les chevaux d'Espagne tiennent le second rang après les barbes. Ceux de belle race sont épais, bien étoffés, bas de terre ; ils ont aussi beaucoup de mouvement dans leur démarche, beaucoup de souplesse, de feu et de fierté : leur poil le plus ordinaire est noir ou bai-marron, quoiqu'il y en ait quelques-uns de toutes sortes de poils. On les préfère à tous les autres chevaux du monde, pour la guerre, pour la pompe et pour le manège.

Les plus beaux chevaux anglais sont, pour la formation, assez semblables aux arabes et aux barbes, dont ils sortent en effet. Il y en a de tous poils et de toutes marques. Ils sont généralement forts, vigoureux, hardis, capables d'une grande fatigue, excellents pour la chasse et la course ; mais il leur manque la grâce et la souplesse ; ils sont durs, et ont peu de liberté dans les épaules.

Les chevaux d'Italie étaient autrefois plus beaux qu'ils ne le sont aujourd'hui, parce que depuis un certain temps on y a négligé les haras ; cependant ils se trouve encore de beaux chevaux napolitains ; ils sont excellents pour le carrosse, et ont beaucoup de dispositions à piaffer.

Les chevaux danois sont de si belle taille et si étoffés, qu'on les préfère à tous les autres pour en faire des attelages. Il y en a de parfaitement bien moulés, mais en petit nombre ; car le plus souvent ces chevaux n'ont pas une conformation fort régulière ; mais ils ont tous de beaux mouvements, et en général ils sont très bons pour la guerre et pour l'appareil.

Il y a en Allemagne de fort bons chevaux ; mais en général ils sont pesants et ont peu d'haleine, quoiqu'ils viennent, pour la plupart, des chevaux turcs et barbes. Ils sont donc peu propres à la chasse et à la course de vitesse, au lieu que les chevaux hongrois, transylvains, etc., sont légers et bons coureurs.

Les chevaux de Hollande sont fort bons pour le carrosse, et ce sont ceux dont on se sert le plus communément en France. Les meilleurs viennent de la province de Frise.

Il y a en France des chevaux de toute espèce, mais les beaux sont en petit nombre. Les meilleurs chevaux de selle viennent du Limousin ; ils ressemblent assez aux barbes, et sont, comme eux, excellents pour la chasse.

Les chevaux arabes ont été de tout temps et sont encore les premiers chevaux du monde, tant pour la beauté que pour la bonté ; c'est d'eux que l'on tire, soit immédiatement, soit médiatement par le moyen des barbes, les plus beaux chevaux qui soient en Europe, en Afrique et en Asie : le climat de l'Arabie est donc peut-être le vrai climat des chevaux. Le cheval arabe est reconnaissable à sa tête carrée, à son encolure de cerf ; on en distingue deux variétés : le Kochloni pur sang, dont la généalogie est authentiquement constatée, et le Kadischi, qui proviennent de croisements inconnus.

En Ukraine et chez les Cosaques du Don, les chevaux vivent errants dans les campagnes. Dans le grand espace de terre compris entre le Don et le Dniéper, espace très mal peuplé, les chevaux sont en troupes de trois, quatre ou cinq cents, toujours sans abri, même dans la saison où la terre est couverte de neige ; ils détournent cette neige avec le pied de devant pour chercher et manger l'herbe qu'elle recouvre. Deux ou trois hommes à cheval ont le soin de conduire ces troupes de chevaux, ou plutôt de les garder, car on les laisse errer dans la campagne. Chacune de ces troupes de chevaux a un cheval-chef qui la commande, qui la guide, qui la tourne et range quand il faut marcher ou s'arrêter ; ce chef commande aussi l'ordre et les mouvements nécessaires lorsque la troupe est attaquée par les voleurs ou par les loups. Ce chef est très vigilant et toujours alerte : il fait souvent le tour de sa troupe ; et, si quelqu'un de ces chevaux sort du rang ou reste en arrière, il court à lui, le frappe d'un coup d'épaule, et lui fait prendre sa place. Ces animaux, sans être montés ni conduits par les hommes, marchent en ordre à peu près comme notre cavalerie. Le chef occupe ce poste encore plus fatigant qu'important pendant quatre ou cinq ans ; et, lorsqu'il commence à devenir moins fort et moins actif, un autre cheval, ambitieux de commander, et qui s'en sent la force, sort de la troupe et attaque le vieux chef ; s'il est victorieux, il se met à la tête de tous les autres, et s'en fait obéir.

En Finlande, au mois de mai, lorsque les neiges sont fondues, les chevaux partent de chez leurs maîtres, et s'en vont dans de certains cantons des forêts, où il semble qu'ils se soient donné rendez-vous. Là, ils forment des troupes différentes, qui ne se mêlent ni ne se séparent jamais : chaque troupe prend un canton différent de la forêt pour sa pâture ; ils s'en tiennent à un certain territoire, et n'entreprennent point sur celui des autres.

On sait que l'espèce du cheval n'existait pas dans le nouveau continent lorsqu'on en a fait la découverte, et l'on peut s'étonner avec raison de leur prompte et prodigieuse multiplication ; car, en moins de deux cents ans, le petit nombre de chevaux qu'on y a transportés d'Europe s'est si fort multiplié, et particulièrement au Chili, qu'ils y sont à très bas prix.

Le cheval est encore utile après sa mort : ses crins servent à faire des tissus; son poil, de la bourre; sa peau, des chaussures; sa chair des engrais; ses intestins, de la colle-forte; ses os, du noir animal, etc.

Le cheval, semblable en cela à l'éléphant, est amoureux de parure. Toutes les fois qu'il est couvert de housses, de plumes, de grelots et autres ornements de harnais, il se montre plus vif et plus fort. Les muletiers espagnols, qui connaissent parfaitement le goût de cet animal, en profitent, lorsqu'ils veulent punir une de leurs bêtes pour quelque faute. Ils lui ôtent alors ses grelots et son panache, et le placent à la queue du convoi.

L'ANE

L'âne diffère du cheval par une tête plus grosse, par des oreilles plus longues, par une queue garnie de poils à son extrémité seulement, par des épaules moins larges et traversées, chez le mâle, par une ligne noire qui se croise avec une autre ligne de même couleur tracée le long du dos, par un dos plus tranchant, par une croupe moins carrée, enfin par son braiement. Il vit de quinze à seize ans dans notre pays. Sobre, apte au travail, sûr à la marche, il se rend très utile à l'homme, qui malheureusement ne reconnaît presque toujours ses services qu'en l'accablant de mauvais traitements.

Il est de son naturel aussi humble, aussi patient, aussi tranquille, que le cheval est fier, ardent, impétueux : il souffre avec constance, et peut-être avec courage, les châtiments et les coups. Il est sobre et sur la quantité et sur la qualité de la nourriture; il se contente des herbes les plus dures et les plus désagréables. Il est fort délicat sur l'eau; il ne veut boire que de la plus claire et aux ruisseaux qui lui sont connus. Il boit aussi sobrement qu'il mange, et n'enfonce point du tout son nez dans l'eau, par la peur que lui fait, dit-on, l'ombre de ses oreilles. Comme l'on ne prend pas la peine de l'étriller, il se roule souvent sur le gazon, sur les chardons, sur la fougère; mais il ne se vautre pas comme le cheval, dans la fange et dans l'eau; il craint même de se mouiller les pieds, et se détourne pour éviter la boue : aussi a-t-il la jambe plus sèche et plus nette que le cheval. Il est susceptible d'éducation, et l'on en a vu d'assez bien dressés pour faire curiosité de spectacle.

Dans la première jeunesse, il est gai, et même assez joli; il a de la légèreté et de la gentillesse; mais il la perd bientôt, soit par l'âge, soit par les mauvais traitements, et il devient lent, indocile et têtu. Il a pour sa progéniture le plus fort attachement. Il s'attache aussi à son maître, quoiqu'il en soit ordinairement maltraité; il le sent de loin et le distingue de

tous les autres hommes; il reconnaît aussi les lieux qu'il a coutume
d'habiter, les chemins qu'il a fréquentés. Il a les yeux bons, l'odorat
admirable, l'oreille excellente. Lorsqu'on le surcharge, il le marque en
inclinant la tête et baissant les oreilles. Lorsqu'on le tourmente trop, il
ouvre la bouche et retire les lèvres d'une manière très désagréable ; ce

qui lui donne l'air moqueur et dérisoire. Si on lui couvre les yeux, il reste
immobile. Il marche, il trotte et il galope comme le cheval; mais tous
ses mouvements sont petits et beaucoup plus lents. Quoiqu'il puisse d'abord
courir avec assez de vitesse, il ne peut fournir qu'une petite carrière pendant un petit espace de temps; et quelque allure qu'il prenne, si on le
presse, il est bientôt rendu.

De tous les animaux couverts de poils, l'âne est celui qui est le moins
sujet à la vermine : jamais il n'a de poux; ce qui vient apparemment de
la dureté et de la sécheresse de sa peau.

Il y a parmi les ânes différentes races, mais qu'on connaît moins que
celles des chevaux. Dans les climats froids, il est plus faible que dans les
climats chauds. Il paraît être venu primitivement d'Arabie en Égypte,
d'Égypte en Grèce, de Grèce en Italie, d'Italie en France, en Allemagne,
en Angleterre, en Suède, etc.

Primitivement, il n'y avait pas d'ânes en Amérique; ceux qui existent
proviennent des individus apportés par les Espagnols, qui maintenant se
trouvent de tous côtés par troupes à l'état sauvage.

La peau de l'âne est très dure et très élastique; elle sert à plusieurs
usages : on en fait de forts souliers, des cribles, des tambours, du gros
parchemin, du sagri ou chagrin; les anciens faisaient des flûtes avec
ses os.

L'âne est susceptible d'attachement : il connaît son maître et le distingue au milieu de beaucoup d'autres personnes; à moins que son naturel
n'ait été vicié, il se montre docile pour la personne qui prend soin de lui.

et qui n'exige pas de services au-dessus de ses forces. Il est courageux et se défend contre les loups et les chiens ; il ne craint même pas de lutter contre le cheval, l'ours, le taureau et le sanglier. Les bateleurs sont parvenus à apprendre aux ânes des tours assez extraordinaires : à exprimer quelques petits nombres en levant et en abaissant la patte ; à indiquer, au commandement, une carte rouge ou une carte noire jetées pêle-mêle avec d'autres ; à s'asseoir sur les jambes de derrière et se laisser gravement mettre un chapeau sur la tête, une serviette au cou, un long manche à balai au bras ; à braire d'une manière plus ou moins douce, plus ou moins bruyante, et à imiter l'éternument.

LE MULET

Le mulet tient de l'âne et du cheval ; sa tête est plus grosse que celle du cheval, ses oreilles presque aussi longues que celles de l'âne, ses jambes sèches, sa queue presque nue. Il sert plus longtemps que le cheval, supporte mieux la faim et la fatigue et se montre plus robuste et moins délicat sur le choix des aliments. L'Espagne, le Portugal, l'Italie, le Midi de la France élèvent beaucoup de mulets qui sont très utiles, grâce à leur vigueur, à la sûreté de leur marche, pour gravir les sentiers les plus escarpés à travers les montagnes. Le Poitou fournit chaque année, à lui seul, plus de quinze mille mulets.

Quoique le mulet aime les pays chauds, il s'habitue facilement aux climats froids.

LE BŒUF ET LA VACHE

Parmi les quadrupèdes ruminants, le bœuf se distingue à son corps trapu, à ses membres courts et robustes, à son cou garni en dessous d'une peau lâche qu'on appelle *fanon*, à ses cornes creuses, qui se courbent d'abord en bas et en dehors. Son cri est un mugissement grave, sourd et prolongé.

Le bœuf domestique est répandu aujourd'hui en Europe, en Asie, en Afrique et même en Amérique. Il se montre doux, patient, capable d'attachement ; mais il ne faut pas l'irriter, car alors il devient furieux et rien ne l'arrête dans l'exécution de sa prompte et terrible vengeance. Son pelage, ordinairement rougeâtre, noir ou blanc, se mélange souvent de ces trois couleurs ; plus le poil est rouge, plus il est estimé ; on fait cas aussi du poil noir. Il atteint, en hauteur, à un mètre trente centimètres, en longueur, à deux mètres vingt centimètres ; il pèse jusqu'à six cents kilogrammes et plus (douze cents livres). Du reste, ces proportions varient suivant le climat, la race et les pâturages. Il vit communément de quatorze à quinze ans ; vers trois ans on le dresse au labour ; de cinq à dix, il est dans sa plus grande force ; à douze ans, il quitte la charrue pour passer à l'engraissement et de là à l'abattoir. Quand on veut faire servir la vache à la charrue, il faut l'assortir autant que possible avec un bœuf de sa taille et de sa force, afin d'obtenir un trait égal. Dans les terrains fermes et surtout dans les friches, il faut souvent jusqu'à huit ou dix bœufs, tandis que deux vaches suffiront pour labourer les terrains légers et sablonneux. Un bon bœuf pour la charrue ne doit être ni trop gras ni trop maigre, il doit avoir une tête courte et ramassée, les oreilles grandes, bien velues et bien

unies, les cornes fortes, luisantes et de moyenne grandeur ; le front large, les yeux gros, noirs, le mufle gros et camus, les naseaux bien ouverts, les dents blanches et égales, les lèvres noires, le cou charnu, les épaules grosses et pesantes, la poitrine large, le fanon pendant jusque sur les genoux, les reins forts, larges, le ventre spacieux et tombant, la croupe épaisse, les jambes et les cuisses grosses et nerveuses, le dos droit et plein, la queue pendante jusqu'à terre et garnie de poils touffus et fins, les pieds fermes, le cuir grossier et maniable, l'ongle court et large.

Sans le bœuf, les pauvres et les riches auraient beaucoup de peine à vivre ; la terre demeurerait inculte ; les champs, et même les jardins, seraient secs et stériles ; c'est sur lui que roulent tous les travaux de la campagne ; il est le domestique le plus utile de la ferme, le soutien du ménage champêtre ; il fait toute la force de l'agriculture : autrefois il faisait toute la richesse des hommes, et aujourd'hui il est encore la base et l'opulence des États, qui ne peuvent se soutenir et fleurir que par la culture des terres et par l'abondance du bétail.

Le bœuf ne convient pas autant que le cheval, l'âne, le chameau, etc., pour porter des fardeaux ; la forme de son dos et de ses reins le démontre : mais la grosseur de son cou et la largeur de ses épaules indiquent assez qu'il est propre à tirer et à porter le joug. Il semble avoir été fait exprès pour la charrue ; la masse de son corps, la lenteur de ses mouvements, le peu de hauteur de ses jambes, tout jusqu'à sa tranquilité et sa patience dans le travail, semble concourir à le rendre propre à la culture des champs, et plus capable qu'aucun autre de vaincre la résistance constante et toujours nouvelle que la terre oppose à ses efforts.

Le produit de la vache est un bien qui croît et qui se renouvelle à chaque instant : la chair du veau est une nourriture aussi abondante que saine et

délicate ; le lait est l'aliment des enfants ; le beurre, l'assaisonnement de la plupart de nos mets ; le fromage, la nourriture la plus ordinaire des habitants de la campagne. Que de pauvres familles sont aujourd'hui réduites à vivre de leur vache !

La grande chaleur incommode les bœufs plus encore que le grand froid. Il faut, pendant l'été, les mener au travail dès la pointe du jour, les ramener à l'étable ou les laisser dans les bois pâturer à l'ombre pendant la grande chaleur, et ne les remettre à l'ouvrage qu'à trois ou quatre heures du soir. Au printemps, en hiver et en automne, on pourra les faire travailler sans interruption depuis huit ou neuf heures du matin jusqu'à cinq ou six heures du soir.

La nourriture et les soins sont à peu près les mêmes et pour la vache et pour le bœuf ; cependant la vache à lait exige des attentions particulières, tant pour la bien choisir que pour la bien conduire. On dit que les vaches noires sont celles qui donnent le meilleur lait, et que les blanches sont celles qui en donnent le plus.

Les pays les plus renommés pour produire les plus belles races sont : la Suisse, la Normandie, l'Angleterre et la Hollande. En général, il paraît que les pays un peu froids conviennent mieux à nos bœufs que les pays chauds, et qu'ils sont d'autant plus gros et plus grands que le climat est plus humide et plus abondant en pâturages. Les bœufs de Danemark, de l'Ukraine et de la Tartarie sont les plus grands de tous.

En Irlande, en Angleterre, en Suisse, en Hollande, et, en général, dans tout le Nord, on sale et on fume la chair de bœuf en grande quantité, soit pour l'usage de la marine, soit pour l'avantage du commerce. Il sort aussi de ces pays une grande quantité de cuirs.

Après la mort du bœuf, rien n'est perdu de lui : sa chair fournit à l'homme le meilleur et le plus substantiel des aliments ; sa peau travaillée sert à faire des chaussures ; sa graisse donne du suif, de la pommade, de l'huile dite de *pied de bœuf* ; son poil, de la bourre pour les tapissiers et les selliers; ses cornes donnent des boutons, des peignes, des tabatières, etc.; ses os, des ouvrages pour le tour ; ses nerfs ou tendons, des fouets, des cravaches, etc. ; ses intestins, des enveloppes pour les saucissons, de la baudruche pour les ballons ; son sang sert pour la fabrication de plusieurs couleurs et pour le raffinage du sucre; son fiel, pour la peinture et le dégraissage, etc.

LE BÉLIER, LA BREBIS, LE MOUTON

Un bon et beau bélier doit avoir la tête forte et grosse, le front large, les yeux gros et noirs, le nez camus, les oreilles grandes, le cou épais, le corps long et élevé, les reins et la croupe larges, la queue longue ; les meilleurs béliers sont les blancs, bien chargés de laine sur la queue, sur la tête, sur les oreilles et jusque sur les yeux.

La brebis, plus petite que le bélier, n'a point de cornes ou les a courtes; on l'estime beaucoup. quand elle porte une laine abondante, touffue, longue, soyeuse et blanche .Cet animal, si chétif en lui-même, si dépourvu de sentiment, si dénué de qualités extérieures, est pour l'homme l'animal le plus précieux, celui dont l'utilité est la plus immédiate et la plus étendue : seul, il peut suffire aux besoins de première nécessité; il fournit tout à la fois de quoi se nourrir et se vêtir, sans compter les avantages particuliers que l'on sait tirer du suif, du lait, de la peau, et même des boyaux, des os et du fumier de cet animal, auquel il semble que la nature n'ait, pour ainsi dire, rien accordé en propre, rien donné que pour le rendre à l'homme.

On compte deux races principales de moutons sauvages dont nos races domestiques paraissent issues : le *mouflon*, qui habite l'Europe, et l'*argali*, qui habite l'Asie.

Les gens qui veulent former un troupeau et en tirer du profit, achètent des brebis et des moutons de dix-huit mois ou de deux ans. On en peut mettre cent sous la conduite d'un seul berger. Les coteaux et les plaines élevées au-dessus des collines sont les lieux qui leur conviennent le mieux : on évite de les mener paître dans les endroits bas, humides et marécageux.

On les nourrit, pendant l'hiver, à l'étable, de son, de navets, de foin, de paille, de luzerne, de sainfoin, de feuilles d'orme, de frêne, etc.

Dans les terrains secs, dans les lieux élevés, où le serpolet et les autres herbes odoriférantes abondent, la chair du mouton est de bien meilleure

qualité que dans les plaines basses et dans les vallées humides. Rien ne flatte plus l'appétit de ces animaux que le sel; rien aussi ne leur est plus salutaire.

Tous les ans on fait la tonte de la laine des moutons, des brebis et des agneaux; dans les pays chauds, où l'on ne craint pas de mettre l'animal tout à fait nu, l'on ne coupe pas la laine, mais on l'arrache, et on en fait souvent deux récoltes par an; en France, et dans les climats plus froids, on se contente de la couper une fois par an au mois de mai, avec de grands ciseaux, et on laisse aux moutons une partie de leur toison.

Les moutons qui produisent de la laine ne sont livrés à la boucherie que de huit à dix ans; on tue les autres à deux ou trois ans. La graisse de mouton ou *suif* produit aussi un grand bénéfice. Sa peau est employée par les gantiers, les chamoiseurs, les cordonniers, etc.; le parchemin le plus fin se fait avec de la peau d'agneau. Avec le lait de la brebis on prépare plusieurs fromages, entre autres, celui de Roquefort.

LA CHÈVRE

La chèvre est reconnaissable à ses cornes dirigées en haut et en arrière et comprimées transversalement; à ses oreilles droites; à son corps svelte; à ses jambes robustes; à sa queue courte; à son pelage composé de deux sortes de poils, les uns rudes et drus; les autres luisants et d'une mollesse extrême; ordinairement la chèvre a le menton garni d'une barbe assez longue.

L'espèce principale est la *chèvre sauvage*, souche de nos chèvres domestiques, remarquable par sa tête noire sur le devant, rousse sur les côtés, et par son corps d'un gris roussâtre avec une ligne noire sur le dos et à la queue. On trouve des troupes de chèvres sauvages sur les montagnes escar-

2

pées de la Perse. Les variétés domestiques sont les chèvres communes, que tout le monde connaît : on estime leur lait (surtout celui des chèvres blanches) pour le faire boire aux jeunes enfants.

Nous citerons encore : la chèvre de Cachemire, qui fournit le tissu des châles du même nom ; la chèvre angora, dont le poil long et soyeux sert à faire de magnifiques étoffes.

Le petit de la chèvre s'appelle chevreau.

La chèvre a, de sa nature, plus de sentiment et de ressources que la brebis : elle vient à l'homme volontiers, elle se familiarise aisément, elle est sensible aux caresses et capable d'attachement ; elle est aussi plus forte, plus légère, plus agile et moins timide que la brebis ; elle est vive, capricieuse et vagabonde. Ce n'est qu'avec peine qu'on la conduit et qu'on

peut la réduire en troupeau ; elle aime à s'écarter dans les solitudes, à grimper sur les lieux escarpés, à se placer et même à dormir sur la pointe des rochers et sur le bord des précipices : elle est robuste, aisée à nourrir ; presque toutes les herbes lui sont bonnes, et il y en a peu qui l'incommodent. Elle ne craint pas, comme la brebis, la trop grande chaleur ; elle dort au soleil, et s'expose volontiers à ses rayons les plus vifs.

Lorsqu'on conduit les chèvres avec les moutons, elles ne restent pas à leur suite ; elles précèdent toujours le troupeau. Il vaut mieux les mener séparément paître sur les collines ; elles trouvent autant de nourriture qu'il leur en faut dans les bruyères, dans les friches et dans les terres stériles. Il faut les éloigner des endroits cultivés ; elles font un grand dégât dans les taillis ; les arbres dont elles broutent avec avidité les jeunes pousses et les écorces tendres périssent presque tous. Elles craignent les lieux humides, les prairies marécageuses, les pâturages gras.

Dans la plupart des climats chauds, l'on nourrit les chèvres en grande quantité, et on ne leur donne point d'étable. En France, elles périraient si on ne les mettait pas à l'abri pendant l'hiver. On ne les laisse pas coucher sur leur fumier, et on leur donne souvent de la litière fraîche. On les fait sortir de grand matin pour les mener aux champs ; l'herbe chargée de rosée, qui n'est pas bonne pour les moutons, fait grand bien aux chèvres. Comme elles sont indociles et vagabondes, un homme, quelque robuste et quelque agile qu'il soit, n'en peut guère conduire que cinquante. On ne les laisse pas sortir pendant les neiges et les frimas ; on les nourrit à l'étable d'herbes et de petites branches d'arbres cueillies en automne, ou de choux, de navets et d'autres légumes.

La chèvre se montre toujours une mère dévouée non seulement pour ses petits qu'elle défend contre les animaux les plus féroces, le lion, le tigre, mais même pour ses enfants d'adoption. On connaît l'histoire de cette chèvre qui nourrit un poulain et qui suivait ce pauvre animal partout, même dans les lieux qu'elle-même ne fréquente naturellement pas, qui le rappelait par des bêlements plaintifs et inquiets lorsqu'il s'éloignait d'elle. J'ai vu moi-même une chèvre chargée d'allaiter une petite fille de quelques mois et qui ne permettait à personne d'approcher d'elle, excepté au père et à la mère.

LE COCHON

On reconnaît le cochon proprement dit à son corps couvert de poils roides ou *soies ;* à ses dents incisives, à ses deux canines et à ses quatorze molaires à chaque mâchoire ; à son groin sur lequel sont percées les narines ; à ses yeux petits à pupille ronde, à ses oreilles assez larges et pointues ; à sa queue courte et tortillée. Il aime les pays marécageux, il se vautre avec plaisir dans la fange ; de tous les quadrupèdes, il semble être le plus brut ; les imperfections de la forme paraissent influer sur le naturel ; toutes ses habitudes sont grossières, tous ses goûts sont immondes, toutes ses sensations se réduisent à une gourmandise qui lui fait dévorer tout ce qui se présente et même sa progéniture au moment où elle vient de naître. Sa voracité dépend apparemment de la grande capacité de son estomac, de la grossièreté de ses appétits et de l'hébétation du sens du goût et du toucher. La rudesse du poil, la dureté de la peau, l'épaisseur de la graisse, rendent le cochon peu sensible aux coups ; on a vu des souris se loger sur son dos et lui manger le lard et la peau sans qu'il parût le sentir. Il a donc le toucher fort obtus et le goût aussi grossier que le toucher ; ses autres sens sont bons ; les chasseurs savent que les sangliers voient, entendent et sentent de fort loin, parce qu'ils sont obligés, pour les surprendre, de les attendre en silence pendant la nuit et de se placer au-dessous du vent pour dérober à leur odorat les émanations qui les frappent de loin et toujours assez vivement pour leur faire rebrousser chemin.

Pour engraisser le cochon, on lui donne pendant deux mois de l'orge, du gland, des choux, des légumes cuits et beaucoup d'eau mêlée de son ;

pendant quinze jours, avant de le tuer, il faut avoir soin de le tenir dans une étable propre et pavée, sans litière, et en ne lui donnant que des grains de froment pur et sec, en ne le faisant boire que très peu : alors sa chair devient excellente et son lard ferme et cassant. Dans les pays où il y a du gland, on mène les cochons dans les forêts pendant l'automne, au moment où les glands, la châtaigne et la faîne tombent des arbres et quittent leurs enveloppes. Ils aiment beaucoup les vers de terre et certaines racines, comme celle de la carotte sauvage, la truffe, etc. C'est pour trouver ces vers et ces racines qu'ils fouillent la terre avec leur boutoir.

Le porc mâle s'appelle *verrat*, sa femelle *truie*, leurs petits *pourceaux*, *cochons de lait* ou *cochonnets* tant qu'ils tettent leur mère.

La couleur du porc varie suivant les pays. La couleur noire appartient particulièrement au Midi, la blanche au Nord ; au Centre, la couleur participe de ces deux extrêmes. Les cochons à soies rousses sont les plus estimés. En France, on distingue plusieurs variétés : celle à *grandes oreilles*, qui n'est ni robuste ni féconde et qui ne donne qu'une chair grossière ; — la race de la *vallée d'Auge*, à tête petite et pointue, aux oreilles peu larges, au corps long et épais, au poil blanc ; elle s'engraisse facilement ; — le cochon blanc *du Poitou*, à la tête grosse et longue, aux larges oreilles, au corps allongé, au poil rude, aux pattes larges et fortes ; — le cochon *du Périgord*, au poil noir et rude, au corps large et trapu. L'Angleterre a une race particulière de porcs, aux jambes courtes, qui

s'engraissent facilement et qui donnent de bons produits ; les cochons de lait sont aussi fort estimés en Angleterre. Tout est utile dans le cochon ; de là le proverbe : Depuis les pieds jusqu'à la tête tout est bon ; on sait de quel usage est son lard et sa chair ; on mange jusqu'à ses intestins ; la graisse de ses entrailles donne le saindoux ou axonge ; sa peau sert à faire des cribles, ses poils ou soies, durs et fermes, sont bons pour faire des pinceaux et des brosses. Un cochon pèse ordinairement de quatre-vingts à quatre-vingt-dix kilogrammes.

LE SANGLIER

Le sanglier a la tête plus allongée que celle du cochon domestique ; elle

s'appelle *hure ;* ses oreilles sont plus courtes et moins pointues ; ses
défenses plus longues ; ses soies plus grosses, roides, d'un brun noirâtre,

et mêlées, sur diverses parties du corps, d'une espèce tantôt noirâtre cendrée, tantôt jaunâtre ; sa queue est droite et courte. Jusqu'à six mois, on
nomme le sanglier *marcassin ;* à cet âge, on l'appelle *bête rousse;* à un
an, *bête de compagnie,* à deux ans, *ragot;* à trois, *sanglier à son tiers an;*
à quatre, *quartenier;* plus tard, *vieux sanglier solitaire,* etc. Sa femelle
s'appelle *laie;* elle défend courageusement ses petits. Le sanglier vit
jusqu'à vingt-cinq ou trente ans. Il recherche pour demeure les endroits
les plus sombres de la forêt, et reste le jour dans sa bauge et n'en
sort que le soir pour aller chercher sa nourriture : fruits sauvages, racines,
graines et quelquefois levrauts, lapereaux et perdrix. Comme le cochon,
il fouille le sol, mais en droite ligne et profondément. Il s'apprivoise facilement; il reconnaît celui qui le soigne et lui obéit. On le chasse à force
ouverte avec des chiens, ou bien on le tue par surprise pendant la nuit,
au clair de la lune; il faut beaucoup de prudence et de précaution; souvent le sanglier blessé et devenu furieux éventre hommes, chevaux et
chiens. La hure, les quartiers de devant, les filets et les jambons se servent
seuls sur la table. La chair du jeune marcassin est fine et délicate.

LE CHIEN.

Le chien est caractérisé par la présence de cinq doigts aux pieds de
devant et de quatre seulement à ceux de derrière, le pelage composé
généralement de poils soyeux et de poils laineux; il a la vue et l'odorat
très fins. Les pores de sa peau sont si serrés qu'il ne sue jamais et qu'il
peut se jeter à l'eau quand il est très échauffé, sans en être incommodé.
Son cri est l'aboiement. Il vit de douze à seize ans. On peut connaître son
âge par les dents qui, dans sa jeunesse, sont blanches, tranchantes et
pointues, et qui, à mesure qu'il vieillit, deviennent noires et inégales. On
le connaît aussi par le poil, car il blanchit sur le museau, sur le front et
autour des yeux. Quoique naturellement vorace et gourmand, il peut se
passer de nourriture pendant longtemps.

Le chien, indépendamment de la beauté de sa forme, de la vivacité, de
la force, de la légèreté, a par excellence toutes les qualités intérieures qui
peuvent lui attirer les regards de l'homme. Un naturel ardent, colère,
même féroce et sanguinaire, rend le chien sauvage redoutable à tous les
animaux, et cède, dans le chien domestique, aux sentiments les plus doux,
au plaisir de s'attacher et au désir de plaire; il vient en rampant mettre
aux pieds de son maître son courage, sa force, ses talents ; il attend ses
ordres pour en faire usage, il le consulte, il l'interroge, il le supplie; un
coup d'œil suffit, il entend les signes de sa volonté. Sans avoir comme
l'homme, la lumière de la pensée, il a toute la chaleur du sentiment;
il a de plus que lui la fidélité, la constance dans ses affections : nulle

ambition, nul intérêt, nul désir de vengeance, nulle crainte que celle
de déplaire : il est tout zèle, tout ardeur et tout obéissance. Plus sensible
au souvenir des bienfaits qu'à celui des outrages, il ne se rebute pas
par les mauvais traitements ; il les subit, il les oublie, ou ne s'en souvient
que pour s'attacher davantage ; loin de s'irriter ou de fuir, il s'expose
de lui-même à de nouvelles épreuves ; il lèche cette main, instrument
de douleur, qui vient de le frapper ; il ne lui oppose que la plainte, et
la désarme enfin par la patience et la soumission.

Grand lévrier.

Plus docile que l'homme, plus souple qu'aucun des animaux, non
seulement le chien s'instruit en peu de temps, mais même il se conforme
aux mouvements, aux manières, à toutes les habitudes de ceux qui lui
commandent : il prend le ton de la maison qu'il habite : comme les autres
domestiques, il est dédaigneux chez les grands, et rustre à la campagne.
Toujours empressé pour son maître et prévenant pour ses seuls amis,
il ne fait aucune attention aux indifférents, et se déclare contre ceux
qui par état ne sont faits que pour importuner ; il les connaît aux vê-
tements, à la voix, à leurs gestes, et les empêche d'approcher. Lorsqu'on
lui a confié pendant la nuit la garde de la maison, il devient plus fier,
et quelquefois féroce ; il veille, il fait la ronde, il sent de loin les étrangers, et, pour peu qu'ils s'arrêtent et tentent de franchir les barrières, il
s'élance, il donne l'alarme, il avertit et combat.

On compte quatre espèces de chiens domestiques :

Les *mâtins*, ordinairement de grande taille, à museau long, à oreilles courtes. Les principaux sont le mâtin ordinaire, à nez noir, à queue relevée ; sa couleur ordinaire est le jaune fauve ; — le danois blanc moucheté, peu intelligent et peu fidèle ; le lévrier gris de souris, de taille svelte, qui chasse le lièvre à vue ; — le chien de berger noirâtre, à oreilles courtes, à queue pendante, d'un admirable instinct pour la

Dogue du Thibet.

garde des troupeaux ; — le chien des Alpes, qui tient du chien de berger et du mâtin ; il est bien connu sous le nom de chien du Saint-Bernard.

Les *dogues* à tête ronde, à museau court, à oreilles courtes, à front saillant, et parmi lesquels on peut citer : le grand dogue à museau noir, à lèvres noires, épaisses et pendantes ; il est propre au combat ; — le bouledogue, plus petit que le précédent, à queue en cercle, à nez relevé, à poil jaunâtre ; peu capable d'affection, plus féroce que le précédent ; le doguin et le carlin, plus petits encore que le dogue et le bouledogue.

Les *roquets*, petits, à front bombé, à museau court et pointu, parmi lesquels nous citerons le roquet ordinaire, criard, hargneux, mais très fidèle. Le chien turc, remarquable par une peau presque entièrement nue, noire, couleur de chair ou marquée de taches brunes. Christophe Colomb le trouva en Amérique à l'époque de sa découverte (1492).

Les *épagneuls*, moins grands que les mâtins, à oreilles longues, larges et pendantes, et parmi lesquels nous citerons : le chien-loup blanc jaunâtre, excellent gardien ; — l'épagneul français, blanc et brun-marron, bon pour la chasse en plaine et le marais ; — le basset, à jambes courtes et grosses, bon pour la chasse au lapin ; — le chien courant, blanc mêlé de noir ou de fauve, aux oreilles longues et pendantes, peu attaché à son maître, bon pour la chasse ; le caniche ou barbet noir ou blanc, à poil frisé et laineux, le plus intelligent de tous les chiens ; le chien de Terre-Neuve, à pelage long, soyeux, blanc tacheté de noir ; à

Grand épagneul.

queue en panache, à doigts un peu palmés, qui lui permettent de nager facilement ; on le dresse à secourir les personnes en danger de se noyer ; le chien d'arrêt, blanc avec des taches brun-marron, à museau épais, intelligent, très attaché à son maître, bon pour la chasse de plaine ; — le braque à nez fendu, variété du précédent, mais bon chasseur.

Le chien de rue est un mélange de plusieurs espèces et ne peut être rangé dans aucune d'elles.

Les limites de cet ouvrage ne nous permettent pas d'entrer dans beaucoup de détails au sujet de chaque animal ; nous nous bornerons, à propos du chien, de citer quelques-uns des faits qui montrent et son instinct merveilleux et son attachement. Prenons au hasard dans les auteurs qui ont parlé de ce fidèle ami de l'homme.

La grande sensibilité de l'odorat du chien, dit M. A. de Nore (1),

(1) *Les Animaux raisonnent*.

contribue puissamment à développer chez lui les actes d'intelligence; on en a vu un qui savait retrouver le mouchoir de son maître, même après que ce mouchoir avait passé par les mains et dans les poches de sept ou huit personnes.

Un particulier, qui habitait de l'autre côté de l'eau vis-à-vis de Falmouth en Angleterre, avait dressé un chien de Terre-Neuve à traverser chaque matin cette eau pour aller à la poste prendre des lettres et les lui apporter au moment où il se mettait à table pour déjeuner. On lit dans les annales romaines que, sous le consulat d'Appius Junius et de Publius Ælius, lorsque, pour venger la mort de Néron, fils de Germanicus, on fit subir le dernier supplice à Titius Sabinus et à ses esclaves, un de ceux-ci avait un chien qu'on ne put jamais chasser de la prison, et qui, lorsque l'esclave en question eut été mis à mort, ne quitta point le cadavre, mais l'accompagna aux gémonies où il fut exposé, et là se mit à hurler plaintivement en présence d'un grand nombre de spectateurs assemblés à l'entour de ce lieu. Quelqu'un des esclaves ayant jeté un morceau de pain à ce chien, il alla le porter à la bouche du défunt, et lorsqu'on eut précipité le cadavre dans le Tibre, le chien s'efforça encore de le soutenir sur l'eau en nageant auprès.

On raconte qu'un Anglais paria que son bouledogue ne lâcherait pas le taureau qu'il avait saisi, quand même on lui couperait une ou plusieurs pattes. Le pari fut tenu, et le chien, en effet, se laissa couper les quatre pattes l'une après l'autre sans lâcher prise.

Un berger ayant été assassiné sur un chemin dans la nuit, plusieurs personnes furent amenées auprès du cadavre, parce que le chien était allé appeler du secours au logis de son maître. Une circonstance toute particulière dans l'acte de ce chien, c'est que, pour mieux faire comprendre sa démarche, il apporta aux pieds de ceux dont il venait requérir l'assistance, le paquet noué dans un mouchoir dont s'était muni le berger.

Une lionne perdit le chien avec lequel elle avait été élevée, et, pour offrir toujours le même spectacle au public, on lui en donna un autre qu'aussitôt elle adopta. Elle n'avait pas paru souffrir de la perte de son compagnon; l'affection qu'elle avait pour lui était très faible. La lionne mourut à son tour; le chien ne voulut pas quitter la loge qu'il avait habitée avec elle; il refusa de manger et succomba à la tristesse et à la faim au bout de quelques jours.

LE CHAT

Il est aisé de reconnaître le chat à sa tête arrondie, à son museau court, à sa langue mince, rude, couverte de papilles (sortes d'épines) à pointes dirigées en arrière, à ses oreilles courtes et droites, ses pattes armées de griffes aiguës, à son pelage généralement riche et varié.

Le chat domestique présente beaucoup de variétés : le chat tigré, qui ne diffère du chat sauvage que parce qu'il est plus gros et qu'il a le nez, les lèvres et le dessus des pattes noirs ; on l'estime surtout pour faire la chasse aux rats ; — le chat variable, tacheté de blanc ; — le chat des Chartreux, d'un gris d'ardoise ; — le chat tout noir ; — le chat tout blanc ; — le chat d'Espagne, varié de noir, de blanc et de roux ; — enfin le chat angora, qui se fait remarquer par la longueur, la finesse et la souplesse de son poil, et dont la couleur, primitivement blanche, a varié dans l'état de domesticité.

Le chat est un domestique infidèle qu'on ne garde que par nécessité, pour l'opposer à un autre ennemi domestique encore plus incommode, et

qu'on ne peut chasser. Ces animaux ont une malice innée, un caractère faux, un naturel pervers, que l'âge augmente encore et que l'éducation ne fait que masquer. De voleurs déterminés, ils deviennent seulement, lorsqu'ils sont bien élevés, souples et flatteurs comme les fripons ; ils ont la même adresse, la même subtilité, le même goût pour faire le mal, le même penchant à la petite rapine ; comme eux, ils savent couvrir leur marche, dissimuler leur dessein, épier les occasions, attendre, choisir, saisir l'instant de faire leur coup, se dérober ensuite au châtiment, fuir et demeurer jusqu'à ce qu'on les rappelle. Ils prennent aisément des habitudes de société, mais jamais des mœurs. Ils n'ont que l'apparence de l'attachement ; on le voit à leurs yeux équivoques : ils ne regardent jamais en face la personne aimée ; soit défiance ou fausseté, ils prennent des détours pour en approcher, pour chercher des caresses auxquelles ils ne sont sensibles qu'à cause du plaisir qu'elles leur font.

Les jeunes chats sont gais, vifs, jolis, et seraient aussi très propres à amuser les enfants, si les coups de pattes n'étaient pas à craindre ; mais leur

badinage, quoique toujours agréable et léger, n'est jamais innocent, et
bientôt il se tourne en malice habituelle.

On raconte que des moines grecs de l'île de Chypre avaient dressé des
chats à chasser, prendre et tuer les serpents dont cette île était in-
festée.

Un physicien mit un chat sous une machine pneumatique et commença
à faire jouer activement le piston. L'animal ne tarda pas à se sentir gêné
dans une atmosphère qui se raréfiait de plus en plus; il comprit bientôt
d'où venait le danger et plaça sa patte sur le trou qui donnait issue à l'air,
empêchant ainsi qu'il en sortît davantage. Tous les efforts du physicien
furent inutiles lorsqu'il voulut tirer le piston dont la patte du chat arrêtait
le jeu. Il fit rentrer l'air dans le récipient pour déboucher le trou du plateau; le chat, dont la patte se trouvait alors dégagée, la retirait aussitôt,
mais au premier coup de piston qui le privait d'une portion d'air, il se
hâtait de l'y remettre. Tous les spectateurs applaudirent à la sagacité de
l'animal, que l'on fut obligé de délivrer pour lui en substituer un autre
moins intelligent.

Une chatte guettait une souris qui paraissait être dans un mouvement
perpétuel à l'entrée de son trou, d'où la vue de l'ennemi l'empêchait de
sortir. La chatte, à qui la timidité de la souris semblait ôter toute espé-
rance, quitta tout à coup son poste et se coucha d'un air indifférent, le
dos tourné vers le trou, comme s'il n'eût plus été question de proie. Trompée par cette apparente tranquillité, la petite bête se hasarda à sortir et se
tapit toute tremblante à quelque distance de la chatte. Rien ne remue: elle
fait un pas encore, et puis deux, toujours en s'arrêtant. Même indifférence
du côté de la chatte. A la fin elle risque une petite course. Ici, le lecteur
s'imagine que la chatte s'élance sur la souris, dont elle observait de
travers toutes les allures? Point du tout; elle court au trou et le bouche
avec sa patte. Le trouble où cette ruse jeta le petit animal le fit se précipiter presque de lui-même dans les griffes de son ennemi.

ANIMAUX CARNASSIERS

LE LOUP

Le loup diffère du chien proprement dit par son museau plus allongé,
ses oreilles toujours droites, ses proportions plus fortes, sa taille plus
grande, son pelage composé de poils dont les plus longs sont blancs à la
racine, noirs un peu au-dessus, ensuite fauves, puis blancs et noirs à l'extrémité. La longueur du corps, depuis le museau jusqu'à la queue, est
d'environ 1 mètre 13 centimètres.

Le loup est un de ces animaux dont l'appétit pour la chair est le plus véhément ; et quoique avec ce goût il ait reçu de la nature les moyens de le satisfaire, qu'elle lui ait donné des armes, de la ruse, de l'agilité, de la force, tout ce qui est nécessaire en un mot pour trouver, attaquer, vaincre, saisir et dévorer sa proie, cependant il meurt de faim, parce que l'homme lui a déclaré la guerre.

Le loup, tant à l'extérieur qu'à l'intérieur, ressemble si fort au chien, qu'il paraît être modelé sur la même forme ; cependant il n'offre tout au plus

que le revers de l'empreinte, et ne présente les mêmes caractères que sous une face entièrement opposée : si la forme est semblable, le naturel est si différent que, non seulement ils sont incompatibles, mais antipathiques par nature, ennemis par instinct. Un jeune chien frissonne au premier aspect du loup ; il fuit à l'odeur seule qui, quoique nouvelle, inconnue, lui répugne si fort qu'il vient en tremblant se ranger entre les jambes de son maître ; un mâtin, qui connaît ses forces, se hérisse, s'indigne, l'attaque avec courage, tâche de le mettre en fuite et fait tous ses efforts pour se délivrer d'une présence qui lui est odieuse ; jamais ils ne se rencontrent sans se fuir ou sans combattre et combattre à outrance jusqu'à ce que la mort s'ensuive. Si le loup est plus fort, il déchire, il dévore sa proie ; le chien, au contraire, plus généreux, se contente de la victoire et ne trouve pas que *le corps d'un ennemi mort sente bon ;* il l'abandonne pour servir de pâture aux corbeaux, et même aux autres loups, car ils s'entredévorent, et lorsqu'un loup est blessé grièvement, les autres le suivent au sang et s'attroupent pour l'achever.

Le chien, même sauvage, n'est pas d'un naturel farouche ; il s'apprivoise aisément, s'attache et devient fidèle à son maître. Le loup, pris jeune, se prive, mais ne s'attache pas : la nature est plus forte que l'éducation ; il reprend avec l'âge son caractère féroce, et retourne, dès qu'il le peut, à son état sauvage. Les chiens, même les plus grossiers, recherchent la compagnie des autres animaux; ils sont naturellement portés à les suivre, et c'est par instinct seul, et non par éducation, qu'ils savent conduire et garder les troupeaux.

Le loup est, au contraire, l'ennemi de toute société; il ne fait pas même compagnie à ceux de son espèce; lorsqu'on les voit plusieurs ensemble, ce n'est point une société de paix, c'est un attroupement de guerre qui se fait à grand bruit, avec des hurlements affreux, et qui dénote un projet d'attaquer quelque gros animal, comme un cerf, un bœuf, ou de se défaire de quelque redoutable mâtin. Dès que leur expédition militaire est consommée, ils se séparent et retournent en silence à leur solitude.

Les louveteaux naissent les yeux fermés, comme les chiens; la mère les allaite pendant quelques semaines, et leur apprend bientôt à manger de la chair, qu'elle leur prépare en la mâchant. Quelque temps après, elle leur apporte des mulots, des levrauts, des perdrix, des volailles vivantes; les louveteaux commencent par jouer avec elles, et finissent par les étrangler; la louve ensuite les déplume, les écorche, les déchire, et en donne une part à chacun. Ils ne sortent du fort où ils ont pris naissance qu'au bout de six semaines ou deux mois; ils suivent alors leur mère, qui les mène boire dans quelque tronc d'arbre ou à quelque mare voisine; elle les ramène au gîte ou les oblige à se recéler ailleurs lorsqu'elle craint quelque danger. Ils la suivent ainsi pendant plusieurs mois. Quand on les attaque, elle les défend de toutes ses forces, et même avec fureur, quoique, dans les autres temps, elle soit plus timide que le mâle; aussi ne l'abandonnent-ils que quand leur éducation est faite, quand ils se sentent assez forts pour n'avoir plus besoin de secours; c'est ordinairement à dix mois ou un an, lorsqu'ils ont acquis de la force, des armes et des talents pour la rapine.

Ces animaux, qui sont deux ou trois ans à croître, vivent quinze ou vingt ans. Les loups blanchissent dans la vieillesse; ils ont alors toutes les dents usées. Ils dorment lorsqu'ils sont rassasiés ou fatigués, mais plus le jour que la nuit, et toujours d'un sommeil léger.

Ils boivent fréquemment. Quoique très voraces, ils supportent aisément la diète : ils peuvent passer quatre ou cinq jours sans manger, pourvu qu'ils ne manquent pas d'eau.

Le loup a beaucoup de force. Il mord cruellement, et toujours avec acharnement. Il craint pour lui, et ne se bat que par nécessité, et jamais par un mouvement de courage. Il marche, court, rôde des jours entiers et des nuits; il est infatigable, et c'est peut-être de tous les animaux le plus difficile à forcer à la course. Le chien est doux et courageux; le loup, quoique féroce, est timide : lorsqu'il tombe dans un piège, il est si fort et si longtemps épouvanté, qu'on peut ou le tuer sans qu'il se défende

ou le prendre vivant sans qu'il résiste. Le loup a les sens très bons, l'œil,
l'oreille et surtout l'odorat; il sent souvent de plus loin qu'il ne voit;
l'odeur du carnage l'attire de plus d'une lieue; il sent aussi de loin les
animaux vivants. Il aime la chair humaine.

Dans les campagnes, pour se défaire des loups, on fait des battues à
force d'hommes et de mâtins, on tend des pièges, on présente des appâts,
on fait des fossés, on répand des boulettes empoisonnées; tout cela n'empêche pas que ces animaux ne soient toujours en même nombre, surtout
dans les pays où il y a beaucoup de bois.

La couleur et le poil de ces animaux changent suivant les différents
climats et varient quelquefois dans le même pays. On trouve en France
et en Allemagne, outre les loups ordinaires, quelques loups à poil plus
épais et tirant sur le jaune. Dans les pays du Nord, on en trouve de tout
blancs et de tout noirs. L'espèce commune est très généralement répandue.

LE RENARD

Cet animal est caractérisé par son museau effilé, sa grosse tête, son
front aplati, ses oreilles droites, pointues, ses yeux très inclinés vers le
nez, sa longue queue, son pelage épais, fauve sur le corps et sur la queue,
blanc autour de la bouche, au cou, à la gorge, au ventre, à l'intérieur des
cuisses, brun foncé aux pattes. La longueur du corps, depuis le museau
jusqu'à l'origine de la queue, est de 70 centimètres.

Le renard est fameux par ses ruses et mérite en partie sa réputation;
ce que le loup ne fait que par force, il le fait par adresse et réussit plus
souvent; sans chercher à combattre les chiens ni les bergers, sans attaquer les troupeaux, sans traîner les cadavres, il est plus sûr de vivre. Il
emploie plus d'esprit que de mouvement; ses ressources semblent être en
lui-même. Fin autant que circonspect, ingénieux et prudent, même jusqu'à la patience, il varie sa conduite, il a des moyens de réserve qu'il sait
n'employer qu'à propos. Il veille de près à sa conservation : quoique aussi
infatigable, et même plus léger que le loup, il ne se fie pas entièrement
à la vitesse de sa course; il sait se mettre en sûreté en se pratiquant un
asile, où il se retire dans les dangers pressants, où il s'établit, où il élève
ses petits : il n'est point animal vagabond, mais animal domicilié.

Il ravage la basse-cour, il y met tout à mort et se retire ensuite leste-
ment en emportant sa proie, qu'il cache sous la mousse, ou porte à son
terrier. Il chasse les jeunes levrauts en plaine, saisit quelquefois les lièvres au gîte, ne les manque jamais lorsqu'ils sont blessés, déterre les lapereaux dans les garennes, découvre les nids de perdrix, de cailles, prend
la mère sur les œufs, et détruit une quantité prodigieuse de gibier.

Le renard est aussi vorace que carnassier; il mange de tout avec une égale avidité. Il est très avide de miel; il attaque les abeilles sauvages, les guêpes, les frelons. Enfin il mange du poisson, des écrevisses, des hannetons, des sauterelles, etc.

Le renard a les sens aussi bons que le loup, le sentiment plus fin, et l'organe de la voix plus souple et plus parfait. Le loup ne se fait entendre que par des hurlements affreux : le renard glapit, aboie et pousse un son triste, semblable au cri de paon. La chair du renard est moins mauvaise que celle du loup, et sa peau d'hiver fait de bonnes fourrures. Il a le sommeil profond; on l'approche aisément sans l'éveiller.

Cet animal est un de ceux qui subissent le plus facilement les influences de climat, et l'on trouve presque autant de variétés que dans les espèces

d'animaux domestiques. La plupart de nos renards sont roux, mais il s'en trouve aussi dont le poil est gris argenté; tous deux ont le bout de la queue blanc.

Dans les pays du Nord il y en a de toutes couleurs, des noirs, des blancs, des bleus, des gris. L'espèce commune est plus généralement répandue qu'aucune des autres : on la trouve partout en Europe, dans l'Asie septentrionale, en Amérique; mais elle est fort rare en Afrique.

On chasse le renard avec des chiens bassets, des chiens courants, des criquets : dès qu'il se sent poursuivi, il court à son terrier; les bassets à jambes torses sont ceux qui s'y glissent le plus aisément. Cette manière est bonne pour prendre une portée entière de renards, la mère avec les petits; pendant qu'elle se défend et combat les bassets, on tâche de découvrir le terrier par-dessus, et on la tue ou on la saisit vivante avec des pinces. La façon la plus sûre est de commencer par boucher le terrier, puis on tire sur la bête au moment où elle veut y rentrer.

Parmi les principales espèces de renards nous citerons :

Le renard musqué, au pelage d'un rouge pâle en dessous du corps et qui exhale une odeur analogue à celle de la fouine ;

Le renard blanc, au pelage blanc ;

Le renard tricolore, remarquable par sa couleur d'un gris noir au-dessus du corps, ses oreilles d'un roux vif, sa gorge et ses joues blanches, sa mâchoire inférieure noire, son ventre et sa queue fauves et glacés de noirs; il s'apprivoise facilement.

Le renard, bien plus faible que le loup, est contraint de multiplier beaucoup plus ses ruses pour gagner sa nourriture. Peu fait pour chasser à force ouverte, il parcourt les lieux un peu couverts, les buissons, les haies pour tâcher de surprendre des oiseaux endormis, ou la perdrix sur ses œufs; il se place à l'affût dans un buisson épais pour s'élancer et saisir au passage le lièvre ou le lapin. On raconte qu'un renard désireux de tuer une poule séparée momentanément de ses poussins par une haie, laissa à plusieurs reprises les jeunes poulets s'approcher impunément du lieu où il était tapi ; puis, au moment où, toute joyeuse, la mère les recevait sous ses ailes, il s'élança sur elle et l'étrangla.

LE BLAIREAU

On reconnaît le blaireau à son corps bas sur jambes, à ses pieds à cinq doigts, armés d'ongles robustes, propres à fouiller ; à sa queue courte et velue, à sa poche pleine d'une humeur grasse et fétide, et placée à la partie postérieure de son corps ; à son pelage long, bien fourni, gris-brun par-dessus, noir en dessous ; enfin, à une bande longitudinale noire qui, de chaque côté de la tête, passe sur l'œil et sur l'oreille; la longueur de cet animal atteint, non compris la queue, à environ 60 centimètres.

Le blaireau est un animal paresseux, défiant, solitaire, qui se retire dans les lieux les plus écartés, dans les bois les plus sombres, et s'y creuse une demeure souterraine ; il semble fuir la société, même la lumière, et passe les trois quarts de sa vie dans ce séjour ténébreux dont il ne sort que pour chercher sa subsistance ; il tient son domicile propre et n'y fait jamais ses ordures. La mère prend grand soin de ses petits, elle leur apporte à manger quand ils sont un peu grands; elle déterre les nids de guêpe, en prend le miel, perce le terrier des lapins, enlève les jeunes lapereaux, saisit aussi les mulots, les lézards, les serpents, les sauterelles, les œufs d'oiseaux, etc.

Les blaireaux sont naturellement frileux ; ceux qu'on élève dans la maison ne veulent pas quitter le coin du feu, et souvent s'en approchent de si près qu'ils se brûlent les pieds et ne guérissent pas aisément. Ils sont aussi fort sujets à la gale ; les chiens qui entrent dans leurs terriers

prennent le même mal, à moins qu'on n'ait grand soin de les laver.
Le blaireau a toujours le poil gras et malpropre ; sa chair n'est point
absolument mauvaise à manger, et l'on fait de sa peau des fourrures
grossières, des colliers pour les chiens, des couvertures pour les chevaux, etc.

Cette espèce, originaire du climat tempéré de l'Europe, ne s'est pas répandue au delà de l'Espagne, de la France, de l'Italie, de l'Allemagne, de
l'Angleterre, de la Pologne et de la Suède, et elle se montre assez rare
dans tous ces pays.

On dit que les blaireaux pris jeunes s'apprivoisent facilement, jouent
avec les petits chiens et aiment, comme eux, la personne qu'ils connaissent et qui leur donne à manger ; sans être gourmands comme le renard
et le loup, ils mangent de tout ce qu'on leur offre : chair, œufs, fromage,
beurre, pain, poissons, fruits, racines, etc., etc., et préfèrent la viande
crue à tout le reste. Ils dorment toute la nuit et plus de la moitié du jour.

LA LOUTRE

Essentiellement aquatique, cet animal est remarquable par sa tête
plate et large, son museau terminé par un mufle, son corps pour ainsi

dire écrasé, ses jambes courtes, ses pieds larges et palmés comme ceux
d'un canard, sa queue aplatie ; son pelage ordinairement d'un brun noirâtre en dessus, d'un gris blanchâtre et fauve en dessous ; il atteint à une lon-

gueur de 70 centimètres, du museau jusqu'à la queue, qui, elle-même, a quelquefois 30 centimètres.

La loutre, vivant de poissons, ne quitte guère le bord des rivières et des lacs, et dépeuple quelquefois les étangs. Elle nage mieux que les castors; souvent elle nage entre deux eaux et y reste assez longtemps; elle vient ensuite à la surface pour respirer, car elle n'est pas conformée pour demeurer dans l'élément humide ; si même il arrive qu'elle s'engage dans une nasse à la poursuite d'un poisson, on la trouve noyée, et l'on croit qu'elle n'a pas eu le temps d'en couper tous les osiers pour en sortir. Elle a les dents comme les fouines, mais plus fortes et plus grosses relativement au volume de son corps. A défaut de poissons, de grenouilles, d'écrevisses et de rats d'eau, elle mange l'écorce des saules et l'herbe nouvelle.

Le poil de la loutre ne mue guère; sa peau d'hiver est cependant plus brune et se vend plus cher que celle d'été : elle fait une très bonne fourrure. Sa chair se mange en maigre, et a, en effet, un mauvais goût de poisson, ou plutôt de marais. Sa retraite est infectée de la mauvaise odeur des débris du poisson qu'elle y laisse pourrir; elle sent elle-même assez mauvais. Les chiens la chassent volontiers, et l'atteignent aisément, lorsqu'elle est éloignée de l'eau.

Cette espèce, sans être en très grand nombre, est généralement répandue en Europe, depuis la Suède jusqu'à Naples, et se retrouve dans l'Amérique septentrionale.

Comme variétés, nous citerons la loutre du Canada, beaucoup plus grande que la nôtre, et la loutre du cap de Bonne-Espérance, beaucoup plus petite.

On apprivoise parfaitement les loutres ; on leur apprend à rapporter à leur maître le poisson qu'elles prennent; en Chine surtout, il y a des compagnies de loutres exercées à la pêche.

LA FOUINE

La fouine a la physionomie très fine, l'œil vif, le saut léger, les membres souples, le corps flexible, tous les mouvements très prestes ; elle saute et bondit plutôt qu'elle ne marche; elle grimpe aisément contre les murailles qui ne sont pas bien enduites, entre dans les colombiers, les poulaillers, etc., mange les œufs, les pigeons, les poules, etc., en tue quelquefois un grand nombre et les porte à ses petits; elle prend aussi les souris, les rats, les taupes, les oiseaux dans leurs nids. Elle s'apprivoise à un certain point; mais elle ne s'attache pas, et demeure toujours assez sauvage pour qu'on soit obligé de la tenir enchaînée.

Les fouines s'établissent, pour mettre bas, dans un magasin à foin, dans un trou de muraille, où elles poussent de la paille et des herbes ; ces animaux ne vivent que huit ou dix ans. Ils ont une odeur de faux musc, qui n'est pas absolument désagréable ; leur chair a un peu de cette

odeur ; cependant celle de la marte n'est pas mauvaise à manger ; celle de la fouine est plus désagréable, et sa peau est aussi beaucoup moins estimée.

La fouine se trouve dans la plupart des climats tempérés et même des climats chauds ; mais elle ne se rencontre pas dans les pays du Nord. Comme rareté, on peut citer les fouines de Madagascar.

LA MARTE OU MARTRE

Cet animal est remarquable par son corps très allongé, ses pieds très courts, armés d'ongles robustes et acérés, propres à percer la terre et à déchirer une proie, son poil mêlé de roux jaunâtre et de noir ; il atteint à peu près à la grosseur d'un chat ordinaire ; il est originaire du Nord et ne se trouve que rarement dans les pays tempérés.

La marte fuit également les lieux habités et les lieux découverts ; elle demeure au fond des forêts, ne se cache point dans les rochers, mais parcourt les bois et grimpe au-dessus des arbres. Elle vit de chasse et détruit une quantité prodigieuse d'oiseaux, dont elle cherche les nids pour en sucer les œufs ; elle prend les écureuils, les mulots, les lérots, etc. ; elle mange aussi le miel, comme la fouine et le putois. On ne la trouve pas en pleine campagne, dans les prairies, dans les champs, dans les vignes ; elle ne s'approche jamais des habitations, et elle diffère encore de la fouine par la manière dont elle se fait chasser. Dès que la fouine se sent poursuivie par un chien, elle se soustrait en gagnant promptement son grenier et son trou ; la marte, au contraire, se fait suivre assez longtemps par les chiens avant de grimper sur un arbre ; elle ne se

donne pas la peine de monter au-dessus des branches, elle se tient sur la
tige, et de là les regarde passer. La trace que la marte laisse sur la neige
paraît être celle d'une grande bête, parce qu'elle ne va qu'en sautant et

qu'elle marque toujours les deux pieds à la fois. Les oiseaux reconnaissent
si bien leurs ennemis, qu'ils font pour la marte comme pour le renard,
le même petit cri d'avertissement.

LE PUTOIS

Sa puante odeur lui a fait donner le nom qu'il porte ; on le distingue
des martes proprement dites par son museau plus court et plus gros, par
son pelage d'un brun noirâtre assez clair sur le dos, fauve aux flancs,
blanc au bout des oreilles et sur le front. Comme la fouine, il s'approche
des habitations, monte sur les toits, s'établit dans les greniers à foin, dans
les granges et dans les lieux peu fréquentés, d'où il ne sort que la nuit
pour chercher sa proie. Il se glisse dans les basses-cours, monte aux volières, aux colombiers, où, sans faire autant de bruit que la fouine, il fait
plus de dégâts ; il coupe ou écrase la tête à toutes les volailles, et ensuite il
les transporte une à une et en fait magasin ; si, comme il arrive souvent,
il ne peut pas les transporter entières, parce que le trou par où il est entré
se trouve trop étroit, il leur mange la cervelle et emporte les têtes. Il est
aussi fort avide de miel ; il attaque les ruches en hiver et force les abeilles
à les abandonner. Il s'établit, pour passer l'été, dans les terriers des lapins,
dans les fentes de rochers, dans des troncs d'arbres creux, d'où il ne sort
que la nuit. Il cherche les nids de perdrix, de cailles, d'alouettes ; il épie
les rats, les lapins, les taupes, les mulots ; il fait une guerre cruelle aux
lapins, qui ne peuvent lui échapper, parce qu'il entre aisément dans
leurs trous ; une seule femelle de putois suffit pour détruire toute une
garenne.

C'est surtout lorsqu'il est échauffé, irrité, qu'il exhale et répand au loin
une odeur insupportable ; les chiens ne veulent point manger de sa chair,
et sa peau même, quoique bonne, est à vil prix, à cause de l'odeur qu'elle
conserve.

LE FURET

Il diffère surtout du putois commun par son pelage d'un blanc jaunâtre
et ses yeux roses, son corps plus allongé, sa tête plus étroite et son museau
plus pointu ; il est originaire des pays chauds et ne peut subsister en France
que comme animal domestique. On ne se sert point du putois, mais du
furet pour la chasse du lapin. On l'élève dans des tonneaux ou dans des

caisses, où on lui fait un lit d'étoupes. Il dort presque continuellement ; dès
qu'il s'éveille, il cherche à manger ; on le nourrit de son, de pain, de
lait, etc. Il est naturellement ennemi mortel du lapin ; lorsqu'on en présente un, même mort, à un jeune furet qui n'en a jamais vu, il se jette
dessus et le mord avec fureur ; s'il est vivant, il le prend par le cou, par
le nez et lui suce le sang. Lorsqu'on lâche un furet dans un trou de lapins, on le musèle, afin qu'il ne les tue pas dans le fond du terrier et
qu'il les oblige seulement à sortir et à se jeter dans le filet dont on couvre
l'entrée. Quoique facile à apprivoiser et même assez doux, il ne laisse pas
d'être fort colère ; il a une mauvaise odeur en tout temps, qui devient plus
forte lorsqu'on l'irrite.

Le furet a été apporté d'Afrique en Espagne, et de là dans d'autres États
européens.

LA BELETTE

Un peu plus petite que le rat, la belette est remarquable par son corps effilé, souple, d'un beau fauve en dessus, d'un très beau blanc en dessous ; par son œil vif, son museau pointu et ses pattes courtes. Elle exhale, comme le putois et le furet, une odeur forte et désagréable ; elle habite les contrées méridionales et tempérées de l'Europe. Elle vit de mulots, de petits lapereaux, d'oiseaux et même de crapauds et de couleuvres. Elle marche toujours en silence, ne donnant jamais de voix que lorsqu'on la frappe ; son cri aigre et enroué exprime la colère. A l'état sauvage, elle est cruelle et sanguinaire. Quand elle peut entrer dans un poulailler, elle n'attaque pas les coqs ou les vieilles poules ; elle choisit les poulettes, les petits poussins, les tue par une seule blessure qu'elle leur fait à la tête, et ensuite les emporte tous les uns après les autres ; elle casse les œufs et les suce avec une incroyable avidité.

La belette dort repliée autour d'elle-même comme un peloton, la tête entre les deux jambes de derrière ; le museau sort un peu en dehors, ce qui facilite la respiration ; cependant, lorsqu'elle n'est pas couchée à son aise, elle dort dans une autre position, la tête étendue en long. Une fois endormie, on peut la déplier, car ses muscles relâchés n'ont plus aucune tension ; la suspendant par la tête, tout son corps reste flasque et peut faire cinq ou six fois de suite le jeu du pendule avant que la bête ne s'éveille.

La belette a les yeux étincelants et lumineux, mais cette lumière n'est point propre à cet animal ; elle n'est point électrique et ne réside pas dans l'organe de la vue ; ce n'est qu'une simple réflexion de la lumière, qui a lieu toutes les fois qu'une bougie se trouve entre les yeux de l'observateur et de l'animal.

L'ÉCUREUIL

L'écureuil est remarquable par sa forme gracieuse, sa taille légère, sa queue longue, touffue, disposée en panache et relevée sur le dos, ses oreilles petites et droites : il a les yeux pleins de feu et la physionomie fine ; moins quadrupède que les autres, il se tient ordinairement assis, presque debout, et se sert de ses pieds de devant comme d'une main, pour porter à sa bouche. Au lieu de se cacher sous terre, il est toujours en l'air ; il approche des oiseaux par sa légèreté ; il demeure, comme eux, sur la cime des arbres, parcourt les forêts en sautant de l'un à l'autre, y fait aussi son nid, cueille les graines, boit la rosée et ne descend à terre que lorsque les arbres sont trop agités par la violence des vents. On ne le trouve point dans les champs, dans les lieux découverts, dans les pays de plaine,

mais dans les grands bois, les hautes futaies. Il craint l'eau plus encore
que la terre, et, lorsqu'il faut la passer, il se sert d'une écorce pour vaisseau et de sa queue pour voile et pour gouvernail. Il ne s'engourdit pas
comme le loir pendant l'hiver; il est en tout temps très éveillé. Il ramasse
des noisettes pendant l'été, en remplit les troncs, les fentes d'un vieil

arbre, et a recours en hiver à sa provision; il les cherche aussi sous la
neige, qu'il détourne en grattant. Il a la voix éclatante et plus perçante
encore que celle de la fouine; il a de plus un murmure à bouche fermée,
un petit grognement de mécontentement qu'il fait entendre toutes les fois
qu'on l'irrite. Il est trop léger pour marcher; il va ordinairement par
petits sauts, et quelquefois par bonds. Le poil de sa queue sert à faire des
pinceaux; mais sa peau ne fait pas une bonne fourrure.

Il y a beaucoup d'espèces voisines de celle de l'écureuil, et peu de variétés
dans l'espèce même; il s'en trouve quelques-uns de cendrés, tous les
autres sont roux. L'écureuil commun a le dos roux et le ventre blanc.

L'ÉCUREUIL NOIR

Ce joli animal est à peu près de la grandeur de notre écureuil d'Europe;
son pelage, formé d'un feutre brun et serré, traversé par des poils
soyeux, seuls apparents au dehors, paraît entièrement d'un noir foncé en
dessus et d'un noir brunâtre en dessous. L'écureuil noir habite l'Amérique
septentrionale, et probablement le Mexique. Il vit en troupes nombreuses
dans les antiques forêts éloignées des habitations, et fournit à la table des
riches un gibier fort estimé. Il paraît qu'il s'apprivoise fort aisément, mais
que, ainsi que tous les autres écureuils, il ne multiplie pas en captivité.

Lorsqu'il aperçoit le chasseur, il se place au milieu d'une grosse branche, s'y aplatit au point qu'il est impossible de l'y apercevoir d'en bas, et il

reste immuablement dans cette attitude, malgré les coups de fusil, jusqu'à ce que le danger soit passé.

LE RAT

Le rat commun se distingue par un pelage noirâtre en dessus passant graduellement au foncé en dessous ; son corps atteint à vingt centimètres de long et sa queue dépasse son corps en longueur.

Le rat est assez connu par l'incommodité qu'il nous cause ; il habite ordinairement les greniers où l'on entasse le grain, où l'on serre les fruits, et de là descend et se répand dans la maison. Il est carnassier, et même omnivore ; il semble seulement préférer les choses dures aux plus tendres : il ronge la laine, les étoffes, les meubles, perce le bois, fait des trous dans les murs, se loge dans l'épaisseur des planches, dans les vides de la charpente ou de la boiserie ; il en sort pour chercher sa subsistance, et souvent il y transporte tout ce qu'il peut traîner ; il fait même quelquefois magasin, surtout lorsqu'il a des petits. Il cherche les lieux chauds, et se niche en hiver auprès des cheminées, ou dans le foin, dans la paille. Malgré les chats, le poison, les pièges, les appâts, ces animaux pullulent si fort, qu'ils causent souvent de grands dommages : c'est surtout dans les vieilles maisons à la campagne, où l'on garde du blé dans les greniers, et où le voisinage des granges et des magasins à foin facilite leur retraite et leur multiplication, qu'ils sont en si grand nombre, qu'on serait obligé de démeubler, de déserter s'ils ne se détruisaient eux-mêmes, entre eux, pour peu que la faim les presse.

Un gros rat est aussi méchant et presque aussi fort qu'un jeune chat ; il a les dents de devant longues et fortes, tandis que le chat mord mal et ne se sert guère que de ses griffes.

La belette, quoique plus petite, est un ennemi plus dangereux et que le rat redoute.

On trouve des variétés dans cette espèce, comme dans toutes celles qui sont très nombreuses en individus : outre les rats ordinaires, qui sont noirâtres, il y en a de bruns, de presque noirs, d'autres d'un gris plus blanc ou plus roux, et d'autres tout à fait blancs. L'espèce entière, avec ses variétés, paraît être naturelle aux climats tempérés de notre continent.

LE LOIR COMMUN

Ce joli petit animal est extrêmement farouche, et ne s'apprivoise jamais. Il a les mêmes habitudes que l'écureuil ; comme lui, il n'habite que les forêts, grimpe sur les arbres, saute de branche en branche, se nourrit de châtaignes, de faînes, de noisettes et autres fruits sauvages. Il se loge dans

les troncs d'arbres ou les trous des rochers, où il se fait un lit de mousse et de feuilles sèches. Il amasse aussi dans son trou une provision de fruits pour se nourrir l'hiver. Lorsqu'il fait très froid il reste plongé dans un sommeil léthargique et ne sort de son engourdissement que lorsque le soleil a suffisamment réchauffé l'atmosphère.

Les petits naissent en été, ordinairement au nombre de cinq, la mère les défend très courageusement contre la belette et les petits oiseaux de proie.

Le *lérot,* plus petit que le *loir,* n'est que trop commun en France où il fait le désespoir des jardiniers. Il ne se contente pas de manger la quantité de fruits nécessaire à sa nourriture, il en entame un grand nombre avant de se déterminer à en manger un, c'est surtout sur les pêchers qu'il fait le plus de dégâts.

LA SOURIS

Elle appartient au genre rat; son corps est long d'environ cinq ou six centimètres sans compter la queue, aussi longue que le corps ; son pelage, d'un gris roussâtre en dessus, passe cendré clair en dessous. On trouve partout la souris en plus grand nombre que le rat : elle est timide par nature, familière par nécessité, la peur ou le besoin font tous ses mouvements ; elle ne sort de son trou que pour chercher à vivre ; elle ne s'en écarte guère, y rentre à la première alerte, fait aussi beaucoup moins de dégâts que le rat, a les mœurs plus douces, et s'apprivoise jusqu'à un certain point, mais sans s'attacher. Plus faible, elle a plus d'ennemis, auxquels elle ne peut échapper, ou plutôt se soustraire, que par son agilité, sa petitesse même. Les chouettes, tous les oiseaux de nuit, les chats, les fouines, les belettes, les rats même, lui font la guerre ; on l'attire, on la leurre aisément par des appâts, on la détruit à milliers ; elle ne subsiste enfin que par son immense fécondité.

Ces petits animaux ne sont pas laids; ils ont l'air vif et même assez fin ; l'espèce d'horreur qu'on a pour eux n'est fondée que sur les petites surprises et sur l'incommodité qu'ils causent.

La souris est généralement répandue en Europe, en Asie, en Afrique : mais on prétend qu'il n'y en avait point en Angleterre et que celles qui y sont actuellement en grand nombre viennent originairement de notre continent.

Il y a des souris toutes blanches avec des yeux rouges ; on peut habituer les souris à tourner une petite roue, comme les écureuils ; à faire certains tours gymnastiques autour d'un bâton, etc.

LE MULOT

Le mulot, qui a beaucoup de rapport avec la souris, s'en distingue cependant par son corps un peu plus gros, par sa tête proportionnellement plus longue et plus forte, par ses yeux plus grands et plus saillants, ses oreilles plus larges et plus allongées, ses jambes plus longues, son pelage d'un gris fauve coupé d'un ruban brun sur le dos. Il habite les terres sèches, on le trouve en grande quantité dans les bois et dans les champs qui en sont voisins ; il se retire dans les trous faits par d'autres animaux ou qu'il a pratiqués sous les buissons et les troncs d'arbres ; il y amasse une quantité prodigieuse de glands, de noisettes ou de fèves ; on en trouve quelquefois jusqu'à un boisseau, et cette provision, au lieu d'être proportionnée à ses besoins, ne l'est qu'à la capacité du lieu. Il occasionne de très

grands dégâts. On l'extermine en l'assommant ou on l'empoisonne en jetant de la noix vomique dans ses terriers.

Le mulot est très généralement répandu en Europe.

Une personne ayant mis douze petits mulots dans un trou et ayant oublié un jour de leur donner à manger, l'un d'eux servit de pâture aux autres ; le lendemain ils en mangèrent un autre, et enfin, au bout de quelques jours, il n'en resta qu'un seul avec les pattes et la queue mutilées.

LE RAT D'EAU

Ce rat, de la grosseur du rat commun, ressemble beaucoup à la loutre par ses habitudes ; il vit surtout de poissons et, pour cette raison, se tient presque toujours près des rivières, des ruisseaux et des étangs ; il mange aussi des grenouilles, des insectes d'eau et même des racines et des herbes.

On le trouve dans toutes les contrées de l'Europe, excepté dans les terres trop rapprochées du pôle.

LE CAMPAGNOL

Encore plus commun et plus généralement répandu que le mulot, le campagnol se trouve partout, dans les bois, dans les champs, dans les prés, et même dans les jardins. Il est remarquable par la grosseur de sa tête, et aussi par sa queue courte et tronquée ; il n'a guère qu'un pouce de long : il se pratique des trous en terre, où il amasse du grain, des noisettes et du gland ; cependant il paraît qu'il préfère le blé.

Dans le mois de juillet, les campagnols arrivent de tous côtés, et font souvent de grands dommages en coupant les tiges du blé pour en manger l'épi ; ils vont ensuite dans les terres nouvellement semées, et détruisent d'avance la récolte de l'année suivante.

Dans certaines années, ils paraissent en si grand nombre, qu'ils détrui-

raient tout s'ils subsistaient longtemps ; mais ils se détruisent eux-mêmes, et se mangent dans les temps de disette : ils servent d'ailleurs de pâture aux mulots, et de gibier ordinaire aux renards, aux chats sauvages, aux martes et aux belettes.

LE HAMSTER

Semblable au rat sous beaucoup de rapports, cet animal s'en distingue cependant par sa queue écourtée, ses membres postérieurs plus longs que les antérieurs et des abajoues (petites poches) sur les côtés de la bouche : ces abajoues lui servent à transporter le grain qu'il pille.

Il fait ordinairement ses provisions de blé à la fin d'août, et chacun de ses terriers peut en contenir depuis six jusqu'à cinquante kilogr. ; il prend du blé en épis, des pois, des fèves en cosses qu'il nettoie ensuite dans sa demeure, ayant soin de transporter en dehors les cosses et les déchets de toutes sortes ; quand ses magasins sont remplis, il en bouche soigneusement les ouvertures avec de la terre. On fouille son terrier pour s'emparer de ses provisions, ou on le tue en répandant dans les champs des pâtées d'arsenic ou de poudre d'ellébore, de farine ou de miel. Du reste, les chiens, les chats, les renards, les putois et les fouines lui font une guerre acharnée. Il s'engourdit en hiver. La mère hamster montre peu de tendresse pour ses petits qui, à l'exemple de leurs parents, se tuent et se mangent les uns les autres.

On le trouve en Allemagne, en Russie, en Sibérie et en Tartarie, et il est connu sous le nom de *rat de blé*, de *marmotte d'Allemagne*.

LE CHINCHILLA

Ce charmant animal a trente centimètres de longueur; il se fait remarquer par la beauté de sa fourrure, si recherchée par nos dames. Elle est composée de poils longs, soyeux, très doux, d'un gris noirâtre ondulé

de blanc, ce qui donne au pelage une nuance veloutée de gris, de blanc et de noir; le ventre et les pattes sont d'un blanc pur et brillant; les oreilles sont grandes, arrondies, membraneuses; sa queue est courte, couverte de longs poils roides, gris et blancs.

Le chinchilla se trouve vers le sommet des plus hautes montagnes du Chili et du Pérou; son caractère est très doux sans être extrêmement timide; aussi s'apprivoise-t-il avec la plus grande facilité.

LE COCHON D'INDE

Originaire du Brésil et de la Guyane, le cochon d'Inde est long de vingt-cinq à trente centimètres; son pelage présente ordinairement les trois couleurs noire, blanche et rousse, disposées sans symétrie par larges plaques; son nom lui vient de son grognement semblable à celui du cochon ordinaire; sa peau n'a presque pas de valeur; sa chair est mangeable et ressemble à celle des lapins domestiques. Il prend de la nourriture à toute heure du jour et de la nuit, et ne boit jamais. Pour lui faire passer l'hiver dans nos climats, il faut le tenir dans un endroit sec et chaud, le froid un peu vif lui est mortel. Malgré sa mauvaise odeur, beaucoup de personnes l'élèvent ; on lui donne toutes sortes d'herbes, et surtout du persil, du son, de la farine, du pain. Il aime la propreté et

enlève, en les léchant, les taches faites sur son corps ou sur celui de ses petits.

LA MUSARAIGNE

Cet animal, assez semblable à la souris sous beaucoup de rapports, en diffère cependant par ses yeux si petits qu'ils sont à peine visibles, par son

Musaraigne d'eau.

corps plus allongé, par son museau extrêmement pointu, par ses oreilles larges, sa queue plus ou moins longue et souvent carrée au lieu d'être ronde, par des glandes placées aux côtés de son corps et qui laissent suinter une humeur grasse et odoriférante ; ses poils, doux et soyeux, présentent un mélange de gris brunâtre et blanchâtre. On la trouve assez communément, pendant l'hiver, dans les greniers à foin, dans les caves, dans les granges, dans les trous à fumier ; elle mange du grain, des insectes et des chairs pourries ; dans les bois, elle se couche sous la mousse, sous les troncs d'arbre et quelquefois dans les trous abandonnés par les taupes, ou dans d'autres trous plus petits qu'elle se pratique elle-même en fouillant avec ses ongles et son museau. Elle a le cri beaucoup plus aigu que la souris, mais elle n'est pas aussi agile à beaucoup près. On la prend aisément parce qu'elle est presque aveugle.

Elle est connue dans toute l'Europe, et paraît être inconnue en Amérique.

En France nous avons : la musaraigne commune ou musette, longue de huit à neuf centimètres, non compris la queue qui en a quatre ; elle habite les prairies ; — la musaraigne d'eau, de la même grosseur que la précédente, mais dont les couleurs ont une teinte plus vive ; la musaraigne carrelée, qui n'a guère plus de six centimètres de long : sa queue carrée lui a fait donner son nom ; — la musaraigne rayée, qui porte une raie blanche entre les sourcils et le museau ; — la musaraigne musquée, de l'Inde, qui doit son nom à l'odeur qu'elle exhale.

LE DESMAN

Ce petit animal est très remarquable par ses formes et ses habitudes. Il habite la Moscovie et tout le midi de la Russie, où il est très commun dans

les étangs, les lacs, les rivières. Les desmans se nourrissent de larves, de vers, et plus particulièrement de sangsues, auxquelles ils font sans cesse la chasse.

Avec leur petite trompe mobile, qu'ils enfoncent dans la vase, ils saisissent fort adroitement leur proie, et, ce qui leur est particulier, ils la dévorent sous l'eau. Très rarement ces animaux nagent à la surface des eaux, et s'ils y paraissent de temps en temps, c'est uniquement pour respirer. Ils ont la singulière faculté de marcher sur le sol au fond de l'eau avec autant d'aisance que les autres animaux sur la terre, et rien n'est plus curieux que de les y voir se promener.

. Ils se construisent assez artistement un terrier sur une berge élevée, la femelle y donne le jour à quatre ou cinq petits, qu'elle aime avec tendresse et qu'elle allaite avec beaucoup de soin ; elle ne les conduit à l'eau avec elle que lorsqu'ils sont déjà très forts.

LA TAUPE

Elle est remarquable par son corps trapu, long de douze à quinze centimètres et comme cylindrique, couvert d'un poil court, peu doux au tou-

cher, épais et soyeux. Sa tête allongée est soutenue entièrement par un os particulier qui lui donne beaucoup de force ; ses yeux sont si petits que l'on a cru longtemps qu'elle en était privée ; ses pieds de devant ont la forme de mains larges, nerveuses, presque semblables à celles de l'homme et sont armées d'ongles très forts. L'endroit où elle dépose ses petits mérite une description particulière. Il est fait avec une grande intelligence. Elle commence par pousser, par élever la terre, et former une voûte assez haute ; elle laisse des cloisons, des espèces de piliers de distance en distance ; elle presse, elle bat la terre, la mêle avec des racines et des herbes, et la rend si solide et si dure par dessous, que l'eau ne peut pas pénétrer la voûte à cause de sa convexité et de sa solidité ; elle élève ensuite un tertre par dessous, au sommet duquel elle apporte de l'herbe et des feuilles pour faire un lit à ses petits.

Dans cette situation, ils se trouvent au-dessus du niveau du terrain, et par conséquent, à l'abri des inondations ordinaires et en même temps à couvert de la pluie par la voûte qui recouvre le tertre sur lequel ils reposent.

Ce tertre est percé tout autour de plusieurs trous en pente, qui descendent plus bas, et s'étendent de tous côtés comme autant de routes souterraines par où la mère taupe peut sortir et aller chercher la subsistance nécessaire à ses petits; ces sentiers souterrains sont fermes et battus, ils s'étendent à douze ou quinze pas, et partent tous du domicile comme des rayons d'un centre : on y trouve, aussi bien que sous la voûte, des débris d'oignons de colchique, qui sont apparemment la première nourriture qu'elle donne à ses petits. On voit par cette disposition qu'elle ne s'éloigne jamais à une grande distance de son domicile et que la manière la plus simple de la prendre avec ses petits est de faire une tranchée qui l'environne en entier et qui lui coupe toutes les communications.

LE HÉRISSON

On reconnaît le hérisson à son corps couvert d'épines en dessus et de poils en dessous, à sa queue courte, à ses quatre pieds terminés par cinq

doigts armés d'ongles, et ses oreilles arrondies ; il atteint à deux ou trois décimètres de longueur, il habite les bois, et ne sort guère que pendant l'obscurité pour prendre de petits vermisseaux et des fruits. Il sait se détendre sans combattre, et blesser sans attaquer ; n'ayant que peu de force et nulle agilité pour fuir, il a reçu de la nature une armure épineuse avec la facilité de se resserrer en boule et de présenter de tous côtés des armes défensives piquantes, et qui rebutent ses ennemis ; plus ils le tourmentent, plus il se hérisse et se resserre ; il se défend même par l'effet de la peur ; il lâche son urine, dont l'odeur et l'humidité, se répandant sur tout son corps, achèvent de les dégoûter ; aussi la plupart des chiens se contentent de l'aboyer, et ne se soucient pas de le saisir ; le renard, plus avisé, en vient à bout en l'attaquant par le ventre et par le museau.

La mère hérisson ne montre pas toujours beaucoup de tendresse pour ses petits ; car quelquefois elle les dévore tout vivants. D'un caractère timide, le hérisson aime la vie solitaire et tranquille ; aussi approche-t-il rarement de nos habitations. S'il y est apporté, il y vit et paraît s'accoutumer assez bien aux habitudes domestiques ; mais il ne s'attache à personne, et, tout en cessant d'être farouche, il ne s'apprivoise jamais, et ne manque aucune occasion de reconquérir sa liberté. Dans les jardins il est souvent utile, il vit de fruits tombés, et détruit une grande quantité d'insectes nuisibles, scarabées, grillons, vers, etc. Sa seule occupation est de manger et de dormir. Sa chair est fade et détestable ; sa peau servait autrefois de frottoir pour le chanvre.

LA MARMOTTE

A peu près de la taille d'un lapin ordinaire, la marmotte est remarquable par sa grosse tête aux mâchoires garnies de vingt-deux dents, ses petites oreilles, son corps trapu, ses membres excessivement courts, armés d'ongles forts et tranchants, ses formes lourdes, sa queue médiocre. Elle tient un peu de l'ours, du rat et du lièvre ; son pelage présente un mélange de roux et de brun. Elle a la voix et le murmure d'un petit chien quand on la caresse ; mais lorsqu'on l'irrite ou qu'on l'effraie, elle fait entendre un sifflet si perçant et si aigu, qu'il blesse le tympan. Elle aime la propreté, mais elle a, comme le rat, surtout en été, une odeur forte et désagréable, ce qui fait qu'elle n'est pas bonne à manger. Elle reste plongée, pendant tout l'hiver, dans une complète léthargie ; en automne elle est très grasse.

La marmotte, prise jeune, s'apprivoise plus qu'aucun animal sauvage, et presque autant que nos animaux domestiques ; elle apprend aisément à saisir un bâton, à gesticuler, à danser, à obéir en tout à la voix de son maître. Elle est, comme le chat, antipathique avec le chien ; lorsqu'elle commence à être familière dans la maison, et qu'elle se croit appuyée par son maître elle, attaque et mord en sa présence les chiens les plus redoutables. Si l'on n'y prend pas garde, elle ronge les meubles, les étoffes, et perce même le bois lorsqu'elle est enfermée. Elle porte à sa gueule ce qu'elle saisit avec les pieds de devant et mange debout comme l'écureuil ; elle court assez vite en montant, mais assez lentement en plaine ; elle grimpe sur les arbres ; elle monte entre deux parois de rochers, entre deux murailles voisines ; c'est des marmottes, dit-on, que les Savoyards ont appris à grimper pour ramoner les cheminées. Quoique moins portées que le chat à dérober, elles cherchent à entrer dans les endroits où l'on renferme le lait et le boivent en grande quantité en marmottant, c'est-à-dire en faisant, comme le chat, un murmure de contentement. Le lait est la seule liqueur qui leur plaise.

La retraite où, à l'état sauvage, elles passent leur hiver, est faite avec

précaution et meublée avec art ; elle est d'abord d'une grande capacité, moins large que longue, et très profonde : ainsi elle peut contenir une ou plusieurs marmottes, sans que l'air s'y corrompe. Leurs pieds et leurs ongles paraissent faits pour fouiller la terre, et elles la creusent en effet avec une merveilleuse célérité ; elles jettent au dehors, derrière elles, les déblais de leur excavation ; ce n'est pas un trou, un boyau droit ou tortueux, c'est une espèce de galerie en forme d'Y, dont les deux branches ont chacune une ouverture et aboutissent toutes deux à un cul-de-sac, qui est le lieu de séjour. Comme le tout est pratiqué sur le penchant de la montagne, il n'y a que le cul-de-sac qui soit de niveau ; la branche inférieure de l'Y est en pente au-dessous du cul-de-sac, et c'est dans cette partie, la plus basse du domicile, qu'elles font leurs excréments, dont l'humidité s'écoule aisément au dehors. La branche supérieure de l'Y est aussi un peu en pente, et plus élevée que tout le reste ; c'est par là qu'elles entrent et qu'elles sortent. Le lieu du séjour est non seulement jonché, mais tapissé fort épais de foin et de mousse ; elles en font ample provision pendant l'été. Elles passent les trois quarts de leur vie dans leur habitation ; elles s'y retirent pendant l'orage, pendant la pluie ou dès qu'il y a quelque danger ; elles n'en sortent même que dans les plus beaux jours, et ne s'en éloignent guère ; l'une fait le guet, assise sur une roche élevée, tandis que les autres s'amusent à jouer sur le gazon, ou s'occupent à le couper pour en faire du foin ; et lorsque celle qui fait sentinelle aperçoit un homme, un aigle, un chien, elle en avertit les autres par un coup de sifflet et ne rentre elle-même que la dernière.

Dès que la saison du froid commence à se faire sentir, les marmottes, retirées dans leur terrier, en bouchent les deux ouvertures avec de la terre gâchée, et si bien maçonnée, qu'il est plus facile d'ouvrir le sol partout ailleurs que dans l'endroit qu'elles ont muré. Elles se blottissent dans le foin et la mousse qu'elles y ont entassés à cet effet, et tombent dans un état de léthargie d'autant plus profond que le froid a plus d'intensité. Elles restent dans cet état de mort apparente jusqu'au printemps prochain, c'est-à-dire depuis le commencement de décembre jusqu'à la fin d'avril, et quelquefois depuis octobre jusqu'en mai, selon que l'hiver a été plus ou moins long.

On trouve des marmottes particulièrement dans les Alpes et dans les Pyrénées.

L'OURS

Il est remarquable par sa grande taille, ses membres épais, ses formes trapues, sa tête assez forte, au front convexe, au museau pointu, aux oreilles mobiles, quoique courtes ; aux yeux petits, mais vifs ; par ses pieds à la plante nue, aux cinq doigts armés d'ongles puissants de longueur variable ; par son pelage épais, touffu, composé de poils longs, brillants et d'une seule couleur.

Il ne faut pas confondre l'ours de terre et l'ours de mer, appelé communément ours blanc ; ce sont deux animaux très différents, tant pour la forme du corps que pour les habitudes naturelles ; ensuite il faut distinguer deux espèces dans les ours terrestres, les bruns et les noirs, lesquels ne peuvent pas être regardés comme des variétés d'une seule et même espèce, mais bien comme deux espèces distinctes.

On trouve dans les Alpes l'ours brun assez communément, et rarement l'ours noir, qui se trouve, au contraire, en grand nombre dans les forêts des pays septentrionaux de l'Europe et de l'Amérique. Le brun est féroce et carnassier, le noir n'est que farouche, et refuse de manger de la chair.

Les ours noirs n'habitent guère que les pays froids; mais on trouve des ours bruns ou roux dans les climats froids et tempérés, et même dans les

régions du Midi. L'ours est non seulement sauvage, mais solitaire; il fuit par instinct toute société; il s'éloigne des lieux où les hommes ont accès;

il ne se trouve à son aise que dans les endroits qui appartiennent encore à la vieille nature; il s'y rend seul, y passe une partie de l'hiver sans provision, sans en sortir pendant plusieurs semaines. Cependant il n'est point engourdi ni privé de sentiment, comme le loir ou la marmotte; mais comme il est naturellement gras, cette abondance de graisse lui fait supporter l'abstinence.

La voix de l'ours est un grondement, un gros murmure, souvent mêlé d'un frémissement de dents qu'il fait surtout entendre lorsqu'on l'irrite; il est très susceptible de colère, et sa colère tient toujours de la fureur et souvent du caprice, quoiqu'il paraisse doux pour son maître et même obéissant lorsqu'il est apprivoisé.

On chasse et on prend les ours de plusieurs façons en Suède, en Norvège, en Pologne, etc. La manière, dit-on, la moins dangereuse de les prendre, est de les enivrer en jetant de l'eau-de-vie sur le miel, qu'ils aiment beaucoup et qu'ils cherchent dans les troncs d'arbres.

La peau est, de toutes les fourrures grossières, celle qui a le plus de prix, et la quantité d'huile que l'on tire du corps d'un seul ours est considérable.

L'ours a les sens de l'ouïe, du toucher et de la vue très bons, quoiqu'il ait l'œil très petit relativement au volume de son corps. Il a l'odorat meilleur et peut-être plus exquis qu'aucun autre animal.

Il vit de trente à quarante ans; il atteint à un mètre et demi de hauteur environ.

L'ours est sujet à des colères subites; un célèbre dompteur était un jour entré dans la cage d'un ours faisant partie depuis longtemps de sa ménagerie; lorsqu'il voulut sortir, l'ours, se mettant debout et s'appuyant sur la porte, fit entendre un grognement de mauvais augure et ouvrit les bras pour étouffer le dompteur qui, voyant le danger, prit un poignard et le planta droit dans le cœur de l'ours.

L'ours blanc a le pelage d'un blanc jaunâtre, la tête longue et aplatie; il atteint jusqu'à deux mètres de longueur.

Habitant les régions polaires, il se trouve souvent sur les glaçons, à l'affût des poissons sur lesquels il s'élance en plongeant. Il arrive fréquemment que les courants ou le vent éloignent ces glaçons des côtes où ils se sont formés; l'ours voyage alors avec eux et prend terre là où le glaçon aborde, soit dans le Groënland, soit dans la Nouvelle-Zemble, soit au Spitzberg.

Sa proie la plus ordinaire sont les phoques, qui n'ont pas la force de lui résister; mais les morses, auxquels il enlève quelquefois leurs petits, le percent de leurs défenses et le mettent en fuite. Il en est de même des baleines, elles l'assomment par leur masse et le chassent des lieux qu'elles habitent où néanmoins il prend et dévore souvent leurs jeunes baleineaux. Tous les ours ont naturellement beaucoup de graisse, et celui-ci, qui ne

vit que d'animaux chargés d'huile, en a plus que les autres ; cette graisse
ressemble beaucoup à celle de la baleine. Sa peau fait une fourrure chaude
et excellente, et sa chair passe pour n'être point mauvaise à manger.

Les ours blancs passent une grande partie de leur vie endormis dans la
neige, ou sous des monceaux de glace.

On apprend à l'ours commun à faire toutes sortes de tours, par exemple à danser au son du fifre ou du tambourin, à marcher en cadence, à pas comptés, à imiter grossièrement les gestes d'une personne en colère, etc. Il s'accoutume à vivre avec les chats, les chiens, les moutons eux-mêmes; mais il est vindicatif, et malheur à ceux qui lui ont infligé des corrections injustes, il ne s'en souvient que trop pour s'en venger, si l'occasion s'en présente.

LE CASTOR

Cet animal industrieux est remarquable par ses formes lourdes et ramassées, par son pelage bien fourni et d'un roux marron; par la membrane qui unit les doigts de ses pieds de derrière; par sa grande queue ovale, aplatie horizontalement, couverte d'écailles, qui lui sert à la fois de gouvernail pour nager et de truelle pour maçonner. Son corps a environ un mètre de long sur trente centimètres de haut. Il relie les quadrupèdes aux poissons, comme la chauve-souris les quadrupèdes aux oiseaux.

C'est surtout dans les vastes déserts de l'Amérique septentrionale que les castors peuvent encore, malgré la chasse qu'on leur fait, se réunir en grandes sociétés et établir leurs merveilleuses constructions.

Vers le mois de juin, ils arrivent au nombre de deux ou trois cents, et s'arrêtent au bord des eaux. Si ce sont des eaux plates, et qui se soutiennent à la même hauteur comme dans un lac, ils se dispensent d'y construire une digue; mais dans les eaux courantes, et qui sont sujettes à hausser ou baisser, ils établissent une chaussée, et, par cette retenue, ils forment une espèce d'étang ou de pièce d'eau qui se soutient toujours à la même hauteur. La chaussée traverse la rivière comme une écluse, et va d'un bord à l'autre; elle a souvent vingt ou vingt-cinq mètres de longueur sur trois ou quatre mètres d'épaisseur à sa base. L'endroit de la rivière où ils établissent cette digue est ordinairement peu profond; s'il se trouve sur le bord un gros arbre qui puisse tomber dans l'eau, ils commencent par l'abattre pour en faire la pièce principale de leur construction. Cet arbre est souvent plus gros que le corps d'un homme; ils le scient, ils le rongent au pied, et, sans autre instrument que leurs quatre dents incisives, ils le coupent en assez peu de temps, et le font tomber du côté qu'il leur plaît, c'est-à-dire en travers sur la rivière; ensuite ils coupent les branches de la cime de cet arbre tombé, pour le mettre de niveau et le faire porter partout également. Ces opérations se font en commun : plusieurs castors rongent ensemble le pied de l'arbre pour l'abattre; plusieurs aussi vont ensemble pour en couper les branches lorsqu'il est abattu, d'autres parcourent en même temps les bords de la rivière, et coupent de moindres arbres, les uns gros comme la jambe, les autres comme la cuisse; ils les dépècent et les scient à une certaine hauteur pour en faire des pieux : ils amènent ces pièces de bois, d'abord par terre jusqu'au bord de la rivière; et ensuite par eau jusqu'au lieu de leur construction; ils en font une espèce de pilotis serré qu'ils renforcent encore en entrelaçant des branches entre les pieux. Les uns, avec les dents, élèvent le gros bout contre le bord de la rivière, ou contre l'arbre qui la traverse; d'autres plongent en même temps jusqu'au fond de l'eau pour y

creuser avec les pieds de devant un trou, dans lequel ils font entrer la pointe du pieu, afin qu'il puisse se tenir debout. A mesure que ceux-là plantent ainsi leurs pieux, ceux-ci vont chercher de la terre qu'ils gâchent avec leurs pieds et battent avec leur queue; ils la portent dans leur gueule, et, avec les pieds de devant, ils en transportent une si grande quantité qu'ils en remplissent tous les intervalles de leur pilotis. Ce pilotis est composé de plusieurs rangs de pieux, tous égaux en hauteur, et tous plantés les uns contre les autres : il s'étend d'un bord à l'autre de la rivière, il est rempli et maçonné partout. Les pieux sont plantés verticalement du côté de la chute de l'eau ; tout l'ouvrage est, au contraire, en talus du côté qui en soutient la charge, en sorte que la chaussée, qui a trois ou quatre mètres de largeur à sa base, se réduit à un mètre environ d'épaisseur au sommet ; elle a donc, non seulement toute l'étendue, toute la solidité nécessaire, mais encore la forme la plus convenable pour retenir l'eau, l'empêcher de passer, en soutenir le poids et en rompre les efforts.

Leurs habitations sont des cabanes ou plutôt des espèces de maison-nettes bâties dans l'eau sur un pilotis plein, tout près du bord de leur étang, avec deux issues, l'une pour aller à terre, l'autre pour se jeter à l'eau. La forme de cet édifice est presque toujours ovale ou ronde. Il y en a de plus grands et de plus petits, depuis quatre ou cinq jusqu'à huit ou dix pieds de diamètre ; il s'en trouve aussi quelquefois qui sont à deux ou trois étages ; l'édifice est maçonné avec solidité, et enduit avec propreté en dehors et en dedans ; il est impénétrable à l'eau des pluies, et résiste aux vents les plus impétueux ; les parois en sont revêtues d'une espèce de stuc si bien gâché et si proprement appliqué, qu'il semble que la main de l'homme y ait passé ; aussi leur queue leur sert-elle de truelle pour appli-quer ce mortier qu'ils gâchent avec leurs pieds. Cette queue, longue de trente-cinq centimètres, épaisse de trois, et large de quinze à vingt, est même une vraie portion de poisson attachée au corps d'un quadrupède ; elle est entièrement recouverte d'écailles et d'une peau toute semblable à celle des gros poissons. C'est dans l'eau et près de leurs habitations qu'ils établissent leur magasin : chaque cabane a le sien, proportionné au nombre de ses habitants, qui y ont tous un droit commun. On a vu des bourgades composées de vingt ou de vingt-cinq cabanes : les plus petites contiennent deux, quatre, six et les plus grandes dix-huit, vingt, et même, dit-on, jusqu'à trente castors. Quelque nombreuse que soit cette société, la paix s'y maintient sans altération.

C'est principalement en hiver que les chasseurs les cherchent, parce que leur fourrure n'est parfaitement bonne que dans cette saison ; et lorsque, après avoir ruiné leurs établissements, il arrive qu'ils en prennent un grand nombre, la société trop détruite ne se rétablit point ; le petit nombre de ceux qui ont échappé à la mort ou à la captivité se disperse ; ils deviennent fuyards ; leur génie, flétri par la crainte, ne s'épanouit plus ; ils s'enfouissent, eux et tous leurs talents, dans un terrier.

Les castors habitent de préférence sur les bords des lacs, des rivières et des autres eaux douces ; cependant il s'en trouve au bord de la mer. La fourrure du castor est encore plus belle et plus fournie que celle de la loutre.

La chair du castor, quoique grasse et délicate, a toujours un goût amer assez désagréable. Ses dents sont très dures et si tranchantes qu'elles servent de couteaux aux sauvages, pour couper, creuser et polir le bois. Ces sauvages s'habillent de peaux de castor, et les portent en hiver le poil contre la chair.

LE RATON-LAVEUR

Il est d'un gris brun ; il a le museau blanc, avec un trait brun qui lui traverse les yeux et descend sur les joues en se portant en arrière ; sa queue

est annelée de brun et de blanc ; il est à peu près de la grandeur d'un renard.

Le poil de cet animal est long, doux, touffu ; ses yeux sont grands, pleins de finesse et de vivacité ; son corps est court et épais, mais néanmoins plein d'agilité, aussi saute-t-il plutôt qu'il ne marche, et ses mouvements, quoique obliques, sont prompts, légers et gracieux ; ses ongles, pointus comme des épingles, lui donnent une grande facilité pour monter sur les arbres.

Il n'est pas d'un caractère farouche, mais il est défiant ; aussi ne quitte-t-il guère les forêts pour s'avancer dans la plaine près des habitations, comme font les renards et autres petits carnassiers redoutés dans les basses-cours. Il se plaît particulièrement le long des vallées boisées, arrosées par des ruisseaux dont il suit les bords pour surprendre les rats d'eau, les reptiles et même les poissons et les écrevisses ; à leur défaut, il se contente de chasser aux insectes, et même il se nourrit de fruits, de graines et de racines tuberculeuses. Mais la nourriture qui lui plaît le plus, celle à la recherche de laquelle il s'occupe constamment, consiste en œufs et en oiseaux, dont il s'empare avec beaucoup d'adresse.

Si les oiseaux d'eau manquent au raton, il s'enfonce dans les forêts et grimpe sur tous les arbres qui lui paraissent cacher, dans l'épaisseur de leur feuillage, quelques faibles habitants des bois : soit des oiseaux, soit des écureuils ou autres rongeurs. Ce qu'il y a de singulier, c'est qu'il se trompe rarement. Est-ce son intelligence qui lui fait reconnaître l'arbre qui recèle sa proie, ou bien est-ce la finesse de son nez qui la lui fait découvrir de fort loin ? C'est ce que les chasseurs n'ont pas encore pu décider.

Tous les naturalistes qui ont vu des ratons en captivité ont observé que cet animal trempait dans l'eau, ou plutôt, il détrempait tout ce qu'il voulait manger ; il jetait son pain dans sa terrine d'eau, et ne l'en retirait que quand il le voyait bien imbibé, à moins qu'il ne fût pressé par la faim.

Buffon raconte que la ménagerie possédant un raton, il s'amusait à ses dépens, en lui donnant un morceau de sucre. Aussitôt il le portait dans sa terrine d'eau pour le délayer, et rien n'était plus comique que ses démonstrations d'étonnement lorsque, le sucre étant fondu, il ne retrouvait plus rien dans le vase. Le raton-laveur habite l'Amérique septentrionale.

LE COATI

Le coati ressemble beaucoup aux ratons, dont il diffère cependant par la longueur de son nez, espèce de boutoir qui dépasse de plus de huit centi-

mètres la mâchoire supérieure ; ce nez est très mobile et lui sert à fouir. Sa tête est effilée ; son corps est long ; sa queue est encore plus longue que son corps, poilue et ordinairement redressée ; son pelage est soyeux et très épais, excepté sur la tête ; des ongles robustes arment les cinq doigts de chacune de ses pattes, et lui permettent de grimper avec beaucoup de facilité sur tous les arbres ; il est de la grosseur d'un chat : il vit en petites troupes dans l'Amérique du Sud.

Le coati est sujet à manger sa queue comme les singes, makis et quelques autres animaux. Il se fait une tanière comme les renards ; sa chair a un mauvais goût de venaison ; sa peau donne une assez belle fourrure. Il s'apprivoise aisément et s'attache à son maître. Il vit d'insectes, de vers, d'oiseaux et d'œufs. Sa voix est un petit grognement assez aigre.

On distingue deux espèces de coatis : le coati brun ou fauve en dessus, jaunâtre en dessous ; le coati roux, d'un roux vif et brillant. Ces deux espèces montrent beaucoup d'antipathie l'une pour l'autre.

L'AGOUTI

Cet animal a la taille, les mœurs et les habitudes du lièvre et du lapin, ce qui l'a fait prendre par certains auteurs pour une sorte de lièvre ; il se rapproche aussi du cochon d'Inde ; par son corps plus volumineux à la

partie postérieure ; par la forme aplatie de sa tête ; par ses oreilles courtes, mais arrondies ; par ses doigts au nombre de cinq aux pattes de devant, et de trois aux pattes de derrière ; par sa queue très courte ou nulle, cependant il en diffère par ses jambes de derrière plus longues d'un tiers que celles de devant ; son poil lisse et brillant, d'un fauve orangé, foncé de noir avec des nuances verdâtres, est ras sur les membres et plus long sur le dos et sur la croupe. Il vit de fruits, de feuilles, de mousse, de racines, d'arbrisseaux, etc. ; il fait des provisions comme l'écureuil. Il reste, en général, dans son trou pendant la nuit, à moins que le ciel ne soit clair, mais il voyage pendant le jour. Il court très vite en plaine et en montant ; en descendant il est obligé de se ralentir, sans quoi il ferait la culbute ; sa chair n'est pas mauvaise ; on le chasse avec des chiens. Pris jeune, il s'apprivoise aisément.

C'est un animal particulier à l'Amérique et à l'Océanie. On en connaît trois espèces : l'agouti proprement dit, l'acouchi et l'agouti huppé.

LE LION

Le lion atteint, dans tout son développement, jusqu'à deux mètres de longueur du museau à l'origine de la queue, et environ un mètre trente

centimètres de hauteur. La lionne est dans toutes ses dimensions d'environ un quart plus petite que le lion.

Les auteurs anciens citent huit variétés de lion :

Le lion à crinière crépue ;

Le lion des Indes, noir, hérissé et qu'on dressait à la chasse ;

Le lion de Syrie, également noir et moins grand que les précédents.

Quelques naturalistes modernes distinguent :

Le lion de Barbarie, au pelage composé de poils soyeux et laineux, courts, roux brunâtres ; il est commun dans la province de Constantine ;

Le lion du Sénégal, à la crinière peu épaisse, au pelage brillant et jaunâtre, sans poils longs au ventre ni aux cuisses ;

Le lion de Perse, au pelage d'un jaune-noisette très pâle, à la crinière touffue mélangée de poils de différentes teintes, au ventre et aux cuisses dégarnis de longs poils ; il est de petite taille et se trouve surtout en Perse et en Arabie ;

Le lion du Cap, tantôt jaune, tantôt brun, peu dangereux, vivant des immondices qu'il trouve ou des petits animaux qu'il peut attaquer et tuer sans trop s'exposer lui-même.

Le lion a la figure imposante, le regard assuré, la démarche fière, la voix terrible ; sa taille est si bien prise et si bien proportionnée, que son corps paraît être le modèle de la force jointe à l'agilité. Cette grande force musculaire se marque au dehors par les sauts et les bonds prodigieux que le lion fait aisément ; par le mouvement brusque de sa queue, qui est assez fort pour terrasser un homme ; par la facilité avec laquelle il fait mouvoir la peau de sa face, et surtout celle de son front, ce qui ajoute beaucoup à sa physionomie ou plutôt à l'expression de sa fureur ; et enfin, par la faculté qu'il a de remuer sa crinière, laquelle non seulement se hérisse, mais se meut et s'agite en tous sens, lorsqu'il est en colère.

L'espèce du lion est une des plus nobles, puisqu'elle est unique et qu'on ne peut la confondre avec celles du tigre, du léopard, de l'once, etc.

Quoique ce noble animal ne se trouve que dans les climats les plus chauds, il peut cependant subsister et vivre assez longtemps dans les pays tempérés.

Dans ces animaux, toutes les passions, même les plus douces sont excessives, et l'amour maternel est extrême. La lionne, naturellement moins forte, moins courageuse et plus tranquille que le lion, devient terrible dès qu'elle a des petits : elle se jette indifféremment sur les hommes et sur les animaux qu'elle rencontre, et les met à mort, se charge ensuite de sa proie, la porte et la partage à ses lionceaux auxquels elle apprend de bonne heure à sucer le sang et à déchirer la chair. D'ordinaire elle met bas dans les lieux très écartés et de difficile accès ; et lorsqu'elle craint d'être découverte, elle cache ses traces en retournant plusieurs fois sur ses pas, ou bien elle les efface avec sa queue.

On croit que le lion n'a pas l'odorat aussi parfait ni les yeux aussi bons que la plupart des autres animaux de proie : malgré cela, c'est pendant la nuit qu'il fait toutes ses courses.

Le lion, lorsqu'il a faim, attaque de face tous les animaux qui se présentent ; mais comme il est très redouté, et que tous cherchent à éviter sa rencontre, il est souvent obligé de se cacher et de les attendre au passage ; il se tapit sur le ventre dans un endroit fourré, d'où il s'élance avec tant de force qu'il les saisit souvent du premier bond. On prétend qu'il supporte longtemps la faim ; il supporte moins patiemment la soif. Il prend l'eau en lapant comme un chien. Il lui faut environ quinze livres de chair crue chaque jour : il préfère la chair des animaux vivants, de ceux surtout qu'il vient d'égorger ; il ne se jette pas volontiers sur des cadavres infects.

Le rugissement du lion est si fort, que, quand il se fait entendre par échos la nuit dans les déserts, il ressemble au bruit du tonnerre. Il rugit cinq ou six fois par jour, et souvent lorsqu'il doit tomber de la pluie.

La démarche ordinaire du lion est fière, grave et lente quoique toujours

oblique. Sa course ne se fait pas par des mouvements égaux, mais par sauts et par bonds. On a remarqué que lorsqu'il voit des hommes et des animaux ensemble, c'est toujours sur les animaux qu'il se jette, et jamais sur les hommes, à moins qu'ils ne le frappent ; car alors il reconnaît à merveille celui qui vient de l'offenser, et il quitte sa proie pour se venger. L'élé-

5

phant, le rhinocéros, le tigre et l'hippopotame sont les seuls animaux qui puissent lui résister.

La chair du lion est d'un goût désagréable et fort ; cependant les nègres ne la trouvent pas mauvaise.

Le lion s'apprivoise assez facilement et reçoit une sorte d'éducation ; l'histoire ancienne fait mention de lions attelés à des chars de triomphe, menés à la chasse, à la guerre, et servant fidèlement leurs maîtres. Pline parle d'une femme esclave qui, par ses prières, arrêta un lion furieux prêt à la dévorer ; et d'un autre lion qui, caressant de sa queue et de sa langue un voyageur effrayé à son approche, lui montra une épine qu'il avait enfoncée dans la patte et se la fit arracher par lui.

Si le lion conserve le souvenir des bienfaits, il n'oublie pas les mauvais traitements, et s'en venge tôt ou tard, à moins que ses ennemis trop faibles ne lui paraissent mériter que son mépris.

Voici la contre-partie des éloges que Buffon donne au lion.

Il est fâcheux que toutes les belles qualités du lion s'évanouissent devant la réalité peu poétique et moins flatteuse. Ce roi des animaux ressemble à tous ses congénères ou, s'il se distingue du tigre, du jaguar, etc., c'est par sa poltronnerie. Quoique n'ayant pas la pupille nocturne, il ne sort de sa retraite que la nuit et seulement quand il est pressé par la faim. Alors, il se glisse dans les ténèbres à travers les buissons, et se met en embuscade dans les roseaux, sur les bords d'une mare où les animaux viennent boire ; par un bond énorme il s'élance sur sa victime qui est toujours un animal faible et innocent, ne pouvant lui opposer aucune résistance, lors même que, dans son attaque, il n'emploierait pas la surprise, la ruse ou la perfidie. Ce n'est que poussé par une faim extrême qu'il ose assaillir un bœuf ou un cheval ou tout autre animal capable de lui résister.

Comme il arrive souvent aux Arabes de rencontrer des lions dans leurs chasses, il est fort remarquable que leurs chevaux, quoique célèbres par leur vitesse, sont saisis d'une terreur si vive qu'ils demeurent immobiles, et que leurs chiens, non moins timides, se tiennent rampants aux pieds de leur maître ou de son cheval. Le seul expédient pour l'Arabe est de descendre et d'abandonner une proie qu'il ne peut défendre ; mais si le ravisseur est trop près et qu'on n'ait pas le temps d'allumer du feu, seul moyen de l'effrayer, il ne reste qu'à se coucher par terre dans un profond silence. Le lion, lorsqu'il n'est pas tourmenté par une faim dévorante, passe gravement comme s'il était satisfait du respect qu'on a pour sa présence.

LE TIGRE

A peu près de la même taille que le lion, mais plus mince et plus bas sur jambes, le tigre a la tête plus petite et arrondie, la queue très longue, et marquée de quinze anneaux noirs ; son pelage assez ras, à l'exception des côtes et des jambes garnies de grands poils, présente des couleurs d'un jaune fauve sur les parties supérieures du corps, d'un beau blanc au museau, au-dessous du cou, à la poitrine et au ventre ; des bandes noires transversales,

au nombre de vingt à trente, partent de la ligne du dos, et s'étendent paral-lèlement sur les yeux. La tigresse ne diffère pas du mâle extérieurement, et l'un et l'autre ressemblent bien plus que le lion à notre chat domestique ; leur taille moyenne est d'un mètre cinquante de long, depuis le museau jusqu'à la queue, et leur hauteur est de soixante-dix centimètres. On le trouve surtout en Asie, aux Indes orientales, dans la presqu'île du

Gange, au Tonquin, dans le royaume de Siam, dans la Cochinchine,
dans les îles de la Sonde et de Sumatra. Sa peau fournit une des fourrures
les plus belles et les plus estimées; la peau du tigre est l'insigne des man-
darins.

Le lion a l'air noble; le tigre, trop long de corps, trop bas sur ses jambes,
la tête nue, les yeux hagards, la langue couleur du sang, toujours hors de
la gueule, n'a que les caractères de la basse méchanceté et de l'insatiable
cruauté; il n'a pour tout instinct qu'une rage constante, une fureur aveugle
qui ne connaît, qui ne distingue rien, et qui lui fait souvent dévorer
ses propres enfants, et déchirer leur mère lorsqu'elle veut les défendre.

Heureusement pour le reste de la nature, l'espèce n'en n'est pas nombreuse, et paraît confinée aux climats les plus chauds de l'Inde orientale.

Quand il a mis à mort quelques gros animaux, comme un cheval, un
buffle, il ne les éventre pas sur la place, s'il craint d'y être inquiété; pour
les dépecer à son aise, il les emporte dans les bois, en les traînant avec tant
de légèreté que la vitesse de sa course paraît à peine ralentie par la masse
énorme qu'il entraîne.

Le tigre est peut-être le seul de tous les animaux dont on ne puisse fléchir le naturel: ni la force, ni la contrainte, ni la violence, ne peuvent le
dompter. Il s'irrite des bons comme des mauvais traitements; la douce habitude, qui peut tout, ne peut rien sur cette nature de fer; le temps, loin
de l'amollir en tempérant ses humeurs féroces, ne fait qu'aigrir le fiel de
sa rage; il déchire la main qui le nourrit comme celle qui le frappe; il rugit à la vue de tout être vivant; chaque objet lui paraît une nouvelle proie
qu'il dévore d'avance de ses regards avides.

L'espèce du tigre a toujours été plus rare et beaucoup moins répandue
que celle du lion.

Le père Tachard donne le récit suivant du combat d'un tigre contre des
éléphants. On avait élevé une haute palissade de cent pas en carré; au milieu de l'enceinte étaient entrés trois éléphants destinés pour combattre le
tigre. Ils avaient une espèce de plastron, en forme de masque, qui leur
couvrait la tête et une partie de la trompe. Dès que nous fûmes arrivés sur
le lieu, on fit sortir de la loge qui était dans un enfoncement un tigre
d'une figure et d'une couleur qui parurent nouvelles aux Français qui as-
sistaient à ce combat. On ne lâcha pas d'abord le tigre qui devait combattre, mais on le tint attaché par deux cordes, de sorte que n'ayant pas la
liberté de s'élancer, le premier éléphant qui s'approcha lui donna deux ou
trois coups de sa trompe sur le dos; ce choc fut si rude que le tigre en fut
renversé et demeura quelque temps étendu sur la place sans mouvement,
comme s'il eût été mort; cependant, dès qu'on l'eut délié, quoique cette
première attaque eût bien rabattu de sa furie, il poussa un cri horrible et
voulut se jeter sur la trompe de l'éléphant qui s'avançait pour le frapper;

mais celui-ci, la repliant adroitement, la mit à couvert par ses défenses, qu'il présenta en même temps, et dont il atteignit le tigre si à propos qu'il lui fit faire un grand saut en l'air; cet animal en fut si étourdi qu'il n'osa plus approcher. Il fit plusieurs tours le long de la palissade, s'élançant quelquefois vers les personnes qui paraissaient sur les galeries; on poussa ensuite les trois éléphants contre lui, et ils lui donnèrent tour à tour de si rudes coups qu'il fit encore une fois le mort, et ne pensa plus qu'à éviter leur rencontre. Ils l'eussent tué sans doute, si l'on n'eût fait finir le combat.

On fait la chasse au tigre de plusieurs manières : tantôt on le poursuit avec des éléphants; tantôt on s'enferme, bien armé, dans une cage de fer, avec une brebis que l'on force de crier; le tigre venant, on le tue à bout portant à travers les barreaux de la cage. Malgré les affirmations contraires de Buffon, on dit que le tigre peut s'apprivoiser : il apprend à faire toutes sortes d'exercices; il laisse son maître introduire son bras et même sa tête dans sa gueule, sans lui faire aucun mal.

LA PANTHÈRE

Plus belle que le tigre, la panthère offre beaucoup de ressemblance avec le léopard, dont nous parlerons ci-après. Elle est remarquable par son pelage bien fourni, fauve en dessus, blanc en dessous, et marqué sur chaque flanc de six ou sept rangées de taches noires formées chacune par la réu-

nion de cinq ou six taches simples; sa queue atteint la longueur de la tête et du corps réunis. La panthère ne dépasse guère un mètre quarante à un mètre cinquante de longueur. Elle est commune en Afrique et dans les parties chaudes de l'Asie; elle n'habite que les forêts, et monte sur les arbres avec la plus grande agilité pour poursuivre les singes et autres animaux grimpeurs dont elle fait sa proie; faute d'animaux vivants, elle se nourrit de cadavres qu'elle déterre, ou de matière animale putréfiée.

La panthère a toujours le regard féroce et inquiet, les mouvements vifs, et le cri semblable à celui d'un chien furieux : elle n'attaque pas l'homme, mais, à la moindre provocation de sa part, elle s'élance sur lui et le met en morceaux avant même qu'il ait pu songer à se défendre.

La panthère de Java est entièrement noire.

LE LÉOPARD

Le léopard ressemble beaucoup à la panthère par ses mœurs et ses habitudes ; cependant il est caractérisé par son pelage jaune sur le dos, blanc sous le ventre, et partout couvert de taches noires groupées circulairement, plus rapprochées et plus petites que chez la panthère. Il atteint en longueur à un mètre ou à un mètre cinquante, et en hauteur à soixante et quatre-vingts centimètres. On le trouve dans l'Inde, en Afrique, et surtout dans la Guinée et au Sénégal. Sa fourrure, une des plus estimées, s'emploie ordinairement pour le harnachement des chevaux de luxe ; les négresses se font des colliers avec ses dents.

Il y a une variété de léopard à robe d'un bai très foncé et d'un marron

pur, distribués par nuances plus ou moins sombres et noirâtres, avec les taches plus marquées au dos et à la queue.

Le léopard ne s'apprivoise pas.

On raconte que deux léopards, mâle et femelle, avec trois petits, entrèrent un jour dans un parc de brebis, au cap de Bonne-Espérance. Les premiers y étranglèrent près de cent moutons, et s'enivrèrent de leur sang. Lorsque la soif du carnage fut chez eux apaisée, ils dépecèrent le corps d'un mouton en trois parties, qu'ils distribuèrent à leurs petits ; le père et la mère se chargèrent chacun d'une brebis et se retirèrent. Les gens du pays, les ayant observés, leur tendirent des pièges à leur retour, et tuèrent la femelle avec trois petits. Leur chair, blanche et nourrissante, fut donnée à des Hottentots qui la trouvèrent excellente.

Le léopard grimpe facilement sur les arbres pour atteindre des chats sauvages; il n'attaque que fort rarement les hommes, même quand ils le provoquent; mais il se défend avec acharnement.

LE JAGUAR OU TIGRE D'AMÉRIQUE

De tous les animaux de son genre, le jaguar est le plus grand après le lion et le tigre; il atteint jusqu'à près de deux mètres de long, sans compter la queue, qui a elle-même soixante centimètres de long. Son pelage, d'un fauve vif en dessus, offre sur les flancs quatre rangées de taches noires en forme d'yeux, c'est-à-dire d'anneaux avec un point noir au centre; le dessous du corps est blanc avec des taches noires; il en existe une variété au pelage noir avec les taches ou raies encore plus noires; elle habite le Brésil.

Le jaguar habite une grande partie de l'Amérique méridionale; il est

surtout fort dangereux aux environs de Buenos-Ayres; il attaque l'homme. Son cri ressemble à un son flûté ou à un râlement d'abord sourd, puis éclatant. Il chasse les loutres et les pacas, et pêche même le poisson, qu'il enlève très adroitement avec sa patte; il se jette sur les plus gros caïmans, et pour leur faire lâcher prise, s'il est saisi par eux, il leur crève les yeux. Malgré sa grande taille, il grimpe aux arbres avec une extrême agilité et attrape les singes. La nuit, il se montre bien plus audacieux que le jour; il emportera un cheval et même un bœuf; il enlèvera un homme de devant le feu du bivouac pour le dévorer dans la forêt. Son plus cruel ennemi est le fourmilier ou tamanoir. Quoique celui-ci n'ait pas de dents pour se défendre, dès qu'il est attaqué par un jaguar, il se couche sur le dos, le saisit avec ses griffes, qu'il a d'une grandeur prodigieuse, l'étouffe et le déchire.

La fourrure est très belle et très estimée; elle forme une branche importante du commerce entre l'Amérique et l'Europe.

LE COUGUAR OU LION DES PÉRUVIENS

Le couguar est caractérisé par son pelage d'un fauve uniforme, sans aucune tache, ses oreilles noires, sa queue noire à son extrémité seulement; il a toutes les parties inférieures du corps d'une couleur blanchâtre; il est plus effilé et plus haut sur jambes que le jaguar. Quoique plus faible, il se montre plus féroce et aussi cruel; il mange sa proie à moitié vivante, la dépèce, la suce, et ne la quitte que quand il en est tout gorgé; il attaque les animaux faibles et sans défense : les moutons, les chèvres, les génisses; mais il fuit l'homme. Le voyageur qui s'arrête dans les forêts pour y

passer la nuit n'a qu'à allumer du feu pour l'empêcher d'approcher. On compare sa chair à celle du veau ou du mouton; certains auteurs prétendent, avec plus de raison, que ce qu'il y a de meilleur dans cet animal, c'est sa peau, qui sert à faire des harnachements pour les chevaux.

LE GUÉPARD OU LÉOPARD A CRINIÈRE

Cet animal est de la taille de la panthère, mais avec la tête plus petite et le corps élancé; sa peau, d'un blanc jaunâtre, présente des taches noires rondes d'environ huit centimètres de diamètre; des ongles aigus et forts arment ses longs doigts, avec lesquels il ne peut pas, comme le chat, faire patte de velours ; il habite l'Asie et l'Afrique.

Le guépard s'apprivoise facilement et se laisse dresser pour la chasse de la gazelle. C'est un usage très répandu dans l'Inde, et Tippo-Saïb en faisait ses délices.

« Lorsque le prince veut chasser, dit le docteur Flemmig, on prévient le maître veneur. On part à l'aube du jour. Les voitures qui portent les guépards s'avancent en file, et le prince avec sa suite marche à côté. Lorsqu'on approche du lieu où l'on compte trouver des gazelles, on fait le moins de bruit possible.

« Dès que l'on est en vue du troupeau, on fait sortir de sa cage le premier guépard, et on lui ôte le chaperon dont il avait eu jusqu'à ce moment les yeux couverts. Si quelque gazelle se trouve plus éloignée que toutes les autres, c'est vers elle qu'il se dirige ; mais si elles sont réunies en troupeau serré, on peut être certain que c'est au mâle le plus fort qu'il s'attaquera.

« Lorsqu'il a choisi sa victime, il s'avance vers elle à pas furtifs, se glissant à travers les herbes et se traînant presque sur le ventre. Arrivé à environ deux cents mètres de la gazelle, il change subitement d'allure et s'élance vers elle à toutes jambes. Sa course est extrêmement rapide, mais elle n'est pas longtemps prolongée. Si, après avoir franchi un espace de cinq à six cents mètres, il n'a pas atteint sa proie, il renonce à la suivre ;

il semble tout honteux, marche lentement et se laisse approcher par ses gardiens, qui lui remettent son chaperon et le font rentrer dans sa cage. Si, au contraire, il atteint la gazelle, il la terrasse à l'instant et continue de la tenir à la gorge, sans la blesser d'ailleurs, jusqu'à ce que le chasseur soit arrivé. Celui-ci commence par mettre au guépard son chaperon, puis il coupe le cou à la gazelle, la dépèce et en donne un des membres à l'animal, qu'on ne fait rentrer dans sa cage qu'après qu'il a mangé. »

Les spectateurs de ces chasses font bien de se tenir à distance jusqu'au moment où les chaperons sont remis, car ces animaux sont quelquefois tellement dépités d'avoir manqué leur coup qu'ils pourraient se jeter sur eux.

Il y a des guépards qui se montrent aussi dociles, aussi caressants pour leurs maîtres que les chiens les plus fidèles ; mais il faut prendre garde de leur infliger des punitions injustement, car alors leur naturel sauvage revient, et ils se vengent sans pitié. On raconte qu'un guépard enfermé dans un des parcs du Jardin des Plantes de Paris, ayant reconnu parmi les curieux et les promeneurs un jeune nègre qui était venu du Sénégal sur le même vaisseau que lui, lui fit toutes sortes de caresses empressées et témoigna, par ses bonds joyeux, son contentement de le revoir.

LE LYNX OU LOUP-CERVIER

Le lynx ou loup-cervier a pour caractères des oreilles larges et longues terminées par un pinceau de poils plus ou moins épais, une fourrure longue et touffue, et une queue généralement courte ; son pelage d'un roux clair sur le dos, avec des mouchetures d'un brun noirâtre et blanchâtre autour de l'œil, à la gorge, en dessous du corps, avec quatre lignes

noires sur le cou, des bandes mouchetées obliques sur l'épaule, transversales sur les jambes.

Notre lynx ou loup-cervier a les yeux brillants, le regard doux, l'air agréable et gai ; il n'a rien du loup qu'une espèce de hurlement qui, se faisant entendre de loin, a dû tromper les chasseurs : ceux-ci l'auront appelé *loup-cervier* parce qu'il attaque les cerfs. Le lynx est communément de la grandeur d'un renard ; il marche et saute comme le chat ; il vit de chasse et poursuit son gibier jusqu'à la cime des arbres : les martes, les hermines, les écureuils, ne peuvent lui échapper ; il saisit aussi les oiseaux, il attend les cerfs, les chevreuils, les lièvres au passage, et s'élance dessus ; il les prend à la gorge, et en suce le sang. Son poil change couleur suivant les climats et la saison ; les fourrures d'hiver sont plus belles, meilleures et plus fournies que celles de l'été. Sa chair, comme celle de tous les animaux de proie, n'est pas bonne à manger.

Le lynx est très commun dans les forêts du nord de l'Europe et dans la Sibérie. Outre le lynx vulgaire, on distingue encore le caracal ou lynx des anciens, le pard, le manoul, le chausou lynx des marais, le lynx botté, tous habitant l'Europe, et les lynx d'Amérique ou pajéros (lynx du Canada, de la Floride, de la Caroline, etc.).

LE CHACAL ET L'ADIVE

Plus grand, plus féroce, plus difficile à apprivoiser que l'adive, le chacal lui ressemble sous tous les autres rapports. Il se pourrait donc que l'adive ne fût que le chacal privé, dont on aurait fait une race domestique plus petite, plus faible et plus douce que la race sauvage.

Quoique l'espèce du loup soit voisine de celle du chien, celle du chacal ne laisse pas de trouver place entre les deux. Avec la férocité du loup, il a

en effet un peu de la familiarité du chien ; sa voix est un hurlement mêlé d'aboiement et de gémissement. Il est plus criard que le chien, plus vorace que le loup ; il ne va jamais seul, mais toujours par troupes de vingt, trente ou quarante ; il vit de petits animaux et se fait redouter des plus puissants par le nombre ; il attaque toute espèce de bétail ou de volaille presque à la vue des hommes ; il entre insolemment et sans marquer de crainte, dans les bergeries, les écuries, et lorsqu'il n'y trouve pas autre chose, il dévore le cuir des harnais, des bottes, des souliers, et emporte les lanières qu'il n'a pas le temps d'avaler. Faute de proie vivante, il déterre les cadavres des animaux et des hommes. Lorsqu'il est une fois accoutumé aux cadavres humains, il ne cesse de courir les cimetières, de suivre les armées, de s'attacher aux caravanes : c'est le corbeau des quadrupèdes. Il réunit l'impudence du chien à la bassesse du loup, et, participant de la nature des deux, il semble n'être qu'un odieux composé de toutes les mauvaises qualités de l'un et de l'autre. On le trouve en Afrique, aux Indes et dans l'Asie Mineure.

Les couleurs de l'adive sont ordinairement le fauve, le gris et le blanc mélangés.

Le chacal exhale une odeur forte et désagréable. Quelques naturalistes ont regardé cet animal comme le type de notre chien domestique.

LE SERVAL

Un peu plus gros que le chat sauvage, le serval ressemble à la panthère par son pelage d'un fauve très clair en dessus, blanc en dessous avec de

petites taches rondes et pleines distribuées irrégulièrement. Sa queue présente de petits anneaux de couleur et est noire à l'extrémité. Il habite le cap de Bonne-Espérance et le Sénégal. On le chasse pour sa fourrure connue sous le nom de *chat-tigre* ou de *pard*.

On le voit rarement à terre, il se tient sur les arbres où il prend les oiseaux dont il se nourrit; il saute aussi légèrement qu'un singe et avec tant d'adresse et d'agilité qu'en un instant il parcourt un grand espace. Il est d'un naturel féroce; cependant il fuit à l'aspect de l'homme, à moins qu'on ne l'irrite, surtout en dérangeant sa bauge; car, alors, il devient furieux, s'élance, mord et déchire à peu près comme la panthère. Il ne s'apprivoise pas.

L'OCELOT

Particulier à l'Afrique, l'ocelot présente un pelage fauve en dessus, blanc en dessous, varié sur la croupe et les flancs de cinq bandes obliques d'un foncé bordé de noir. Il ne chasse sa proie que pendant la nuit. Il atteint la longueur d'un mètre non compris la queue.

De toutes les bêtes à peau tigrée, l'ocelot mâle a certainement la peau la plus belle et la mieux variée. On a remarqué que l'ocelot, au lieu de dévorer sa proie, ne peut qu'en sucer le sang jusqu'à ce que mort s'ensuive. Il attaque rarement des hommes; dès qu'il se voit poursuivi par les chiens, il se réfugie dans un arbre où, du reste, il se tient ordinairement pour épier le gibier et le bétail sur lequel il se précipite dès qu'il est à sa portée. Dans l'état de captivité, il conserve ses mœurs féroces, et

le mâle montre en tout sa supériorité en ne permettant jamais à la femelle de rien manger de ce qu'on leur offre avant qu'il [ne soit lui-même parfaitement rassasié; il ressent la plus vive antipathie pour les chiens et les chats.

On peut ranger à côté de l'ocelot:

Le chat à collier, au pelage d'un gris jaunâtre en dessus et blanc en dessous, avec des taches comme celles de l'ocelot, mais il est plus petit que lui et a une queue plus courte; il atteint soixante centimètres de longueur. Ces deux animaux se trouvent surtout au Paraguay, dans l'Amérique méridionale.;

Le matco-ocelot différant de l'ocelot par ses taches, qui, quoique bordées, ne forment pas des bandes continues, mais sont isolées les unes des autres; il a la queue plus courte, et les jambes plus hautes. Il atteint en longueur jusqu'à quatre-vingts centimètres; on le trouve aux alentours de la baie de Campêche ; on dit qu'il préfère le poisson à tout autre aliment ;

Le chat-enchaîné, au pelage d'un jaune rougeâtre au-dessus du corps ; jaune d'ocre aux tempes, blanc aux joues et au-dessous du corps ; il a des places rayées de taches noires partant des oreilles, et des bandes alternativement noires ou d'un brun rouge à l'épaule, aux flancs et à la croupe.

Il est originaire du Brésil ; il a les mœurs de l'ocelot et de la fouine.

LA HYÈNE

La hyène est peut-être le seul de tous les animaux quadrupèdes qui n'ait que quatre doigts tant aux pieds de devant qu'à ceux de derrière ;

elle a sous la queue, comme le blaireau, une ouverture qui ne pénètre pas dans l'intérieur du corps : elle a les oreilles longues, droites et nues ; la tête plus carrée et plus courte que celle du loup ; les jambes, surtout celles de derrière, plus longues ; les yeux placés comme ceux du chien ; le poil du corps et la crinière d'un gris obscur, mêlé d'un peu de fauve et de noir, avec des ondes transversales et noirâtres.

Cet animal sauvage et solitaire demeure dans les cavernes des montagnes, dans les fentes des rochers, ou dans les tanières qu'il se creuse lui-même sous terre ; il est d'un naturel féroce ; et, quoique pris tout petit, il ne s'apprivoise pas. La hyène vit de proie comme le loup, mais elle est plus forte et paraît plus hardie ; elle attaque quelquefois les hommes ; elle se jette sur le bétail, suit de près les troupeaux et souvent rompt dans la nuit les portes des étables et les clôtures des bergeries ; ses yeux brillent dans l'obscurité, et l'on prétend qu'elle voit mieux la nuit que le jour. Son cri ressemble aux sanglots d'un homme, ou plutôt au mugissement du veau. Elle se défend du lion, de la panthère, etc. ; si la proie lui manque, elle déterre les cadavres d'hommes et d'animaux. Elle se trouve dans presque tous les climats chauds de l'Afrique et de l'Asie; il y en a encore en Algérie.

On a débité bien des contes absurdes sur cet animal. On a dit, par exemple, qu'il imitait la voix humaine, retenait le nom des bergers, les appelait, les charmait, les rendait immobiles, etc. On a beaucoup exagéré la férocité de la hyène. Sa tête basse, son regard en dessous, sa méchante mine ont contribué à lui donner une fort mauvaise réputation.

On distingue :

La hyène rayée ou hyène commune, dont le pelage jaunâtre est rayé horizontalement sur les flancs et sur les pattes;

La hyène brune, dont le pelage est couvert en dessus de longs poils d'un brun grisâtre, tandis que le dessous du corps présente un blanc sale; originaire du cap de Bonne-Espérance;

La hyène tachetée au pelage d'un jaune terne, parsemé de taches brunes, arrondies et en petit nombre; originaire du Cap.

LA CIVETTE

A peu près de la taille d'un renard, la civette a le museau pointu, le nez terminé par un mufle assez large, les narines grandes et pincées sur les côtés. On trouve la civette en Asie et en Afrique, principalement en Abyssinie, en Guinée et au Congo. Elle a, sous la queue, une petite cavité qui s'ouvre à l'extérieur, et qui contient une matière grasse, analogue au musc.

Pour recueillir le parfum de la civette, les Indiens mettent l'animal dans une cage étroite où il ne peut se retourner; ils ouvrent la cage par le bout, tirent l'animal par la queue, le contraignent à demeurer dans cette situation en mettant un bâton à travers les barreaux de la cage, au moyen duquel ils lui gênent les jambes de derrière; ensuite ils font entrer une petite cuiller dans le sac qui contient le parfum; ils râclent avec soin toutes les parois intérieures de ce sac, et mettent la matière qu'ils en tirent dans un vase qu'ils couvrent avec soin. Cette opération se répète deux ou trois fois par semaine.

Le parfum de ces animaux est si fort, qu'il se communique à toutes les parties de leur corps; le poil en est imbu, et la peau pénétrée au point que l'odeur s'en conserve longtemps après leur mort.

Les civettes sont naturellement farouches, et même un peu féroces; cependant on les apprivoise aisément. Elles sautent comme les chats, et peuvent aussi courir comme les chiens. Elles vivent de chasse; surprennent et poursuivent les petits animaux, les oiseaux; elles cherchent, comme les renards, à entrer dans les basses-cours pour emporter les volailles.

Leurs yeux brillent la nuit, et il est à croire qu'elles voient dans l'obscurité; leur cri ressemble assez à celui d'un chien en colère.

L'odeur de la civette, quoique violente, est plus suave que celle du musc : toutes deux ont passé de mode.

LA GENETTE

La genette est un animal plus petit que la civette ; elle a sous la queue une petite ouverture ou sac dans lequel se filtre une espèce de parfum, mais

faible, et dont l'odeur ne se conserve pas, Elle est un peu plus grande que la fouine, qui lui ressemble beaucoup. On l'a appelée chat de Constantinople, chat d'Espagne, chat genette ; elle n'a cependant rien de commun avec les chats que l'art d'épier et de prendre les souris. Il y a des genettes dans nos provinces méridionales, et elles sont assez communes en Poitou.

La peau de cet animal fait une fourrure légère et très jolie.

CHÉIROPTÈRES OU CHAUVES-SOURIS

Les chéiroptères sont des mammifères caractérisés par un repli membraneux de la peau des flancs qui s'unit aux quatre membres et aux doigts de la main, de manière à former de véritables ailes propres au vol comme celles des oiseaux. La membrane qui forme leurs ailes est le siège d'un tact exquis, capable de les avertir, comme la vue, de l'approche d'un obstacle. Le célèbre Spallanzani a fait sur ce sujet des expériences curieuses. Les yeux d'une chauve-souris ayant été crevés, elle n'en volait pas moins sans se heurter contre la muraille. D'autres chauves-souris auxquelles on avait fait la même opération, lâchées dans une galerie souterraine qui formait un coude à angle droit, faisaient avec adresse et précision un détour en volant. Mises dans une chambre obscure où l'on avait suspendu des branches d'arbre, ces chauves-souris aveugles les évitaient parfaitement bien; elles volaient entre des brins de fils perpendiculaires suspendus au plafond, et tellement près les uns des autres qu'elles étaient obligées de contracter leurs ailes pour en traverser les espaces.

Ce sont des animaux nocturnes; ils vivent dans les bâtiments en ruine, les carrières, les cavernes, où ils se tiennent suspendus la tête en bas et accrochés par leurs ongles de derrière. Les chauves-souris ne marchent qu'avec la plus grande difficulté sur la terre; mais, en revanche, elles ont un vol aussi rapide que léger, et happent en volant les insectes dont elles se nourrissent. La portée des femelles est de deux petits, qu'elles allaitent et portent à leurs mamelles en voltigeant. Elles ne font pas de nid comme les oiseaux, elles se contentent d'un trou de mur. Les deux premiers jours, elles laissent leurs petits attachés à leurs corps; mais lorsqu'il devient nécessaire d'aller chercher de la nourriture, elles les accrochent contre les parois du trou de la même manière qu'elles s'y étaient elles-mêmes suspendues au moyen de leurs ongles crochus, et ils y restent jusqu'à leur retour.

Les chauves-souris forment plusieurs familles. La famille des *Vampiriens* renferme le *Philostome spectre*, vulgairement appelé *Vampire*. Ces animaux, de la taille d'une poule, sont fort dangereux; ils attaquent les gros animaux endormis et font sortir leur sang de la peau en l'incisant avec les papilles cornées et tranchantes dont leur langue est pourvue. Cette énorme chauve-souris appartient à la Guyane.

Un voyageur qui fut surpris par un vampire, pendant qu'il dormait, décrit ainsi cet accident :

« En m'éveillant, dit-il, sur les quatre heures du matin, dans mon hamac, je fus alarmé de me voir baigné dans du sang caillé, sans éprouver aucune douleur; je me levai sur mon séant et sonnai le chirurgien, qui reconnut que j'avais été piqué par un vampire ou *spectre de la Guyane*, appelé *Chien volant de la Nouvelle-Espagne*. Ce n'est autre chose qu'une chauve-souris d'une grosseur monstrueuse, qui suce le sang des hommes et des bestiaux tandis qu'ils sont profondément endormis, même quelquefois jusqu'à ce qu'ils meurent. Comme la manière dont elle s'y prend est très curieuse, je vais essayer d'en rendre

6

un compte exact. Ces animaux, sachant comme par instinct que personne qu'ils veulent attaquer est plongé dans un profond sommeil, descendent en volant auprès de ses pieds, ou, continuant de battre continuellement des ailes pour le rafraîchir, ils enlèvent ensuite de son orteil un morceau de chair, si petit, que, quoique la blessure qu'ils pourrait à peine y pénétrer, la plaie par conséquent n'est pas douloureuse ; cependant ils sucent le sang par cette ouverture jusqu'à ce qu'ils soient obligés de le dégorger ; ils recommencent de nouveau à sucer et à dégorger jusqu'à ce qu'ils éprouvent de la peine à s'envoler. Les vampires mordent ordinairement le bétail au-dessus du sabot, et toujours dans les endroits où le sang coule abondamment.

La famille des *Ptéropiens* renferme les plus grandes chauves-souris con-

Le murin

nues. La roussette, qui habite les îles de la Sonde, l'Océanie, Madagascar, a plus de douze centimètres d'envergure ; elle a le museau pointu, et la forme de sa tête lui a fait donner le nom de *Chien volant*. Les gens du pays trouvent sa chair bonne à manger.

La famille des *Vespertiliens* appartient à l'Europe. Nous allons parler avec quelques détails de ses particularités, et nous nommerons les principales espèces.

Les vespertiliens ont des glandes odoriférantes d'où suinte, par les ouvertures presque imperceptibles de la peau, une matière onctueuse et nauséabonde ou bien une poussière colorée ; ces glandes se trouvent d'ordinaire placées près des yeux ou entre les yeux et le museau. Ils ne vivent que d'insectes crépusculaires ou nocturnes ; qu'ils enfoncent dans leur gueule avec leur longue queue quand ces insectes sont trop longs pour entrer facilement. Ils ne vivent pas en domesticité.

Les murins (chauves-souris communes) se retirent par centaines dans les cavernes et se tiennent si fortement cramponnés aux voûtes que si l'on cherche à en arracher un, on entraîne toute la masse, qui fait alors entendre un grognement de colère.

Le vespertilien à moustache est remarquable par les poils fins et serrés qui forment de chaque côté de la lèvre une sorte de moustache ; il vole rapidement en rasant la terre ou la surface des eaux pour prendre les insectes dont il se nourrit.

L'oreillard se distingue par ses oreilles presque aussi longues à elles

L'oreillard (France).

seules que le reste de son corps, sa tête aplatie ; son museau, renflé des deux côtés, est assez large ; son pelage, gris brun en dessus, est cendré en dessous. Il se trouve communément aux environs de Paris. Son corps atteint jusqu'à sept ou huit centimètres.

Le fer à cheval a une sorte de bourrelet en forme de fer à cheval autour du nez et de la lèvre supérieure, son pelage long, lisse, soyeux, d'un blanc lustré, les membranes diaphanes des ailes et de la cuisse.

La noctale se reconnaît par son oreillon, qui a la forme d'une hache ou d'un couperet semi-circulaire, son pelage noir et sa queue assez grande ; elle est de la grosseur du murin.

La séroline a les oreilles petites, presque ovales, légèrement échancrées sur les bords ; ses glandes formant une grosseur d'un blanc jaunâtre au-dessus de chaque œil ; son poil court, soyeux, mêlé de brun, de rougeâtre et de gris.

La pipistrelle est la plus petite de toutes les chauves-souris et la moins laide, quoiqu'elle ait la lèvre supérieure fort renflée, les yeux très petits, très renfoncés et le front très couvert de poils.

ANIMAUX SAUVAGES (NON CARNASSIERS)

LE CERF

De tous les ruminants, le cerf est le plus agile, le plus élégant et le plus gracieux. Le cerf proprement dit se distingue par ses longs bois vivants qui tombent chaque année, et desquels partent, les uns de la base, les autres du milieu, d'autres petits bois de forme conique appelés andouillers; son pelage est d'un brun fauve par tout le corps, excepté la croupe et la queue, qui sont d'un fauve pâle. Il vit par troupes plus ou moins nombreuses, et se trouve dans presque toute l'Europe et dans une partie de l'Asie.

On nomme *daguet* le faon qui n'a encore que son premier bois ou dague, qui lui vient au commencement de sa seconde année; on appelle *jeune cerf,* le cerf depuis trois ans jusqu'à six; *cerf dix cors jeune-mars,* le cerf de six ans; *cerf dix cors,* celui de sept; et *vieux cerf* celui qui a atteint huit ans. La durée de sa vie ne dépasse guère vingt ans. C'est à partir de la quatrième année que le bois se couronne, acquiert beaucoup de force et se subdivise en différentes branches (cors ou andouillers). La femelle du cerf est la biche; elle n'a pas de bois.

Le cerf paraît avoir l'œil bon, l'odorat exquis et l'oreille excellente. Lorsqu'il veut écouter, il lève la tête, dresse les oreilles, et alors il entend de fort loin; lorsqu'il sort dans un petit taillis ou dans quelque autre endroit à demi découvert, il s'arrête pour regarder de tous côtés et chercher ensuite le dessous du vent pour sentir s'il n'y a pas quelqu'un qui puisse l'inquiéter. Il est d'un naturel assez simple et cependant se montre curieux et rusé. Lorsqu'on le siffle et qu'on l'appelle de loin, il s'arrête tout court et regarde fixement et avec une espèce d'admiration les voitures, le bétail, les hommes, et s'ils n'ont ni armes, ni chiens, il continue à marcher d'assurance, et passe son chemin fièrement et sans fuir. Il paraît aussi écouter avec autant de tranquillité et de plaisir le chalumeau et le flageolet des bergers. Sa nourriture est différente suivant les différentes saisons : en automne, il cherche les boutons des arbustes verts, les fleurs de bruyère, les feuilles de ronces; en hiver, lorsqu'il neige, il pèle les arbres ou mange les jeunes blés; au commencement du printemps, il cherche les chatons des trembles, des coudriers, etc. ; en été, il a de quoi choisir, mais il préfère le seigle à tous les autres grains.

LE CERF.

La chair du faon est bonne à manger; celle de la biche et du daguet n'est pas absolument mauvaise, mais celle des cerfs a toujours un goût désagréable et fort. Ce que cet animal fournit de plus utile, c'est son bois et sa peau; on prépare la peau, et elle fait un cuir souple et très durable; le bois s'emploie par les couteliers, etc.

Le cerf, pour échapper à la poursuite des chasseurs, a recours à des ruses; il passe et repasse deux ou trois fois sur sa voie, ou se jette à l'eau, se cache, reste sur le ventre, ou, se faisant accompagner d'autres bêtes pour donner le change, il s'élance à travers les forêts, et souvent, pour dérober sa piste aux chiens, il traverse des étangs; épuisé, réduit aux abois,

Biche de Virginie.

il cherche encore à défendre sa vie et blesse souvent les chiens et les chasseurs qui le serrent de toutes parts.

Quelques personnes ont pensé qu'on pourrait rendre domestiques les cerfs de nos bois en les traitant comme les Lapons traitent les rennes, avec soin et douceur. C'est ainsi que les Portugais parvinrent à peupler de cerfs l'Ile-de-France, où il n'y en avait point avant eux.

Le cerf de Corse est plus petit que le cerf commun; le cerf des Ardennes est plus grand et d'un pelage plus foncé.

Le cerf de Virginie a la tête fine, le museau pointu et la taille moins grande mais plus svelte que notre cerf.

Son pelage est d'un fauve clair en été, d'un gris roussâtre en hiver; le dessous du corps est d'un blanc pur et le bout de son museau est d'un brun foncé. Son bois est très recourbé en avant, il a trois ou quatre andouillers: il habite l'Amérique septentrionale jusqu'à la Guyane.

D'une taille intermédiaire entre le cerf et le chevreuil, le daim est remarquable par ses andouillers supérieurs aplatis et palmés; il tient plus du cerf par sa légèreté et par son poil d'un rouge jaunâtre; cependant il ne va jamais avec lui, il le fuit même. Il est rare de trouver des daims dans les pays peuplés de beaucoup de cerfs.

LE CHEVREUIL

Cet animal offre à peu près les formes générales du cerf et du daim, mais il est bien plus petit; son signe distinctif est une ligne blanche bordée de noir qui coupe obliquement le bout de son museau. Son pelage présente un mélange de fauve et de blanc; ses bois petits et rameux laissent voir beaucoup de rugosités.

Il diffère du cerf et du daim par le naturel et le tempérament, par les mœurs et aussi par presque toutes les habitudes de la nature. Au lieu de marcher par grandes troupes, comme lui, il demeure en famille, et on ne le voit jamais s'associer avec des étrangers : le père et la mère vont ensemble, et leurs petits, qui sont ordinairement au nombre de deux, élevés et nourris ensemble, prennent une si forte affection l'un pour l'autre qu'ils ne se quittent jamais.

Les chevreuils ne raient pas (ne crient pas) si fréquemment, ni d'un cri aussi fort que le cerf; les jeunes ont un petit cri court et plaintif *mi...* *mi*, par lequel ils indiquent le besoin qu'ils ont de nourriture. Ce son est aisé à imiter, et la mère, trompée par l'appeau, vient souvent jusque sous le fusil du chasseur. Du reste, le chevreuil a plus de courage que le cerf. Quand il sent que les premiers efforts d'une fuite rapide ont été sans succès, il revient sur ses pas, retourne, revient encore, et lorsqu'il a confondu, par ses mouvements opposés, la direction de l'aller avec le retour, lorsqu'il a mêlé les émanations présentes avec les émanations passées, il se sépare de la terre par un bond, et se jetant à côté il se met ventre à terre, et laisse, sans bouger, passer près de lui la troupe entière de ses ennemis ameutés.

On distingue deux races de chevreuils; l'une fauve ou plutôt rousse, l'autre d'un brun plus ou moins foncé, et plus petite que la première.

La femelle du chevreuil, appelée chevrette, n'a pas de bois. En terme de chasse, le mâle porte encore le nom de *broquart*.

LE LIÈVRE

Tandis que le cerf, le daim et le chevreuil sont des ruminants, le lièvre est cité comme rongeur. Nous indiquerons comme caractères généraux : ses dents incisives supérieures doubles, ses cinq doigts aux pattes de devant et ses quatre aux pattes de derrière, ses longues oreilles, sa lèvre supérieure très fendue, son museau arrondi et garni de poils soyeux.

Les petits ont les yeux ouverts en naissant. La mère les allaite pendant vingt jours, après quoi ils s'en séparent et trouvent eux-mêmes leur nourriture ; ils ne s'écartent pas beaucoup les uns des autres, ni du lieu où ils sont nés ; cependant ils vivent solitairement. Ils se nourrissent d'herbes, de racines, de feuilles, de fruits, de graines, et préfèrent les plantes dont la sève est laiteuse ; ils rongent même l'écorce des arbres pendant l'hiver, et il n'y a guère que l'aune et le tilleul auxquels ils ne touchent pas.

Ils dorment ou se reposent au gîte pendant le jour, et ne vivent pour ainsi dire que la nuit ; c'est pendant la nuit qu'ils se promènent et qu'ils

mangent ; on les voit au clair de la lune jouer ensemble, sauter et courir les uns après les autres ; mais le moindre mouvement, le bruit d'une feuille qui tombe, suffit pour les troubler ; ils fuient, chacun d'un côté différent.

Les lièvres dorment beaucoup, et dorment les yeux ouverts ; ils n'ont pas de cils aux paupières, et ils paraissent avoir les yeux mauvais ; ils ont, comme par dédommagement, l'ouïe très fine.

Les lièvres ne vivent que sept ou huit ans au plus.

En général, le lièvre ne manque pas d'instinct pour sa propre conservation, ni de sagacité pour échapper à ses ennemis ; il se forme un gîte ; il choisit en hiver les lieux exposés au midi, et en été il se loge au nord ; il se cache, pour n'être pas vu, entre des mottes qui sont de la couleur de son poil.

LE LAPIN

Quoique fort semblables tant à l'extérieur qu'à l'intérieur, le lièvre et le lapin font deux espèces distinctes et séparées. Le lapin diffère du lièvre par sa taille plus petite, ses oreilles moins longues, son teint noir ou brun, et enfin parce qu'il vit dans des terriers. Il est originaire de l'Afrique.

La fécondité du lapin est encore plus grande que celle du lièvre, et ces animaux multiplient si prodigieusement dans les pays qui leur conviennent, que la terre ne peut fournir à leur subsistance ; ils détruisent les herbes, les racines, les grains, les fruits, les légumes, et même les arbrisseaux et les arbres ; et si l'on n'avait pas contre eux le secours des furets et des chiens, ils feraient déserter les habitants des campagnes.

Le lapin a plus de ressources que le lièvre pour échapper à ses ennemis : les trous où il se retire avec ses petits le mettent à l'abri du loup, du renard et de l'oiseau de proie ; il y habite avec sa femelle en pleine sécurité ; il y élève et y nourrit ses lapereaux jusqu'à l'âge d'environ deux mois ; il leur évite les inconvénients du bas âge, pendant lequel, au contraire, les lièvres périssent en plus grand nombre et souffrent plus que dans tout le reste de la vie. Le père lapin sait se faire respecter de toute

sa famille ; il s'oppose aux disputes, aux querelles ; dès qu'on l'aperçoit, sa présence seule suffit pour remettre l'ordre. S'il en trouve quelques-uns aux prises, il les sépare et fait sur-le-champ un exemple de punition.

Dès que les petits lapereaux sont venus au monde, la mère s'arrache sous le ventre une grande quantité de poils, dont elle leur fait un lit ; pendant plus de six semaines, elle ne peut pas décider le père à leur faire la moindre caresse, ni même à entrer dans le trou où ils sont, et dont elle a soin, quand elle s'absente, de boucher l'entrée avec de la terre humide. Quand ils commencent à venir au bord du trou et à manger du séneçon ou d'autres herbes qu'elle leur présente, le père se décide à les prendre entre ses pattes, à leur lécher le poil et à leur lécher les yeux.

Les lapins clapiers ou domestiques varient pour les couleurs ; le blanc, le noir et le gris sont les principales. On peut regarder comme très rares les lapins tout noirs ; il y en a beaucoup de tout blancs, beaucoup de tout gris et beaucoup de métis. On a remarqué que, quand on met des lapins clapiers dans une garenne, ils restent longtemps à la surface de la terre, comme les lièvres, et ne se creusent des trous qu'au bout d'un certain nombre de générations.

LE PÉCARI

Cet animal, qui se trouve surtout dans les climats chauds de l'Amérique méridionale, ressemble beaucoup au cochon ; il en diffère cependant par

plusieurs caractères bons à noter : il est de moindre corpulence et plus bas sur ses jambes ; il n'a point de queue, et ses soies sont plus rudes que celles du sanglier, et enfin il a sur le dos, près de la croupe, une fente de deux ou trois lignes de largeur, qui pénètre à plus d'un pouce de profondeur par laquelle suinte une humeur épaisse et d'une odeur désagréable ; c'e s de tous les animaux le seul qui ait une ouverture dans cette région du corps. Le pécari pourrait devenir animal domestique : il se nourrit des mêmes aliments que le cochon. Lorsqu'on veut manger du pécari, il faut avoir soin d'enlever préalablement toutes les glandes qui aboutissent à l'ouverture du dos au moment où l'on tue l'animal ; car si l'on attend seulement une demi-heure, sa chair prend une odeur si forte qu'elle n'est plus mangeable.

LE TAMANOIR OU FOURMILIER TAMANOIR

Il se distingue par son long museau, sa gueule étroite dénuée de dents, sa langue longue et arrondie, qu'il insinue dans les fourmilières et qu'il retire ensuite pour avaler les fourmis, qui font sa principale nourriture.

Il atteint quelquefois jusqu'à un mètre vingt-cinq de long, sans compter sa queue, longue de soixante quinze centimètres et couverte de longs poils. Ses jambes n'ont qu'un pied de hauteur; celles de derrière sont plus basses et plus épaisses que celles de devant: ses pieds ronds, armés d'ongles, serrent avec une force extraordinaire les branches et les bâtons;

mais ils lui sont d'un faible secours pour la marche : un homme l'atteint aisément à la course. Il se défend avec avantage contre les animaux les plus féroces, tels que le jaguar, le couguar, etc.., et les déchire à coups de griffes. Il se nourrit non seulement de fourmis, mais de poux de bois et d'autres insectes du même genre. Sa chair n'est point mauvaise à manger.

On le trouve surtout dans l'Amérique septentrionale.

L'ENCOUBERT OU TATOU A SIX BANDES

Parmi les animaux quadrupèdes et vivipares, il existe plusieurs espèces d'animaux qui ne sont pas couverts de poils, les tatous, par exemple.

Le tatou-encoubert a le dessus de la tête, du cou et de tout le corps, les jambes et la queue, tout autour, revêtus d'un têt semblable, pour la substance, à celui des os; ce têt est lui-même recouvert au dehors par un cuir mince, lisse et transparent; les parties non revêtues du têt présentent une peau blanche et grenue semblable à celle d'une poule plumée. Le têt forme deux bourrelets, l'un sur les épaules, l'autre sur la croupe, avec une bande mobile dans la région supérieure du cou qui permet à l'animal de remuer la tête. La cuirasse du dos est partagée en sept bandes, réunies par six jointures d'une peau souple. La tête et le groin ressemblent beaucoup à ceux du cochon de lait. Il fouille la terre comme celui-ci et se fait un terrier d'où il ne sort que le soir pour aller chercher sa nourriture, qui se compose de racines, de fruits, d'insectes et même d'oiseaux.

Parmi les principaux tatous on cite, outre l'encoubert, l'apar, le tatuète, le cachicame, etc.

Quand on creuse pour prendre les tatous, ils creusent aussi de leur côté, jetant la terre en arrière et bouchant tellement leurs trous qu'on ne saurait les en faire sortir, en faisant de la fumée. On connaît qu'ils sont dans leurs trous lorsqu'on en voit sortir un grand nombre de certaines mouches qui suivent ces animaux à l'odeur.

LE KANGOUROU ENFUMÉ

Le kangourou enfumé de la Nouvelle-Hollande atteint jusqu'à deux mètres de hauteur ; il est brun en dessus, roux sur les flancs, et d'un gris clair en dessous.

C'est dans les pays boisés, dans les vastes forêts de la Nouvelle-Hollande, que vivent toutes les espèces de kangourous. Ces singuliers animaux ont été observés pour la première fois par Cook en 1779. Leurs pattes antérieures, fort petites et munies de cinq doigts armés d'ongles assez forts, ne paraissent guère leur être utiles pour la marche, mais ils s'en servent comme de mains pour porter leurs aliments à la bouche, à la manière des rongeurs. Leurs pattes de derrière sont allongées hors de toute proportion, munies de quatre doigts fort longs, dont le second externe, dépassant beaucoup les autres dans ses dimensions, a pour ongle un véritable sabot. Il résulte de cette conformation que la situation verticale est leur position habituelle, et qu'ils s'appuient non seulement sur leurs longues jambes, mais encore sur leur grosse et puissante queue, qui leur sert comme de ressort quand ils sautent; le bond est donc leur marche naturelle. Le sabot de leurs pieds de derrière est pour eux une arme défensive et offensive, car, en se tenant sur une jambe et sur la queue, ils peuvent avec le pied qui leur reste libre, donner des coups assez violents; dans les combats qu'ils se livrent entre eux, ils se servent aussi des pieds de devant et se font de profondes blessures avec leurs ongles. Ils font des bonds prodigieux, et

peuvent, dit-on, franchir d'un seul saut un espace de neuf mètres; mais cependant, lorsqu'ils sont chassés dans des bois fourrés, ils savent fort bien courir à quatre pattes.

Les kangourous vivent en petite troupe, ou peut-être en famille, conduite par un vieux mâle qui marche en avant, observe la campagne, cherche à découvrir le danger, et donne le signal du repos, des joyeux ébats ou de la fuite, selon les circonstances. Les petits, en naissant, n'ont pas plus de cinq centimètres de longueur; la mère les place dans sa poche, où ils achèvent de se développer, et ils n'en sortent définitivement que lorsque leur grosseur ne leur permet plus d'y rentrer. Ces animaux vivent d'herbe, mais cependant ils ne dédaignent pas les autres aliments.

LA SARIGUE

Voici les deux caractères distinctifs et remarquables de la sarigue ou opossum : la femelle porte sous le ventre une cavité dans laquelle elle garde et allaite ses petits; le mâle et la femelle ont le premier doigt des pieds de derrière sans ongle et tout à fait séparé des autres doigts, comme le pouce de l'homme; les autres doigts de derrière sont crochus et armés d'ongles.

Certains voyageurs disent que les petits de la sarigue, à leur naissance, ne sont pas plus gros que des mouches. Ils restent attachés dans la poche extérieure de leur mère jusqu'à ce qu'il aient pris assez de force et d'ac-

croissement pour se mouvoir aisément. On peut ouvrir cette poche, regarder, compter et même toucher les petits sans les incommoder. Après l'avoir quittée, ils y rentrent pour dormir et aussi pour se cacher lorsqu'ils sont épouvantés. La mère fuit alors et les emporte tous; mais elle marche mal et court lentement. Aussi dit-on qu'un homme peut l'attraper sans même précipiter son pas. En revanche, elle grimpe sur les arbres avec une extrême facilité et se cache dans le feuillage pour attraper les oiseaux ou se suspend par la queue, à peu près comme les singes à *queue prenante*.

Quoique carnassière, la sarigue mange assez de tout : des reptiles, des insectes, des cannes à sucre, des patates, des racines, et même des feuilles et des écorces. On l'apprivoise aisément, mais elle dégoûte par sa mauvaise odeur.

L'ÉLÉPHANT

GENRE DES PACHIDERMES OU ANIMAUX A CUIR ÉPAIS

Nous connaissons deux espèces d'éléphants : l'éléphant des Indes ; c'est le plus grand, le plus fort, le plus docile et le plus intelligent ; l'éléphant

d'Afrique, d'une peau plus noire que le premier, moins grand, moins doux et moins facile à apprivoiser.

Dans l'état sauvage, l'éléphant n'est ni sanguinaire, ni féroce ; il n'emploie ses armes et sa force que pour se défendre lui-même et pour protéger ses semblables. Il a les mœurs sociables ; on le voit rarement errant et solitaire. Il marche ordinairement de compagnie ; le plus âgé conduit la troupe ; le second d'âge la fait aller et marche le dernier ; les jeunes et les faibles sont au milieu des autres ; les mères portent leurs petits et les tiennent embrassés de leur trompe. Ils aiment le bord des fleuves, les profondes vallées et les terrains humides. Ils ne peuvent supporter ni le froid trop vif ni la chaleur excessive. Leurs aliments ordinaires sont des racines, des herbes, des feuilles et du bois tendre ; ils mangent aussi des fruits et des grains ; mais ils dédaignent la chair et le poisson.

Il est difficile de les épouvanter, et ils ne sont guère susceptibles de crainte : les seules choses qui les surprennent et puissent les arrêter, sont les feux d'artifice et les pétards qu'on leur lance.

L'éléphant à six mois est déjà plus gros qu'un bœuf.

La manière de prendre, de dompter et de soumettre les éléphants mérite une attention particulière. Au milieu des forêts, ou dans un lieu voisin de ceux qu'ils fréquentent, on choisit un espace qu'on environne d'une forte palissade à claire-voie, en sorte qu'un homme peut y passer aisément ;

on y laisse une ouverture par laquelle on fait entrer un éléphant domestique qui en attire d'autres par ses cris. Dès que les éléphants sauvages sont dans l'enceinte, on ferme l'ouverture au moyen d'une bascule; puis on leur jette des cordes à nœuds coulants pour les arrêter; on leur met des entraves aux jambes et à la trompe; on amène deux ou trois éléphants privés et conduits par des hommes adroits qui les attachent aux éléphants sauvages.

Au lieu de construire des palissades, les pauvres nègres se contentent des pièges les plus simples, en creusant, sur leur passage, des fosses assez profondes pour qu'ils ne puissent en sortir lorsqu'ils y sont tombés.

La force de ces animaux est proportionnelle à leur grandeur : les éléphants des Indes portent facilement trois ou quatre milliers; les plus petits enlèvent librement un poids de deux cents livres avec leur trompe. L'éléphant a les yeux très petits relativement au volume de son corps, mais ils sont brillants et spirituels; il a un très bon naturel et paraît aimer la musique; son odorat est exquis, il se délecte des parfums des fleurs; il n'a pour ainsi dire le sens du toucher que dans la trompe; mais il est aussi délicat, aussi distinct dans cette espèce de main que dans celle de l'homme. Cette trompe est un membre capable de mouvement et de sentiment : l'animal peut non-seulement la remuer, la fléchir, mais il peut la raccourcir, l'allonger, la courber et la tourner en tous sens. L'extrémité de la trompe est terminée par un rebord qui s'allonge par le dessous en forme de doigt; avec cette sorte de doigt, l'éléphant ramasse à terre les plus petites pièces de monnaie; il cueille les herbes et les fleurs; il dénoue les cordes, ouvre et ferme les portes en tournant les clefs, etc. Il débouche une bouteille aussi adroitement que le plus habile maître d'hôtel, la porte à sa bouche et la vide aussi bien que le plus intrépide buveur. Quand une troupe d'éléphants a à traverser un fossé assez profond, l'un d'entre eux descend dedans et présente son corps comme un pont volant sur lequel ses compagnons passent; ensuite ils le retirent eux-mêmes en l'aidant de leurs trompes et de leurs pieds.

On raconte que le roi Porus ayant été blessé dangereusement dans la bataille que lui livra Alexandre le Grand, on remarqua que l'éléphant retirait adroitement avec sa trompe les dards et les flèches dont ce monarque était percé. Non moins fidèle que sensible, l'animal ne se rendit qu'à la dernière extrémité, lorsqu'il eut senti que son maître s'évanouissait par la grande quantité de sang qui coulait de ses blessures; alors, craignant qu'il ne tombât de sa hauteur, il se baissa doucement et lui donna la facilité de se couler à terre sans se faire de mal.

Les éléphants s'aiment et se chérissent mutuellement; ils ont surtout beaucoup d'égards et de considération pour la vieillesse, sans y être contraints par les lois des Lycurgue et des Solon. Les jeunes éléphants partagent avec les vieux leur nourriture et leur témoignent en toutes choses la plus grande déférence. Si quelqu'un de ces derniers a le malheur de tomber dans une fosse, ils font tous leurs efforts pour l'en retirer et lui jettent des fascines pour qu'il s'en aide comme d'échelons pour sortir du danger.

L'éléphant tombe quelquefois dans une espèce de folie qui lui ôte sa docilité et le rend très redoutable ; on est alors obligé de le tuer.

LE RHINOCÉROS

On compte trois espèces principales de rhinocéros : 1° le rhinocéros des Indes, qui n'a qu'une corne ; les anciens le connaissaient et le faisaient combattre dans les jeux du cirque contre les éléphants ; aujourd'hui ce

rhinocéros commence à être fort rare ; — 2° le rhinocéros d'Afrique ou rhinocéros à deux cornes ; — 3° le rhinocéros de Sumatra, qui est de la grosseur d'un petit bœuf.

Après l'éléphant, le rhinocéros est le plus puissant de tous les quadrupèdes : il a au moins quatre mètres de longueur depuis l'extrémité du museau jusqu'à l'origine de la queue, deux mètres de hauteur, et la circonférence du corps à peu près égale à sa longueur. Il approche donc de l'éléphant pour le volume et pour la masse ; et s'il paraît plus petit, c'est que ses jambes sont plus courtes à proportion que celles de l'éléphant, mais il en diffère beaucoup par les facultés naturelles et par l'intelligence. Il n'est guère supérieur aux autres animaux que par la force, la grandeur, et l'arme offensive qu'il porte sur son nez, et qui n'appartient qu'à lui : c'est une corne très dure, qui défend toutes les parties antérieures du museau ; le tigre attaque plus volontiers l'éléphant dont il craint la trompe, que le rhinocéros qu'il ne peut coiffer sans risquer d'être éventré. Ses jambes massives sont terminées par de larges pieds ornés de très grands

7

ongles. Il a la tête plus longue à proportion que l'éléphant ; mais il a les
yeux encore plus petits, et il ne les ouvre jamais qu'à demi. Au lieu des
longues dents d'ivoire qui forment la défense de l'éléphant, le rhinocéros
a sa puissante arme et deux dents incisives à chaque mâchoire ; les oreilles
sont larges et minces ; le cou est court ; les épaules grosses et épaisses ;
la peau fait plusieurs plis ; la queue est courte et menue. Les Indiens esti-
ment plus la corne du rhinocéros que l'ivoire de l'éléphant ; ils attribuent
à cette corne, surtout quand elle est assez blanche, de merveilleuses pro-
priétés médicales contre un grand nombre de maladies.

Le rhinocéros ressemble beaucoup au cochon par son naturel ; il n'est
ni féroce ni carnassier, mais brute, indocile, sans intelligence, aimant à se
vautrer dans la boue.

Les nègres trouvent sa chair très bonne ; sa peau donne le meilleur cuir
qui existe.

Il mange des herbes grossières et des grains ; il est friand de cannes à
sucre. Il vit en paix avec presque tous les animaux, même avec le tigre ;
il marche presque toujours solitaire. Si on l'attaque, il se défend avec fureur ; sa peau résiste aux fers des lances et même aux balles de fusil ; les
seuls endroits pénétrables sont le ventre, les yeux et le tour des oreilles. Il a
l'oreille et le nez bons, mais il ne voit que devant lui à cause de ses yeux
petits, obliques et enfoncés. Sa voix ressemble au grognement du cochon.

LE CHAMEAU ET LE DROMADAIRE

Ils appartiennent tous les deux à la famille des ruminants, c'est-à-dire
des animaux qui, après avoir mâché leurs aliments et les avoir engloutis
dans leur panse, les font remonter dans leur bouche et les font repasser
dans un second estomac, les remâchent encore et, enfin, les laissent redes-
cendre dans un troisième estomac.

On distingue deux espèces de chameaux : 1° le chameau à deux bosses
de l'Asie, qui atteint deux mètres trente centimètres de haut ; 2° le chameau à une bosse ou dromadaire, plus petit que l'autre ; il habite l'Afrique.
Il faut remarquer que ces animaux ont la lèvre supérieure fendue et le
pied bifurqué, mais en dessus seulement.

Le dromadaire est, sans comparaison, plus répandu que le chameau ;
celui-ci ne se trouve guère que dans le Turkestan et dans quelques autres
endroits du Levant ; tandis que le dromadaire, plus commun qu'aucune
autre bête de somme en Arabie, se trouve de même en grande quantité
dans toute la partie septentrionale de l'Afrique, en Perse, dans la Tartarie
méridionale, et dans le nord de l'Inde.

Le chameau est le plus sobre des animaux et peut passer plusieurs jours
sans boire, aussi les Arabes regardent-ils le chameau comme un présent

du ciel et un animal sacré, sans le secours duquel ils ne pourraient ni subsister, ni commercer, ni voyager. Le lait des chameaux fait leur nourriture ordinaire; ils en mangent aussi la chair, surtout celle des jeunes, qui est très bonne à leur goût. Le poil, qui se renouvelle tous les ans, leur sert à faire des étoffes. Avec leurs chameaux, ils peuvent mettre en un seul jour cinquante lieues de désert entre eux et leurs ennemis. Ils les instruisent avec beaucoup de soin; peu de jours après leur naissance, ils leur plient les jambes sous le ventre, ils les contraignent à demeurer à

terre, et les chargent, dans cette situation, d'un poids assez fort qu'ils les accoutument à porter, et qu'ils ne leur ôtent que pour leur en donner un plus fort; au lieu de les laisser paître à toute heure et boire à leur soif, ils commencent par régler leurs repas, et peu à peu les éloignent à de grandes distances en diminuant aussi la quantité de la nourriture : lorsqu'ils sont un peu forts, ils les exercent à la course; ils les excitent par les exemples des chevaux et parviennent à les rendre aussi légers et plus robustes : enfin, dès qu'ils sont sûrs de la force, de la légèreté et de la sobriété de leurs chameaux, ils les chargent de tout ce qui est nécessaire à leur subsistance commune et partent à travers les déserts. En Algérie, en Turquie, en Perse, en Arabie, en Égypte, etc., le transport des marchandises ne se fait que par le moyen des chameaux : c'est de toutes les voitures, la plus prompte et la moins chère. Chaque chameau est chargé selon sa force; si on lui donne plus qu'il ne peut porter, il reste couché et refuse de marcher. Ordinairement les grands chameaux portent trois à quatre cents kilos; les plus petits, deux à trois cents.

Si l'on fait halte dans un pays vert, dans une bonne oasis, ils prennent en moins d'une heure tout ce qu'il leur faut pour en vivre vingt-quatre. Ils se passent très longtemps de boire, et ce n'est pas par habitude, c'est plutôt un effet de leur conformation : indépendamment des quatre estomacs qui se trouvent d'ordinaire dans les animaux ruminants, il a une cinquième poche qui lui sert de réservoir pour conserver son eau; elle séjourne là sans se corrompre et sans que les autres aliments puissent s'y mêler. Il la fait remonter à sa bouche par une simple contraction des muscles.

L'espèce entière des chameaux est esclave, et plus laborieusement esclave qu'aucune autre, et on a regardé son corps comme une voiture vivante qu'on pouvait tenir chargée et surchargée même pendant le sommeil.

LE LAMA ET LA VIGOGNE

Suivant plusieurs naturalistes, le Pérou est le pays natal, la vraie patrie des lamas. Leur chair est bonne à manger; leur poil est une laine fine d'un excellent usage, et pendant toute leur vie ils servent constamment à transporter toutes les denrées du pays. Leur charge ordinaire est de soixante-quinze kilos ; ils ne font que quatre ou cinq lieues par jour à travers des pays impraticables pour les autres animaux, et où les hommes mêmes peuvent à peine les accompagner. Lorsqu'on les excède de travail et qu'ils succombent une fois sous le faix, il n'y a nul moyen de les faire relever, on frappe inutilement : ils ne se défendent pas, mais ils crachent à la face de ceux qui les insultent, et l'on prétend que cette salive est âcre et mordante au point de faire lever des ampoules sur la peau.

Le lama est haut d'environ un mètre trente centimètres et long de deux mètres à peu près; sa tête est bien faite, ses yeux sont grands; la lèvre supérieure est fendue comme celle du chameau, avec lequel il a plus d'un trait de ressemblance. Il porte ses oreilles en avant, les dresse et les remue avec facilité. Comme il a le pied fourchu, il n'est pas nécessaire de le ferrer, et sa laine épaisse dispense de le bâter.

La vigogne a beaucoup de choses communes avec le lama; elle est du même pays, et comme lui, on ne la trouve nulle part ailleurs. Cependant, comme sa laine est beaucoup plus longue et beaucoup plus touffue que celle du lama, elle paraît craindre encore moins le froid ; elle se tient plus volontiers dans la neige, sur les glaces et dans les contrées les plus froides des Cordillères. Elle est plus petite que le lama.

La manière dont on prend les vigognes prouve leur extrême timidité, ou, si l'on veut, leur imbécillité. Plusieurs hommes s'assemblent pour les faire fuir et les engager dans quelque passage étroit où l'on a tendu des cordes à trois ou quatre pieds de haut, le long desquelles on laisse pendre des morceaux de linge ou de drap ; les vigognes qui arrivent à ces passages sont tellement intimidées par le mouvement de ces lambeaux agités par le vent, qu'elles n'osent passer outre et qu'elles s'attroupent et demeurent en foule, de sorte qu'il est facile de les tuer en grand nombre.

Vigogne attaquée par un cougouar.

Réduites à l'état domestique, les vigognes servent aux mêmes usages que les lamas.

Dans l'état de nature et de liberté, elles marchent ordinairement par troupes de soixante à quatre-vingts, et ne se laissent point approcher.

LE BUFFLE, LE BISON ET LE ZÉBU

Quoique le buffle et le bœuf soient deux animaux assez ressemblants, leur nature paraît antipathique : les vaches refusent de nourrir les petits buffles, comme les mères buffles refusent de nourrir les veaux. Le buffle est d'un naturel plus dur et moins traitable que le bœuf ; ses habitudes

Le buffle.

sont grossières et brutes : après le cochon, c'est le plus sale des animaux. Sa figure est grasse et repoussante, son regard stupidement farouche ; il porte sa tête ignoblement penchée vers la terre ; il diffère principalement du bœuf par sa peau noire, sa tête proportionnellement plus petite, ses cornes moins rondes et des jambes plus hautes soutenant un corps plus court.

Il y a une grande quantité de buffles sauvages dans les contrées de l'Afrique et des Indes qui sont arrosées par des rivières. Les nègres et les Indiens qui les chassent ne les attaquent pas de face, mais les attendent grimpés sur des arbres ou cachés dans l'épaisseur de la forêt, où les buffles ont de la peine à pénétrer, à cause de la grosseur de leur corps et de l'embarras de leurs cornes.

Le buffle paraît encore plus propre que le taureau à ces chasses dont on fait des divertissments publics, surtout en Espagne. La férocité naturelle du buffle s'augmente lorsqu'elle est excitée et rend sa chasse très intéressante pour les spectateurs. En effet, le buffle poursuit l'homme avec acharnement jusque dans les maisons dont il monte les escaliers avec une facilité particulière et se présente même aux fenêtres, d'où il saute dans l'arène, franchissant encore les murs lorsque les cris redoublés du peuple sont parvenus à le rendre furieux.

Le buffle est très commun en Italie, surtout dans les Marais-Pontins, où il vit aussi longtemps que notre bœuf. Du reste, on lui laisse rarement terminer sa carrière : après l'âge de douze ans, on est dans l'usage de l'engraisser et de vendre sa viande aux juifs de Rome. Dans le sud de l'Italie, on en fait un débit public deux fois la semaine. Les cornes du buffle sont recherchées et fort estimées; la peau sert à faire des liens pour les charrues, des cribles et des couvertures de coffres et de malles. Les buffles ont une mémoire qui surpasse celle de beaucoup d'autres animaux. Rien n'est si commun que de les voir retourner seuls et d'eux-mêmes à leurs trou-

Le bison.

peaux, quoiqu'ils en soient éloignés d'une distance de quarante ou cinquante milles. Leurs gardiens leur donnent à chacun un nom, et, pour leur apprendre à connaître ce nom, ils le répètent d'une manière qui tient du chant, en les caressant en même temps sous le menton. Les jeunes buffles s'instruisent ainsi en peu de temps et n'oublient jamais le nom auquel ils répondent en s'arrêtant, quoiqu'ils se trouvent mêlés à un troupeau de deux ou trois mille buffles.

La couleur noire et le goût désagréable de la chair du buffle donneraient lieu de croire que le lait participe de ces mauvaises qualités; mais, au contraire, il est fort bon et conserve seulement un petit goût musqué. On en fait du beurre meilleur que celui de la vache. Ce qu'on appelle communément des *œufs de buffle*, sont des espèces de petits fromages auxquels on donne la forme d'œufs, qui sont d'un manger délicat.

On ne peut se servir des buffles tant qu'il ne sont pas domptés. On commence par marquer, à l'âge de quatre ou cinq ans, ces animaux avec un fer chaud, afin de distinguer les buffles d'un troupeau de ceux d'un autre; puis on leur passe un anneau de fer dans les narines, on les conduit avec une corde que l'on attache à cet anneau, qui tombe de lui-même par la suite, par l'effort continuel des conducteurs en tirant la corde; mais alors l'anneau est devenu inutile, car l'animal, déjà vieux, ne se refuse plus à l'obéissance. L'aversion du buffle pour la couleur rouge est générale dans toute l'Italie, ce qui paraîtrait indiquer que cet animal a la vue fort délicate, et, en effet, il souffre d'une trop vive lumière; il voit mieux la nuit que le jour, et ses yeux sont si faibles que si, dans sa fureur, il poursuit un homme, il suffit de se jeter à terre pour n'en être point rencontré, car le buffle le cherche des yeux de tous côtés sans s'apercevoir qu'il en est très près.

Le buffle d'Afrique est terrible par sa férocité, et bien des voyageurs

Le zébu.

préféreraient la rencontre d'un lion à celle d'un buffle, car le lion attaque rarement l'homme lorsqu'il est repu, tandis que le buffle, qui est herbivore, est méchant par nature.

Le bison diffère non seulement du bœuf par la loupe qu'il porte sur le dos, mais encore par la qualité, la quantité et la longueur du poil, surtout sa barbe. Ses cornes sont courtes, arrondies, noires, susceptibles d'un beau poli. Pendant l'hiver, il se réfugie dans les forêts; l'été, il préfère le séjour des prairies. Sa peau fournit un bon cuir; sa bosse et sa langue sont un manger délicieux. On le trouve surtout dans le nord de l'Amérique.

Le zébu semble être un diminutif du bison; il a sur le garrot une ou deux bosses charnues. Son pelage est ordinairement gris en dessus et blanc en dessous; sa chair a un goût de musc. Le zébu est commun dans l'Inde, dans certaines parties de l'Afrique et à Madagascar. Il se laisse réduire à l'état de domesticité.

LE YACK

On appelle encore le yack *vache grognante* ou vache de Tartarie. Il se distingue du bœuf, du buffle et du bison par ses longs poils, qui tombent perpendiculairement de tout son corps jusqu'au bas de ses jambes, et par sa queue garnie aussi de poils, et qui ressemble à celle du cheval ; son pelage varie du noir au blanc. C'est avec ces poils de la queue que les Chinois font des houppes qui ornent leurs chasses-mouches et des sortes de flammes qu'ils attachent à leurs lances.

Quoiqu'il soit ombrageux et farouche à l'état sauvage, on le dompte aisément, et alors il se laisse monter. Il vit en troupeaux dans les montagnes du Tibet et forme la principale ressource des peuples tartares et mongols.

LE MOUFLON

Tous les moutons sauvages, regardés comme des types de nos moutons domestiques, ont reçu le nom de mouflons. Le mouflon d'Europe est très

commun en Sardaigne et en Corse, il ressemble plus qu'aucun autre animal sauvage à toutes les brebis domestiques ; il est plus vif, plus fort et plus léger qu'aucune d'entre elles ; il a la tête, le front, les yeux et toute la face du bélier ; il lui ressemble aussi par la forme des cornes et l'habitude entière du corps. Sa longueur est d'environ un mètre vingt centimètres sur quatre-vingts centimètres de haut. Son corps est couvert de poils laineux et doux en dessous et de poils longs et rudes en dessus. A l'état de liberté, les mouflons errent par troupes dans les hautes régions des montagnes, où ils sont aussi difficiles à chasser que le chamois. Nous citerons parmi les principaux mouflons : le mouflon d'Amérique ou bélier de montagne, le mouflon d'Afrique ou mouflon à manchettes et le morvous de la Chine ou bélier à crinière.

LE ZÈBRE

Espèce du genre cheval, et se rapprochant de l'âne par la taille et par les formes, le zèbre ne s'apprivoise que difficilement et se laisse difficilement dompter. Il est peut-être, de tous les quadrupèdes, le mieux fait et le plus élégamment vêtu ; il a la figure et les grâces du cheval, la légèreté du

cerf et la robe rayée de rubans noirs et blancs, disposés alternativement avec tant de régularité et de symétrie qu'il semble que la nature ait employé la règle et le compas pour le peindre. Ces bandes alternatives de noir et de blanc sont d'autant plus singulières qu'elles sont étroites, parallèles et très exactement séparées, comme dans une étoffe rayée. De loin, cet animal paraît comme environné de bandelettes qu'on aurait pris plaisir et employé beaucoup d'art à disposer sur toutes les parties de son corps.

Quoiqu'on l'ait souvent appelé *cheval sauvage* et *âne rayé*, il n'est la copie ni de l'un ni de l'autre, et serait plutôt leur modèle, si dans la nature tout n'était pas également original. Les terres du cap de Bonne-Espérance semblent être sa vraie patrie.

L'HÉMIONE

Appelé d'abord czigethai (ce qui, dans la langue mongole, signifie *longue oreille*), cet animal dépasse de beaucoup le meilleur coursier. Il offre les parties antérieures du cheval et les parties postérieures de l'âne ; son

pelage est ras et lustré, isabelle en dessus, blanc en dessous. La crinière
est noirâtre et semble se continuer par une raie dorsale de même couleur
jusqu'à la queue, laquelle se termine par un bouquet de crins noirâtres.
Les hémiones se trouvent en grand nombre au nord de l'Inde. On les voit
toujours en troupes commandées chacune par un chef. Si ce chef découvre

ou sent de loin quelque chasseur, il va seul reconnaître le danger, et dès qu'il
s'en est assuré, il donne le signal de la fuite : il s'enfuit, en effet, suivi de sa
troupe ; mais si, malheureusement, ce chef est tué, la troupe n'étant plus
conduite, se disperse, et les chasseurs sont sûrs d'en tuer plusieurs autres.

Une mauvaise qualité de ces animaux, c'est qu'ils restent toujours
indomptables. Un Cosaque, en ayant attrapé un et l'ayant nourri
pendant plusieurs mois, ne put le conserver, car il se tua lui-même
par les efforts qu'il fit pour s'échapper ou se soustraire à l'obéissance.
A Bombay, cependant, on se sert des hémiones comme chevaux de selle
et de trait.

L'ÉLAN ET LE RENNE

Pour avoir une idée assez juste de la forme de ces deux animaux,
il faut les comparer avec le cerf, auquel ils ressemblent. L'élan est plus
grand, plus gros, plus élevé sur ses jambes ; il a le cou plus court, le poil
plus long, le bois beaucoup plus large et plus massif que le cerf ; le renne
est plus bas, plus trapu ; il a les jambes plus courtes, plus grosses, et les
pieds bien plus larges ; le poil très fourni, le bois beaucoup plus long et
divisé en un grand nombre de rameaux terminés par des empaumures.
Tous deux ont de longs pieds, mais le cou et la queue courts. Leur marche
est une espèce de trot. Le renne se tient sur les montagnes ; l'élan n'habite

que les terres basses et les forêts humides. Tous deux se mettent en troupes comme le cerf, et vont de compagnie ; tous deux peuvent s'apprivoiser, mais le renne beaucoup plus que l'élan. Les Lapons n'ont pas d'autre bétail que le renne. Dans ce climat glacial, où la nuit a sa saison comme le jour, où la neige couvre la terre depuis le commencement de l'automne jusqu'à la

fin du printemps, où la ronce, le genièvre et la mousse sont seuls la verdure de l'été, l'homme pourrait-il espérer de nourrir des troupeaux ? Les Lapons se servent du renne comme ailleurs on se sert du cheval ; il fait aisément trente lieues par jour et court avec autant d'assurance sur la neige gelée que sur une pelouse. La femelle donne du lait plus nourrissant et plus substantiel que celui de la vache ; sa chair est bonne à manger ; son poil fait une excellente fourrure, et sa peau devient un cuir très souple : ainsi le renne donne seul ce que nous tirons du cheval, du bœuf et de la brebis.

Le renne mâle sert de bête de somme pour de légers fardeaux, mais il est surtout utile comme bête de trait. Attelé à un traîneau, il parcourt sur la neige des distances considérables avec une rapidité extraordinaire. Ce traîneau, construit en bois de bouleau ressemble parfaitement à la moitié d'un petit bateau; la planche sur laquelle le Lapon appuie ses épaules s'élève presqu'en ligne droite comme le dossier d'une chaise. Le Lapon, chaudement vêtu, armé d'une baguette effilée, peut parcourir ainsi une énorme distance.

La nourriture de cet animal pendant l'hiver est une mousse blanche qu'il sait trouver sous les neiges épaisses en les fouillant avec son bois et ses pieds; en été, il vit de boutons et de feuilles d'arbre plutôt que d'herbe. Les plus riches Lapons ont des troupeaux de quatre ou cinq cents rennes; on les mène au pâturage, on les ramène à l'étable, ou bien on les enferme dans des parcs. Ils jettent leurs bois tous les ans comme les cerfs. Une singularité commune au renne et à l'élan, c'est que, quand ces animaux courent, les cornent de leurs pieds font, à chaque mouvement, un bruit de craquement si fort qu'il semble que toutes les jointures de leurs jambes se déboîtent. Ils se défendent vigoureusement avec leurs pieds de devant contre les loups et les gloutons, leurs redoutables ennemis.

Le renne a encore pour ennemi, outre le loup et le glouton, des espèces de taons appelés œstres du renne; le seul bruit de leurs ailes suffit pour mettre en fuite tout un troupeau de rennes.

Le renne se trouve surtout en Laponie, au Spitzberg, au Groënland, dans la Sibérie septentrionale; l'élan habite l'Amérique du Nord, où l'on est parvenu à en atteler quelques-uns à la charrue pour en faire des bêtes de trait assez dociles.

LE BOUQUETIN ET LE CHAMOIS

Le bouquetin est une sorte de bouc qui s'élève jusqu'au sommet des plus hautes montagnes; ses habitudes sont celles du chamois, mais il a plus de force et d'agilité que lui. Ses cornes sont longues et grosses, et croissent d'un nœud chaque année; son poil de dessus est rude, celui de dessous est plus doux et plus fin.

Le chamois appartient au genre antilope. Il est de la taille d'une grosse chèvre; son pelage, assez long et assez fourni, est soyeux et laineux, d'un brun foncé en hiver, d'un brun fauve en été; ses cornes, longues de douze à treize centimètres, sont d'abord droites, puis se recourbent subitement en arrière. Le chamois se tient en troupes peu nombreuses, principalement dans les Alpes et dans les Pyrénées. Le bouquetin et le chamois se frayent des chemins dans les neiges, franchissent les précipices en bondissant de rocher en rocher; tous deux pris jeunes, s'apprivoisent et s'accoutument à la domesticité. Le bouquetin et le bouc ont une très longue barbe, le chamois n'en a point. Les cornes du chamois sont très petites, celle du bouquetin mâle sont si grosses et si longues

Le chamois.

qu'on n'imaginerait pas qu'elles puissent appartenir à un animal de cette taille.

En somme, le bouquetin est l'origine du bouc domestique, le chamois n'est qu'une variété dans l'espèce de la chèvre.

La chasse de ces animaux, surtout celle du bouquetin, est très pénible, les chiens y sont presque inutiles; lorsque l'animal se trouve acculé, il frappe le chasseur d'un violent coup de tête et le renverse souvent dans le précipice voisin.

Le nom de *chamoiseurs*, que l'on a donné à tous les pareurs de peau, semble indiquer que primitivement les peaux de chamois étaient la matière la plus commune de leur métier, au lieu qu'aujourd'hui ce sont les peaux de chèvre, de mouton, etc.

LES GAZELLES, LA GAZELLE ANTILOPE

Généralement on place les gazelles entre les cerfs et les chèvres. Elles se distinguent par leurs cornes creuses entourant un noyau osseux, par leurs formes élégantes, par leur légèreté à la course, et par la finesse de leur vue, de leur ouïe et de leur odorat. La gazelle antilope se trouve en Algérie, en Syrie, dans les autres provinces du Levant, aussi bien qu'en Barbarie et dans toutes les parties septentrionales de l'Afrique. Ses cornes ont environ quarante centimètres de longueur; elles portent des anneaux entiers à leur base et ensuite des demi-anneaux jusqu'à une petite distance de leur extrémité, qui est lisse et pointue; les anneaux marquent les années de l'accroissement et sont ordinairement au nombre de douze ou treize. Cette gazelle, ainsi que les autres, a, comme le chevreuil, des larmiers ou enfoncements au-dessus de chaque œil; elle a, de plus, des bosses sur les jambes de devant, tandis que le chevreuil les a sur les jambes de derrière. Il faut encore remarquer, comme chose particulière

aux gazelles, une bande épaisse de poils bruns, roux ou noirs, au bas des flancs, et trois raies de poils blanchâtres qui s'étendent longitudinalement sur la face interne de l'oreille.

LE NYLGAUL OU BŒUF GRIS DU MONGOL

Le nylgaul tient du cerf par le cou et la tête, et du bœuf par les cornes et la queue; il est de la taille du lama. Il habite surtout les climats chauds de l'Asie et de l'Afrique. Parmi les animaux d'Europe, c'est au chamois qu'on pourrait le mieux le comparer pour la forme générale du corps. Ses jambes sont moins bonnes que celles du cerf, celles de derrière étant considérablement plus courtes que celles du cerf; il porte la queue horizontalement en courant, et la tient basse et entre les jambes lorsqu'il est en repos. Le mâle a des cornes, la femelle n'en a point, ce qui le rapproche du genre chèvre. Le pelage de tout le corps est d'un gris d'ardoise, mais la tête est garnie d'un poil plus fauve, et le tour des yeux d'un poil fauve clair avec une petite tache blanche à l'angle de chaque œil.

C'est, au fond, un animal doux et qui paraît aimer qu'on se familiarise avec lui; il lèche la main de celui qui le flatte ou lui présente du pain. Sa manière de se battre, quand quelque animal de son espèce l'attaque,

est fort singulière : les deux adversaires, étant encore à une distance assez considérable l'un de l'autre tombent sur leurs genoux de devant, et s'avancent ainsi agenouillés, puis font un saut et se précipitent avec fureur l'un contre l'autre.

LE MUSC OU CHEVROTAIN PORTE-MUSC

Assez ressemblant au chevreuil, haut de cinquante centimètres sur un

mètre de long, le chevrotain n'a ni cornes ni bois sur la tête; son signe distinctif est une espèce de petite bourse qu'il porte près du nombril, et dans laquelle se filtre la liqueur grasse appelée *musc*. Ses jambes de devant sont droites, frêles, légères, flexibles; celles de derrière robustes, lourdes et fortement arquées. Il présente un pelage d'un brun gris de fer. On le trouve dans les montagnes de l'Asie orientale, en Chine, au Thibet, au Bengale, en Turquie et en Tartarie.

Le musc le plus recherché est celui que l'animal laisse couler sur des pierres et des troncs d'arbres contre lesquels il se frotte lorsque cette matière devient trop irritante ou trop abondante dans la bourse où elle se forme. Il ne faut pas confondre le musc avec d'autres animaux qui fournissent aussi une liqueur musquée. Ainsi, parmi nos animaux indigènes nous avons la fouine, le blaireau et le rat musqué.

Le musc sert en médecine, contre les maladies nerveuses.

LE TAPIR

Cet animal peut être regardé comme l'éléphant du Nouveau-Monde, il n'atteint guère que la hauteur d'un mètre sur deux de long; il a pour

signe distinctif un nez prolongé en une trompe mobile, assez courte et non préhensile. Il reste plus souvent dans l'eau que sur la terre, où il va de temps en temps brouter l'herbe la plus tendre; il ne mange point de poisson. Il a le poil ras, mêlé de blanc et de noir, et formant des bandes qui s'étendent en long depuis la tête jusqu'à la queue. Quoiqu'il ait la gueule armée de vingt dents incisives et tranchantes, il ne se sert point de ses armes contre les autres animaux et fuit tout danger et tout combat. Malgré ses jambes courtes et son corps massif, il court assez vite. On le

8

trouve d'ordinaire en compagnie et même en grandes troupes. Son cuir est d'un tissu si ferme et si serré que souvent il résiste à la balle. On le trouve communément au Brésil, au Paraguay, près de l'Amazone, dans la Guyane et dans toute l'étendue de l'Amérique méridionale, depuis le Chili jusqu'à la Nouvelle-Espagne.

Quand on chasse les tapirs, ils se réfugient dans l'eau, où il est aisé de les tirer. Blessés, ils deviennent dangereux et on en a vu se jeter sur le canot d'où le coup était parti pour tâcher de se venger en le renversant. Il faut aussi s'en garantir dans les forêts : ils y font des sentiers ou plutôt d'assez larges chemins battus par leurs fréquentes allées et venues ; car ils ont l'habitude de passer et repasser toujours par les mêmes endroits, et il est à craindre de se trouver sur ces chemins dont ils ne se détournent jamais, parce que leur allure est brusque et que, sans chercher à attaquer, ils heurtent tout ce qui se rencontre devant eux.

La mère tapir montre beaucoup d'affection pour son petit ; elle lui apprend à nager, jouer, plonger dans l'eau ; à terre, elle s'en fait suivre, et quand il s'éloigne, elle le rappelle, et ne se remet en marche que lorsqu'il l'a rejointe.

La chair du tapir se mange, mais n'est pas de bon goût ; elle est pesante, semblable, pour la couleur et pour l'odeur, à celle du cerf. Les seuls morceaux assez bons sont sous les pieds et au-dessus du cou.

L'HIPPOPOTAME

Deux mots grecs, qui signifient *cheval de fleuve* ou de *rivière*, forment le nom de cet animal. Il se trouve surtout dans les rivières du centre et du sud de l'Afrique ; il atteint jusqu'à quatre mètres de longueur ; mais, comme il n'a jamais plus d'un mètre soixante de haut, son ventre énorme touche presque à terre ; il peut peser jusqu'à deux mille kilos. Sa peau, d'un brun noir, est dénuée presque complètement de poils, excepté à la queue. Il vit de poissons et de végétaux. On le rencontre le long des rivières dont nous avons parlé plus haut ; mais au moindre bruit il se précipite dans l'eau, où il reste longtemps sans respirer. Sa gueule très grande est garnie de trente-six dents énormes et si dures qu'elles font feu avec le fer. On préfère ces dents-là à l'ivoire pour faire des dents artificielles et postiches : les plus grandes pèsent jusqu'à six kilogrammes chacune.

Avec d'aussi puissantes armes et une force prodigieuse du corps, l'hippopotame pourrait se rendre redoutable à tous les animaux, mais il est naturellement doux ; il est d'ailleurs si pesant et si lent à la course qu'il ne pourrait attraper aucun des quadrupèdes. Il fuit ordinairement lorsqu'on le chasse ; mais si l'on vient à le blesser, il s'irrite, et, se retournant avec fureur, se lance contre les barques, les saisit avec ses dents, les soulève, les brise ou les submerge.

Sa chair est bonne, salubre, facile à digérer; son cuir est à l'épreuve de la balle, il sert à faire des harnais et de solides boucliers.

Cet animal dévaste les moissons, choisit d'avance et détermine chaque jour celle où il se propose d'aller paître. On prétend aussi qu'il n'y

entre qu'à rebours, afin que ses traces qui, par ce moyen, se présentent inverses, puissent mettre en défaut ceux qui voudraient, à son retour des champs, lui tendre quelque embûche.

Un voyageur raconte que la femelle hippopotame se dévoue, même à une mort certaine, pour défendre son petit. Lui-même, ayant attaqué une mère hippopotame, déclare n'avoir pas eu trop de deux carabines et deux paires d'énormes pistolets d'arçon pour la tenir en respect pendant que deux de ses compagnons la perçaient par derrière à coups de lance et que trois autres passaient un nœud coulant au cou du jeune hippopotame, saisi d'effroi en se voyant séparé de sa mère.

LE PORC-ÉPIC

On reconnaît facilement cet animal aux piquants roides, aigus, susceptibles d'être redressés, qui couvrent son corps et le défendent contre ses

ennemis. On a dit qu'il pouvait même lancer ces piquants, creux et légers
comme un tuyau de plume ; le fait est, qu'étant peu adhérents, ils se déta-
chent tout simplement dans les secousses que l'animal imprime à son
corps. Par sa forme, sa taille et ses habitudes il se rapproche du lapin ; il

est long d'environ soixante-dix centimètres. Il ne ressemble au cochon
que par le grognement et le goût de sa chair. Il a le museau fendu comme
les lièvres, des dents incisives, mais pas de défenses ; les oreilles rondes
et les pieds armés d'ongles.

Il est originaire des climats les plus chauds de l'Afrique et des Indes,
mais il peut vivre et se multiplier en Perse, en Espagne et en Italie. On le
nourrit aisément avec de la mie de pain, du froment et des fruits ; dans
l'état de liberté, il vit de racines et de graines sauvages ; sa chair, quoique
un peu fade, n'est pas mauvaise à manger.

Les piquants voisins de la queue sonnent les uns contre les autres lorsque l'animal marche ; il peut les redresser et les relever à peu près comme
les coqs d'Inde relèvent les plumes de leur queue. Quand il veut attaquer
les serpents, il se met en boule, cache sa tête et ses pieds, et, sans courir
le risque d'être blessé lui-même, il les transperce de ses piquants.

LA GIRAFE

A première vue, ce qui frappe dans la girafe, c'est un cou qui porte une
tête très petite et la disproportion de ses jambes, celles de devant étant
une fois plus longues que celles de derrière. Aussi sa démarche differe-
t-elle complètement de celle de tous les autres quadrupèdes. La girafe

porte ensemble le pied de derrière et celui de devant du même côté,
tandis que les autres quadrupèdes portent en marchant le pied droit de
devant avec le pied gauche de derrière. Son pelage ras et blanchâtre est

parsemé de longues taches fauves ou noires, suivant l'âge de l'individu.
Sa crinière est droite et entremêlée de poils noirs ou jaunes; sa queue est
terminée par une touffe de crins durs; ses deux petites cornes la rapprochent du cerf; son cou long, du chameau; sa peau tigrée, du léopard. Ces

deux dernières ressemblances l'ont fait appeler chameau-léopard par les anciens. Elle habite les déserts de l'Afrique, où elle vit en troupes; elle se nourrit de jeunes bourgeons et de feuilles d'arbres. Sa taille atteint jusqu'à sept mètres.

Sa physionomie indique un animal doux, et, en effet, on peut le conduire partout où l'on veut avec une petite corde passée autour de la tête.

Sa chair, surtout quand la bête est jeune, est assez bonne à manger, et ses os sont remplis d'une moelle que les Hottentots trouvent exquise; aussi vont-ils souvent à la chasse des girafes, qu'ils tuent avec leurs flèches empoisonnées. Le cuir de ces animaux est excessivement épais. Les Africains s'en servent à différents usages : il en font des vases pour conserver l'eau.

On a remarqué que quand les girafes se reposent, elles se couchent sur le ventre, ce qui leur donne des callosités aux bosses de la poitrine et aux jointures des jambes; c'est un autre trait de ressemblance avec les chameaux.

L'UNAU OU BRADYPE ET L'AÏ

On a appelé ces animaux *paresseux* à cause de leur marche lente et embarrassée. Leurs membres antérieurs étant très disproportionnés avec

les membres postérieurs, ils sont forcés de se traîner sur les coudes. On les trouve surtout dans les forêts de l'Amérique méridionale; ils se nourrissent de feuilles et d'écorces. L'unau et l'aï diffèrent assez entre eux pour que certains naturalistes aient cru devoir les regarder comme deux espèces différentes. L'unau n'a point de queue et n'a que deux ongles aux

pieds de devant; l'aï porte une queue courte et trois ongles à tous les
pieds. Leur poil n'est pas de la même couleur; mais le caractère le
plus distinctif et le plus singulier, c'est que l'unau a quarante-six côtes, tandis que l'aï n'en a que vingt-huit. Nous ferons, à ce sujet, remarquer qu'aucun des animaux les plus gros n'a autant de che-
vrons à sa charpente; l'éléphant n'a que quarante côtes. Leurs yeux
sont obscurs et couverts, leur mâchoire lourde et épaisse, leur poil semblable à de l'herbe séchée, leurs cuisses mal emboîtées et hors des han-
ches; point de doigts séparément mobiles, ongles excessivement longs;
point d'armes pour attaquer ou se défendre. Confinés à la motte de terre,
à l'arbre sous lequel ils sont nés, ils ne peuvent parcourir que trois ou
quatre mètres en une heure : on dirait des ébauches imparfaites de la nature.
Ils ont beaucoup d'ennemis : les hommes et les animaux de proie les recherchent et les tuent à cause de leur chair, qui n'est pas précisément mauvaise.

   Quoiqu'ils soient lents, gauches, presque inhabiles au mouvement, ils
sont durs, forts de corps et vivaces.

   Certains naturalistes prétendent que l'unau et l'aï, si paresseux à terre,
sont très agiles dès qu'ils se trouvent sur les arbres.

   L'aï est de la taille d'un chat. Son nom lui vient de son cri plaintif: aï?
   Le kouri est un petit unau.

LE KOALA

   Le koala est un animal peu connu, originaire de la Nouvelle-Hollande,
il est de la taille d'un chien de moyenne grosseur, le corps trapu, la tête

petite, la queue très courte. Son poil grossier, touffu, est couleur brun
clair, le dessous du corps est blanc.

Il passe une partie de sa vie sur les arbres et fait sa nourriture de feuilles, de fruits et d'insectes ; le reste du temps il dort dans un terrier qu'il
se creuse dans la forêt.

La femelle ne fait qu'un petit qu'elle aime avec beaucoup de tendresse.
Après l'avoir élevé jusqu'à une certaine grosseur dans sa poche abdomi-
nale, elle continue encore longtemps à le porter sur son dos et à en prendre le plus grand soin.

LES GERBOISES, LE GERBO

Nous indiquerons, comme caractère distinctif de ces animaux, la très
grande disproportion qui se trouve entre les jambes de derrière et celles
de devant, celles-ci n'étant pas aussi grandes que les mains d'une taupe,
et les autres ressemblant aux pieds d'un oiseau. Le gerbo a la tête faite à

peu près comme celle du lapin, mais il a les yeux plus grands et les oreilles plus courtes. Il a le nez couleur de chair et sans poils, des moustaches
noires et blanches autour de la gueule ; ses pieds de devant ne touchent
jamais la terre, il ne s'en sert que comme de mains pour porter à sa
gueule. Ces mains ont quatre doigts munis d'ongles et le rudiment d'un
cinquième doigt sans ongles. Les pieds de derrière n'ont que trois doigts,
celui du milieu est un peu plus long que les deux autres, et tous trois sont
garnis d'ongles. La queue est beaucoup plus longue que le corps. Les jambes sont nues et de couleur de chair, aussi bien que le nez et les oreilles.
Le dessus de la tête et le dos sont couverts d'un poil roussâtre ; les flancs,
le dessus de la tête, la gorge, le ventre et le dedans des cuisses sont
blancs ; il a au bas des reins une grande bande noire en forme de croissant.

Les gerboises cachent ordinairement leurs mains ou pieds de devant dans leurs poils; elles ne marchent pas en réalité, mais elles sautent avec légèreté et vitesse à environ un mètre de distance, et toujours debout comme les oiseaux. En repos, elles sont assises sur leurs genoux; elles ne dorment que le jour et jamais la nuit. Elles mangent du grain et des herbes comme les lièvres. Elles se creusent des terriers comme les lapins. Elles habitent l'Arabie, la Syrie et les contrées sablonneuses du nord de l'Afrique.

LE PHALANGER OU RAT DE SURINAM

Le phalanger offre la singularité suivante qui lui a valu son nom : ses phalanges sont étrangement conformées; de quatre doigts qui correspondent aux cinq ongles dont ses pieds de derrière sont armés, le premier est soudé avec son voisin, en sorte que ce double doigt fait la fourche et ne se sépare qu'à la dernière phalange pour arriver aux deux ongles. Le pouce est séparé des autres doigts et n'a point d'ongle à son extrémité. La sarigue et la marmose ont le pouce de même, mais ils n'ont pas, comme lui, les phalanges soudées.

Le phalanger atteint la taille d'un petit lapin ou d'un très gros rat. Il est remarquable par sa longue queue et son long museau. On le trouve à la Nouvelle-Hollande et aux Indes méridionales.

LA MANGOUSTE OU RAT DE PHARAON

Particulier à l'Égypte, cet animal atteint la taille de 16 à 20 centimètres de long; son corps est assez mince, ses pattes courtes et terminées par

cinq doigts à ongles aigus, sa peau sillonnée par douze à seize bandes d'un brun foncé : il habite au bord des eaux et se nourrit surtout de rats et de serpents. En Égypte, la mangouste est domestique comme le chat l'est en Europe, et elle sert de même à prendre les souris et les rats; mais son goût pour la proie est encore plus vif, et son instinct plus étendu; car elle chasse également les oiseaux, les quadrupèdes, les lézards et les insectes. Quand elle commence à ressentir les impressions du venin des serpents qu'elle a tués, elle va chercher des antidotes et particulièrement une racine que les Indiens ont nommée de son nom et qu'ils disent être un des plus sûrs et plus puissants remèdes contre les morsures de la vipère et de l'aspic. Elle mange les œufs du crocodile, comme ceux des poules et des oiseaux; elle tue et mange aussi les petits crocodiles. Elle a une petite voix douce, une sorte de petit murmure, et son cri ne devient aigre que quand on l'irrite. Elle est en vénération chez les anciens Égyptiens.

L'ISATIS OU RENARD BLEU

Nous placerons l'isatis entre le renard et le chien. On le trouve surtout dans les terres du Nord voisines de la mer Glaciale. S'il ressemble beaucoup au renard par la forme de son corps et par la longueur de sa queue,

il ressemble plus au chien par la tête; son pelage est blanc dans un temps et bleu cendré dans un autre. Sa voix tient de l'aboiement et du glapissement; il se fait un terrier étroit, profond, à plusieurs issues, où il porte de la mousse. Il mange des rats, des lièvres et des oiseaux; il a pour ennemi le glouton avec lequel il lui faut combattre, surtout quand il se jette à l'eau et traverse les lacs pour prendre les nids des canards et des oies.

LE GLOUTON

Le glouton, animal au corps bas et trapu, long d'un mètre, ressemble assez au blaireau par la forme ; sa fourrure, très estimée, est noire en dessus et d'un brun roux ou gris en dessous. Il est originaire de la Laponie et des terres voisines de la mer du Nord, tant en Europe qu'en Asie ; loin

de pouvoir courir, il ne marche que d'un pas lent, mais la ruse supplée à la légèreté qui lui manque ; il attend les animaux au passage ; il grimpe sur les arbres pour se lancer dessus et saisir avec avantage ; il se jette sur les élans et sur les rennes, leur entoure le corps et s'y attache si fort avec les griffes et les dents que rien ne peut l'en séparer : ces pauvres animaux précipitent en vain leur course ; en vain ils se frottent contre les arbres, et font les plus grands efforts pour se délivrer ; l'ennemi, assis sur leur croupe ou sur leur cou, continue à leur sucer le sang, à creuser leur plaie, à les dévorer en détail jusqu'à ce qu'il les ait mis à mort. Il est, dit-on, inconcevable combien de temps le glouton peut manger de suite et combien il peut dévorer de chair en une seule fois. C'est le vautour des quadrupèdes. Le seul animal qu'il puisse prendre à la course est le castor ; à défaut de chair vivante, il déterre les cadavres et les mange.

Sa chair est détestable; on ne chasse cet animal que pour sa peau; on l'apprivoise facilement, et dans l'état de domesticité, il se montre moins vorace.

LE KINKAJOU

On trouve à cet animal quelque ressemblance avec le chat; il a la queue longue et la relève sur son dos, pliée en deux ou trois plis; il a des griffes et grimpe sur les arbres, où il se couche pour attendre sa proie et se jeter dessus pour la dévorer: ainsi il se précipite sur un orignal, l'entoure de sa queue, lui ronge le cou au-dessus des oreilles, jusqu'à ce qu'il tombe; mais si l'orignal peut gagner l'eau, il est sauvé, parce qu'alors le kinkajou lâche prise et reste à terre. Il se met souvent en embuscade, tandis que les renards marchent en avant comme ses éclaireurs et lui amènent sa proie. Il se trouve surtout dans les montagnes de la Nouvelle-Espagne et à la Jamaïque. Son attitude favorite est d'être assis sur ses pattes de derrière, le corps droit avec un fruit dans les pattes de devant et la queue roulée.

LE LEMMING

Semblable par la figure à une souris, il a la queue plus courte, le poil fin et taché de couleur noire, jaunâtre et roussâtre; autour de la gueule

se voient plusieurs poils raides en forme de moustaches; ses oreilles sont très courtes; ses pieds sont armés de cinq ongles aigus. Il habite ordinairement les montagnes de la Laponie et de la Norwège; mais il en descend quelquefois en si grand nombre dans certaines années et dans certaines saisons qu'on regarde son arrivée comme un fléau terrible; il fait un dé—

gât affreux dans les campagnes, dévaste les jardins, ruine les moissons, et ne laisse rien que ce qui est serré dans les maisons où heureusement il n'entre pas. Il aboie à peu près comme les petits chiens ;
lorsqu'on le frappe avec un bâton, il se jette dessus et le tient si fort
qu'il se laisse enlever et transporter à quelque distance sans vouloir le
quitter ; il se creuse des trous sous terre et, comme les taupes, mange
les racines. Il meurt infailliblement au renouvellement des herbes. Le
nombre de ces animaux est si prodigieux que quand ils meurent, l'air
en est infecté, et cela occasionne beaucoup de maladies ; il paraît même
qu'ils infectent les plantes qu'ils ont rongées, car le pâturage fait alors
mourir le bétail. Sa chair et sa fourrure ne valent rien. Le lemming
est long de quinze à vingt centimètres.

LES MOUFETTES

On a nommé ainsi ces animaux à cause de l'odeur si forte et si mauvaise qu'ils répandent lorsqu'on les inquiète ; cette odeur suffoque comme

la vapeur souterraine qu'on appelle *moufettes ;* ils sont encore désignés
pour cette raison, par les voyageurs, sous le nom de *puants*, de *bêtes
puantes*, d'*enfants du diable ;* ils ressemblent aux martes et aux putois. On
distingue : la moufette chinche ou moufette d'Amérique, la moufette du
Chili et la moufette zorille.

La moufette a les jambes courtes, le museau mince, les oreilles petites, le poil d'un brun foncé, les ongles noirs et pointus ; elle se cache dans des trous et des fentes de rochers où elle élève ses petits ; elle vit d'oiseaux, de scarabées, et de vermisseaux. On les trouve surtout dans les contrées chaudes des deux Amériques.

LA ZIBELINE OU MARTE ZIBELINE

La zibeline ressemble à la marte commune, par la forme et l'habitude de son corps, et à la belette par ses dents ; ses pieds sont larges et armés de cinq ongles. Elle habite le bord des fleuves, les lieux ombragés et les bois les plus épais ; elle se trouve principalement en Sibérie. Elle saute très agilement d'arbre en arbre et craint fort le soleil, qui change, dit-on, en très peu de temps la couleur de son poil. Elle vit de rats, de poissons, de graines de pin et de fruits sauvages. Les zibelines les plus noires sont les plus estimées. La différence qu'il y a entre cette fourrure et toutes les autres, c'est qu'en quelque sens qu'on pousse le poil, il obéit également, au lieu que les autres poils, pris à rebours, font sentir quelque roideur par leur résistance.

La chasse des zibelines se fait par des criminels confinés en Sibérie ou par des soldats qu'on y envoie exprès : les uns et les autres sont obligés de fournir une certaine quantité de fourrures, à laquelle ils sont taxés. Ils ne tirent qu'à balle pour gâter le moins possible la fourrure de ces animaux. S'ils veulent dresser des pièges, ils écartent d'abord la neige ; puis sur des pierres pointues ils posent de petites planches qui abritent des morceaux de viande attachés à une poutre extrêmement mobile ; sitôt que la marte touche à cette poutre, la bascule tombe et la tue. La zibeline se défend toujours contre les hommes et les bêtes en les mordant avec acharnement.

L'ORNITHORHYNQUE

Voici l'un des animaux les plus singuliers de la classe des mammifères, car à leur organisation il joint un bec d'oiseau analogue à celui du canard. Il a environ 35 centimètres de longueur ; son corps est couvert d'un poil roussâtre ; ses pieds, courts, sont palmés comme celui du canard et terminés par cinq doigts. Chez le mâle, ces doigts sont pourvus d'un ergot qui sécrète un venin dangereux. On a cru quelque temps que cet animal, encore peu connu, pondait des œufs comme un oiseau, mais il paraît qu'il est vivipare. La femelle dépose ses petits dans un terrier qu'elle creuse sur le bord d'un lac ou d'une rivière. L'ornithorhynque vit de poissons qu'il prend en plongeant. Sa chair en exhale fortement l'odeur. Ainsi, cet animal bizarre joint au bec, attribut des oiseaux, les habitudes des amphibies, l'organisation des mammifères, et, par le poi-

son qu'il sécrète, il rappelle les reptiles venimeux. Il habite la Nouvelle-Hollande.

QUADRUMANES

Nous allons maintenant parler des principaux individus quadrumanes ou à quatre mains, avec le pouce séparé aux pieds de devant et de derrière : les makis, les singes, les sapajous, l'ouistiti, etc., ce sont les animaux les moins éloignés de l'homme physique pour les formes générales et pour l'organisation intérieure, surtout pour les dispositions des intestins.

LES MAKIS : LE MOCOCO, LE MONGOUS, LE VARI

Les makis sont des animaux quadrumanes (à quatre mains) doués d'une très grande agilité et ressemblant beaucoup aux singes, dont ils ne diffèrent guère que par leur museau pointu, comme celui de la fouine, et leurs six dents incisives de la mâchoire inférieure, tandis que tous les singes n'en ont que quatre. Ils habitent l'Asie, l'Afrique et surtout Madagascar ; ils forment plusieurs espèces : le mococo à queue annelée, le mongous ou maki brun, le vari ou maki pie.

Le mococo est remarquable par sa physionomie fine, sa forme élégante, son poil toujours propre et lustré, ses grands yeux, ses jambes de derrière beaucoup plus longues que celles de devant, et sa belle et longue queue toujours relevée, toujours en mouvement et sur laquelle on

compte jusqu'à trente anneaux alternativement noirs ou blancs, tous bruns du haut et séparés les uns des autres. Il a des mœurs douces et ne ressemble au singe ni par la méchanceté ni par le naturel. Il s'apprivoise assez, mais son mouvement continuel force de le tenir à la chaîne. Il n'a pas le corps plus gros qu'un chat.

Le mongous est plus petit que le mococo; son poil est court et frisé; il fait entendre un croassement tout semblable à celui de la grenouille; il y a des mongoûs qui ne sont pas plus grands que le loir.

Le vari est plus grand, plus fort et plus sauvage que le mococo; il montre même une farouche méchanceté; quand deux varis se trouvent dans un bois, ils font autant de bruit que s'ils étaient une centaine; leur voix ressemble au rugissement du lion. Ils se distinguent par une cravate de poils fort longs autour du cou.

Les makis ont l'habitude, à en croire certains voyageurs, de prendre souvent devant le soleil une attitude d'admiration ou de plaisir. Ils s'asseyent et étendent les bras en regardant cet astre, vers lequel ils se tournent à mesure qu'il s'élève ou décline.

SINGES

Comme signes distinctifs de ces animaux, comme traits plus ou moins éloignés de leur ressemblance avec l'homme, il faut remarquer qu'ils ont

de 32 à 36 dents ; des ongles plats à chacun de leurs quatre membres, terminés par des mains offrant un pouce séparé et plus ou moins oppo-
sable avec les autres doigts ; leur visage, presque nu, est tantôt couleur de
chair, tantôt noir ; leurs narines sont tantôt très écartées, tantôt rapprochées comme les nôtres ; leurs oreilles sont rarement bordées ; il y a
beaucoup de vivacité et de mobilité dans leurs yeux. Leur taille varie
depuis celle de l'écureuil jusqu'à celle des hommes de six pieds (deux
mètres). Dans les espèces de l'ancien continent, on remarque de grosses
et laides callosités aux parties postérieures : leurs membres sont longs
à l'excès, grêles, et n'approchent pas de l'admirable proportion des
nôtres.

Certains singes n'ont pas de queue, d'autres en ont une, tantôt
lâche, tantôt prenante ; leurs mains sont recouvertes d'une peau
ridée. En général, ils vivent de fruits ; ils ont beaucoup d'instinct et de
malice, de finesse ; plusieurs se laissent apprivoiser et apprennent les
tours les plus singuliers, grâce à leur facilité d'imiter tout ce qu'ils
voient.

On range parmi les singes proprement dits les babouins, animaux à
queue courte, à face allongée, à museau large et élevé ; et les guenons,
aux queues aussi longues ou plus longues que le corps.

L'ORANG-OUTANG PONGO

De tous les singes, c'est celui qui se rapproche le plus de l'homme ; il
dort sur les arbres et se construit une hutte, un abri contre le soleil et la
pluie ; il vit de fruits et ne mange pas de chair : quand les nègres font du
feu dans les forêts qu'il habite, il vient s'asseoir devant et se chauffe, mais
il ne sait pas entretenir le feu en y mettant du bois ; il va de compagnie
et tue quelquefois des nègres dans les lieux écartés ; il attaque même
l'éléphant, le frappe à coups de bâton et le chasse de la forêt ; on ne peut
le prendre vivant, parce qu'il est si fort que des hommes ne suffiraient
pas pour le dompter ; on ne peut qu'attraper les petits tout jeunes ; la
mère les porte marchant debout, et ils se tiennent attachés à son corps
avec les mains et les genoux. Il y a deux espèces d'orangs : le pongo, qui
est aussi grand et plus gros qu'un homme, et le jocko, qui est beaucoup
plus petit. L'orang-outang n'a point d'abajoues, c'est-à-dire point de
poches au dedans des joues ; il a sur la tête des poils qui descendent en
forme de cheveux des deux côtés des tempes. Il a treize côtes, tandis que
l'homme n'en a que douze ; la langue et les organes de la voix sont con-
formés comme les nôtres, mais il lui est impossible de parler. On rapporte
qu'un de ces pongos, ayant pris un jeune nègre, l'emporta dans la forêt,
sans lui faire le moindre mal ; à son retour, cet enfant raconta qu'il avait

été bien traité par ces animaux. Voici la description que Buffon donne d'un orang-outang apprivoisé : « Il marchait debout sur ses deux pieds, même en portant des choses lourdes ; son air était assez triste, sa dé-

marche grave, ses mouvements mesurés, son naturel doux. Le signe et la parole suffisaient pour le faire agir. Il présentait la main pour reconduire les gens qui venaient le visiter ; il se mettait à table, déployait sa serviette, s'en essuyait les lèvres, se servait de cuiller, de fourchette, de verre, etc. Il aimait beaucoup les bonbons. » Un autre voyageur parle d'un singe qu'il vit à Java, et dit : « Il faisait tous les jours proprement son lit, s'y couchait sur un oreiller, et se couvrait d'une couverture... Quand il avait mal à la tête, il se la serrait avec un mouchoir. Il allait souvent à la pêche aux huîtres; or il y a une espèce d'huîtres appelées *taclovo* qui pèsent plusieurs livres et qui sont ouvertes sur le rivage; comme il craignait, quand il voulait les manger, qu'elles ne lui attrapassent la patte en se refermant, il avait soin de jeter une pierre dans la coquille, ce qui empêchait les deux valves de se réunir. »

M. de la Brosse parle de deux jeunes orangs-outangs transportés à bord de son vaisseau. Quand ils étaient à table, ils se faisaient entendre des mousses lorsqu'ils avaient besoin de quelque chose, et quelquefois, quand les enfants refusaient de leur donner ce qu'ils demandaient, ils se mettaient en colère, leur saisissaient les bras, les mordaient et les abattaient sous eux.

Wormser raconte qu'un orang-outang apprivoisé ne manquait jamais, avant de se coucher, de bien arranger le foin de sa litière, d'en disposer un tas plus considérable pour le chevet et de se couvrir bien chaudement. Quelquefois il prenait un lambeau de linge, mettait du foin au milieu, et relevant avec adresse les quatre coins, il en faisait une espèce d'oreiller qu'il plaçait artistement au chevet de son lit.

L'ORANG-OUTANG JOCKO

Ce qui distingue cet animal d'avec le précédent, c'est le défaut d'ongle au gros orteil des pieds, ou mains postérieures, qui manque toujours au jocko et qui se trouve toujours, au contraire, dans l'espèce du pongo. Il en est de même de leurs habitudes naturelles : le pongo marche presque toujours debout sur ses deux pieds de derrière, tandis que le jocko ne prend cette attitude que rarement et surtout lorsqu'il veut monter sur un arbre. Un Portugais, ayant pris une femelle d'orang-outang jocko, la dressa si bien aux soins du ménage, qu'elle lui rendait presque tous les services d'un domestique.

LE GORILLE ET LE CHIMPANZÉ

Une nouvelle espèce d'orang, inconnue jusqu'à ce jour, a été tuée dans les forêts du Gabon, partie de la Guinée où les Français ont un établissement.

Le corps, renfermé dans une énorme barrique de rhum, a été envoyé dernièrement au Muséum d'histoire naturelle de Paris, où on peut le voir empaillé.

Rien de plus étrange que cette figure de singe : une tête énorme, d'une forme singulière et différente de celle de tous les autres singes, un cou monstrueux, une large poitrine, des membres musculeux et annonçant, par leur grosseur, une force bien supérieure à celle de l'homme; des mains, dont les doigts sont d'une grosseur double des nôtres, un

corps entièrement couvert de poils noirâtres : tels sont les traits principaux du gorille.

Le chimpanzé, de la taille d'un homme ordinaire, a la face nue, le museau court, le front arrondi, l'oreille externe très grande, mais de

forme humaine, les mains munies d'ongles plats, point de queue ni
d'abajoues. Il marche et grimpe avec facilité, s'apprivoise aisément, et
ressemble par les mœurs et les habitudes aux grands singes dont nous
venons de parler.

LE MAGOT

De tous les singes sans queue, c'est celui qu'on apporte le plus souvent
en Europe, parce qu'il s'accommode le mieux de la température de notre
climat. Il atteint environ à un mètre de hauteur quand il est debout sur
ses jambes de derrière ; du reste, il marche plus volontiers à quatre pattes
qu'à deux. Le bas de sa tête ressemble au museau du dogue ; il a des
abajoues ; sa face est couverte de duvet ; son poil, verdâtre sur le corps,
prend une teinte d'un jaune blanchâtre sur le ventre. Il apprend à danser,
à gesticuler, à se laisser vêtir et coiffer. Il fait des tours de gymnastique,
se bat avec les chiens et les chats, et souvent remporte sur eux la victoire.

On montrait, il n'y a pas longtemps encore, dans les rues de Paris, un
magot qui savait en même temps siffler avec un flageolet, tourner la
manivelle d'un orgue de Barbarie, battre de la grosse caisse, et enfin,
frapper l'une contre l'autre des cymbales retentissantes.

Le magot se trouve dans tous les climats chauds de l'ancien continent.

LE MANDRILL

Le mandrill passe généralement pour être le plus grand des singes
après l'orang-outang ; on le trouve dans les provinces méridionales de
l'Afrique. On ne peut guère s'imaginer un être plus laid et plus dégoûtant ;
de son nez plat découle sans cesse une morve épaisse qu'il recueille avec
sa langue ; sa face est violette et toute ridée, triste, sombre, difforme,
sans pourtant exprimer la férocité ; il pleure et gémit. Ses oreilles sont
nues aussi bien que le dedans des mains et des pieds ; son long poil,
d'un brun roussâtre sur le corps, devient gris sur la poitrine et sur le
ventre ; il marche sur deux pieds plus souvent que sur quatre ; il atteint
jusqu'à plus d'un mètre et demi de hauteur quand il est debout. On
l'appelle encore boggo.

LE MANGABEY

Il a pour signe distinctif et très apparent ses paupières nues et toutes
blanches. Tantôt son poil est noir, mêlé de blanc et de brun foncé ; tantôt
il porte un large collier de poils blancs autour du cou ; sa queue est
longue et relevée ; il marche à quatre pattes ; sa longueur, depuis le
museau jusqu'à l'origine de la queue, ne dépasse guère un pied et demi ;

son caractère est doux, familier, caressant, il a de l'attachement pour son maître, s'il n'en est pas maltraité.

Il n'est pas de singes plus pétulants ; toujours en action, ils prennent

toutes les attitudes et souvent les plus grotesques ; ce sont surtout les mâles qui se font remarquer par leur agilité ; les femelles, plus calmes, sont aussi plus caressantes.

Quand ils sautent, les mangabeys relèvent les lèvres en faisant voir leurs incisives, de sorte que l'on croirait qu'ils rient, et lorsqu'ils sont en colère, ils agitent les lèvres avec rapidité, comme s'ils parlaient avec vivacité et en injuriant ; ils font alors entendre un petit son de voix aigu et comme articulé.

LA MONE

La mone est la plus commune des guenons ou singes à longue queue ; comme le magot, elle s'accoutume facilement à notre climat, quoiqu'elle soit originaire des pays chauds de l'Afrique et de l'Asie. Elle a une espèce de barbe blanche, jaune et noire ; le reste de son corps est à peu près de la même couleur mélangée. On l'appelle encore *le vieillard, le singe varié.* L'élégance dans les formes, la grâce dans les mouvements, la douceur dans le caractère, la finesse dans l'intelligence, la pénétration dans le regard, tout ce qui, dans un animal de ce genre, peut le faire rechercher et inspirer pour lui de l'affection, la mone le possède.

Quoique vive jusqu'à la pétulance, elle n'a pas de méchanceté et s'attache aisément à son maître, elle est même susceptible d'une certaine éducation, si toutefois on s'en fait craindre assez pour la forcer à obéir.

Contre l'habitude des autres singes, elle ne grimace jamais, et elle a dans les traits une certaine gravité pleine de douceur. Elle mange volon-

tiers tout ce qu'on lui présente ; de la viande cuite, du pain, des fruits
et certains insectes ; elle est particulièrement friande de fourmis et d'arai-

gnées. Son adresse et son agilité sont extrêmes, et néanmoins tous ses
mouvements sont doux ; elle a une tendance au vol qu'aucune correction
ne peut vaincre.

L'OUISTITI

C'est à son cri que cet animal doit son nom ; il ne dépasse guère la
taille de notre écureuil ; sa queue a plus d'un pied de long et ressemble,

par ses ornements noirs et blancs, à celle du mococo ; sa face est nue
et couleur de chair ; deux toupets de longs poils blancs occupent le

devant de ses oreilles ; ses yeux sont d'un châtain rougeâtre ; il marche
à quatre pattes. La mère porte ses petits sur son dos, auquel ils se cramponnent fortement ; quand elle est lasse, elle s'en débarrasse en se
frottant contre les arbres, et c'est au tour du père de les porter. A l'état
de domesticité, il se nourrit avec des biscuits, des fruits, des légumes, etc. ;
il aime assez le poisson. On l'a vu se multiplier dans les contrées méridionales de l'Europe, et principalement en Portugal. Sa queue est lâche
et non prenante.

LE GALAGO

Ce joli petit animal, de la taille d'un rat ordinaire, offre plusieurs sin-
gularités et l'extensibilité de son oreille n'est pas le moins remarquable.

La conque est grande, membraneuse, nue, et renferme deux petits
oreillons. Lorsqu'il dort, ces deux oreillons s'appliquent sur le canal
auditif, puis la conque se fronce à sa base, se raccourcit, s'affaisse sur
elle-même, s'enfonce dans le poil de la tête, et se replie au point de
devenir invisible. Lorsqu'il se réveille, ses oreilles se déploient et s'allon-
gent par un mouvement brusque fort original.

La longueur de ses pieds de derrière donne au galago une grande facilité
pour sauter d'arbre en arbre, aussi n'est-il pas d'animal plus vif et plus
leste à s'élancer et à parcourir une forêt.

Lorsqu'il cherche sa nourriture et qu'il entend, même de fort loin, le
bourdonnement d'un insecte, en quatre ou cinq bonds prodigieux il s'approche, guidé par le bruit, et se trouve assez près pour l'apercevoir. Il
s'élance, l'atteint au vol, le saisit habilement avec ses mains, et calcule si
bien ses mesures, qu'il retombe toujours sur une branche et jamais par
terre ; tout cela se fait avec la rapidité de la flèche, et c'est avec la même
prestesse qu'il dévore sa proie. D'autres fois, s'il juge par la direction d'un

papillon qui va passer près de lui, il se baisse, se fait petit, puis tout à coup il se relève, se dresse sur ses longs pieds de derrière, étend les bras et le happe. Si le papillon vole trop haut, le galago saute verticalement et retombe à la même place en tenant son butin.

Il est fort doux et s'apprivoise facilement; on le nourrit d'insectes, de viande cuite, d'œufs et de laitage.

LE TITI

Ce charmant petit animal atteint à peine la taille d'un écureuil; sa queue est annelée de noir et de gris clair; son pelage est d'un gris foncé jaunâtre, ondé; la tête, les côtés et le dessus du cou sont noirs ou d'un brun roux; la face, la plante des pieds et la paume des mains sont couleur

de chair; l'oreille est entourée d'une touffe de poils blancs, ou cendrés, ou noirs, raides et longs; il a une tache blanche au front.

Le titi habite la Guyane et le Brésil; partout il est recherché, non à cause de sa gentillesse, mais parce qu'il est joli et peu embarrassant.

Il aime à poursuivre de branche en branche, en s'élançant de l'une à l'autre, les gros insectes et même les petits oiseaux dont il fait sa proie. Il adjoint à cette nourriture des fruits et des graines, mais seulement quand sa chasse ne réussit pas, car il a des habitudes carnassières.

Il lui arrive souvent de descendre des arbres et de chasser aux limaçons et aux petits lézards; il se hasarde même sur le bord des eaux pour saisir à l'improviste quelques poissons.

Edwards raconte que l'un de ceux qu'il a vus, étant un jour déchaîné, se jeta sur un petit poisson doré de la Chine qui était dans un bassin, qu'il le tua et le dévora avidement; qu'ensuite on lui donna de petites anguilles qui l'effrayèrent d'abord en s'entortillant autour de son cou; mais que bientôt il s'en rendit maître et les mangea.

PHOCACÉS

Il nous reste, pour terminer les mammifères, à parler des phocacés, animaux amphibies, remarquables par leur museau conique, assez semblable à celui du chat, et sans défenses; leurs oreilles peu ou point saillantes, leurs lèvres garnies de moustaches; antérieurement ils se rapprochent des quadrupèdes, et postérieurement des poissons; leurs pieds de derrière ont la forme d'une nageoire; ils n'ont point de bras ni d'avant-bras apparents, mais deux mains ou plutôt deux membranes, deux peaux renfermant cinq doigts terminés par cinq ongles, ils marchent mal, mais nagent bien; ils ont des facultés qui leur sont communes avec les habitants de la terre et si supérieures à celles des poissons, qu'ils semblent, non seulement être d'un autre ordre, mais d'un monde différent; aussi ces amphibies, quoique d'une nature très éloignée de celle de nos animaux domestiques, sont capables d'un certain degré d'éducation. On les nourrit en les tenant souvent dans l'eau; on leur apprend à saluer de la tête et de la voix; ils s'accoutument à reconnaître leur maître; ils viennent quand on les appelle, et donnent des signes d'intelligence et de docilité; leurs habitudes sont douces et sociales; ils vivent indifféremment d'herbe, de chair ou de poisson, et se trouvent aussi bien dans l'eau, sur la terre qu'au milieu des glaces; leur climat naturel est le Nord, quoiqu'ils puissent vivre aussi dans les pays tempérés et même chauds; leur voix peut se comparer à celle d'un chien enroué ou au miaulement d'un chat.

Parmi les phoques proprement dits, nous citerons:

LE GRAND PHOQUE A MUSEAU RIDÉ OU LION MARIN

Il a sur le nez une peau ridée mobile, en forme de crête, qu'il gonfle quand il est en colère, ce qui lui arrive rarement, car de tous les phoques

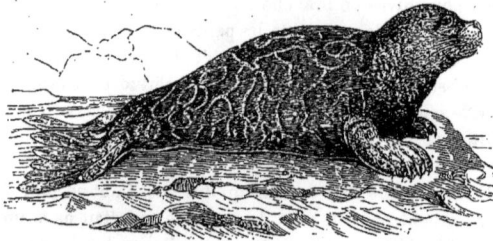

il passe pour le plus doux, le plus craintif et le plus indolent. On raconte que des matelots montent sur ce phoque comme sur un cheval; et quand il ne marche pas assez vite à leur gré, ils lui font doubler le pas en le frappant à coups de couteau. Le lion marin a, comme le lion terrestre, une crinière fauve, et tout le reste de son poil est court, lisse, luisant, et couché sur la peau.

LE PHOQUE A CAPUCHON

Il a pour signe distinctif un capuchon de peau, dans lequel il peut renfoncer sa tête jusqu'aux yeux pour se garantir des tourbillons de sable et de neige. Il se trouve surtout au détroit de Davis, depuis le mois de septembre jusqu'au mois de mars.

LE PHOQUE COMMUN OU VEAU MARIN

Quand les phoques communs sont à terre, il y a toujours quelqu'un d'entre eux qui fait sentinelle; au premier signal qu'il donne, tous se jettent dans la mer; au bout de quelque temps ils se rapprochent de terre

et s'élèvent sur leurs pattes de derrière pour voir s'il n'y a rien à craindre Quand ils entrent avec la marée dans les anses, il est aisé de les prendre en très grande quantité; on en ferme l'entrée avec des filets ou des pieux, et on les assomme quand la marée, se retirant, les laisse à peu près à sec; s'ils sont tués raide, ils vont au fond de l'eau, où de gros chiens, dressés à cette chasse, les pêchent facilement. Ils ne meurent pas aisément, car, mortellement blessés, perdant beaucoup de sang, on les voit longtemps se débattre; une balle dans la tête ne leur ôte pas immédiatement la vie. Les plus grands phoques n'ont que sept à huit pieds de long. Après les phoques viennent les morses.

LE MORSE OU VACHE MARINE ET LE DUGONG

Le morse a, comme l'éléphant, deux grandes défenses d'ivoire qui sortent de la mâchoire supérieure ; de grosses soies en forme de moustaches garnissent l'intérieur de sa gueule ; son corps est couvert d'un poil court ; il habite les mêmes lieux que le phoque, et vit des mêmes aliments ; il est plus grand que lui, puisqu'il atteint communément jusqu'à quatre mètres de long.

On voit beaucoup de morses vers le Spitzberg. On les tue sur terre avec des lances. On les chasse pour le profit qu'on tire de leurs dents et de leur graisse ; l'huile en est presque aussi estimée que celle de la baleine. Leurs dents valent autant que toute leur graisse ; l'intérieur de ces dents a plus de valeur que l'ivoire, surtout les grosses, qui sont d'une substance plus compacte et plus dure que les petites. Une dent médiocre pèse trois livres, et un morse ordinaire fournit une demi-tonne d'huile.

Quand ces animaux sont blessés, ils deviennent furieux, frappant de côté et d'autre avec leurs dents : ils brisent les armes ou les font tomber des mains de ceux qui les attaquent, et à la fin, enragés de colère, ils entourent les chaloupes, cherchent à les percer de leurs dents, ou à les renverser en frappant contre le bord.

Le dugong, qui habite surtout les mers des Indes orientales, est caractérisé par sa queue échancrée en forme de croissant, ses nageoires pectorales sans ongle, par ses dents qui ressemblent plutôt à de grandes incisives qu'à de vraies défenses et se trouvent très rapprochées l'une de l'autre, tandis que les défenses du morse laissent entre elles un intervalle considérable. Les Malais mangent sa chair (1).

(1) Les cétacés devraient trouver leur description à la suite des phocacés, mais ces animaux marins ayant entièrement la forme et les habitudes des poissons, nous avons pensé qu'il valait mieux les y joindre.

DEUXIÈME PARTIE

OISEAUX

LES AIGLES

L'AIGLE COMMUN, OU GRAND AIGLE

Les aigles proprement dits sont caractérisés par leur bec sans dentelure et droit à sa base jusqu'auprès de l'extrémité, où il se courbe beaucoup; par leurs pieds robustes armés d'ongles tranchants, emplumés jusqu'à la base des doigts; par leur aile aussi longue que la queue, enfin par leur vue perçante. On en compte plusieurs espèces.

L'aigle royal est d'un brun noirâtre, moins foncé à la partie supérieure de la tête et sous le corps; la femelle, plus grande que le mâle, a plus d'un mètre de l'extrémité du bec au bout de ses ongles, et ses ailes étendues ont près de trois mètres. Il vole avec rapidité. Il chasse les lièvres, les agneaux, les faons, les enlève et les emporte dans son nid ou *aire*. Il attaque et tue les plus grands animaux qu'il dévore sur place. Il se trouve en France, en Allemagne, en Irlande, en Grèce, en Asie Mineure et en Perse. Il vit plus de cent ans et se laisse facilement apprivoiser. L'aigle a plusieurs rapports physiques et moraux avec le lion : la force et par conséquent l'empire sur les autres oiseaux, comme le lion sur les quadrupèdes; la magnanimité : il dédaigne également les petits animaux; la tempérance : l'aigle ne mange presque jamais son gibier en entier. Quelque affamé qu'il soit, il ne se jette jamais sur les cadavres. Il est encore solitaire comme le lion. Les lions et les aigles se tiennent assez loin les uns des autres, pour que l'espace qu'ils se sont réparti leur fournisse une ample subsistance; ils ne comptent la valeur et l'étendue de leur royaume que par le produit de la chasse. L'aigle a de plus les yeux étincelants et à peu près de la même couleur que ceux du lion, les ongles de la même forme, l'haleine tout aussi forte, le cri également effrayant.

L'aigle construit ordinairement son aire entre deux rochers, dans un lieu sec et inaccessible. On assure que le même nid sert à l'aigle toute sa vie; c'est, du reste, un ouvrage assez considérable pour n'être fait qu'une

fois et assez solide pour durer longtemps ; il est construit à peu près
comme un plancher, c'est un assemblage de bâtons d'environ un mètre
de longueur et recouverts de plusieurs lits de joncs et de bruyère. Ce nid
est assez large et assez solide pour soutenir non seulement l'aigle, sa femelle
et ses petits, mais encore le poids d'une grande quantité de vivres. La
femelle dépose ses œufs dans le milieu de cette aire, elle n'en pond que

deux ou trois, qu'elle couve, dit-on, pendant trente jours. On prétend que
dès que les aiglons deviennent un peu grands, la mère tue le plus faible
ou le plus vorace. La disette seule doit produire ce sentiment dénaturé.
Dès que les petits commencent à être assez forts pour voler et se pourvoir
eux-mêmes, le père et la mère les chassent au loin sans leur permettre
jamais de revenir.

  C'est de tous les oiseaux celui qui s'élève le plus haut. Il voit par excellence ; mais il n'a que peu d'odorat en comparaison du vautour : il ne
chasse donc qu'à vue.

L'aigle impérial est plus petit que l'aigle royal, de couleur moins foncée, et porte sur le dos de grandes plaques blanches qui lui ont fait donner le nom d'aigle à dos blanc.

LE PYGARGUE OU QUEUE BLANCHE

On reconnaît cet aigle à son plumage d'un brun sale ou cendré, sans aucune tache sur le corps et sur les ailes ; d'un cendré brun assez clair au cou et à la partie supérieure de la tête ; d'un blanc presque pur à la queue et au bec. Sa voracité est extrême, il se nourrit non seulement de poissons, mais d'oiseaux de mer et de petits animaux terrestres.

Le naturel des petits tient de celui de leurs parents : les aiglons de l'espèce commune sont doux et assez tranquilles ; au lieu que ceux du grand aigle et du pygargue, dès qu'ils sont un peu grands, ne cessent de se battre et de se disputer la nourriture et la place dans le nid ; en sorte que souvent le père et la mère en tuent quelques-uns pour terminer le débat.

Le pygargue est plus féroce et moins attaché que l'aigle à ses petits, car il les chasse souvent hors du nid avant même qu'ils soient en état de se pourvoir.

L'ORFRAIE OU AIGLE DE MER

C'est une espèce d'aigle du genre pygargue, reconnaissable à son plumage brunâtre, à sa queue d'abord noirâtre et tachetée de blanc, puis blanchissant avec l'âge, et à la barbe de plumes qui lui pend sous le menton, ce qui lui a fait aussi donner le nom d'*aigle barbu*. Beaucoup de naturalistes regardent l'orfraie comme n'étant qu'un jeune pygargue. L'orfraie a les yeux couverts d'un petit nuage, mais il ne s'ensuit pas qu'il voie beaucoup moins que les autres, puisque la lumière peut passer aisément et abondamment par le petit cercle parfaitement transparent qui environne la pupille. Néanmoins il est probable qu'il n'a pas la vue aussi nette ni aussi perçante que les aigles.

Comme cet oiseau est des plus grands, que par cette raison il produit peu, qu'il ne pond que deux œufs une fois par an, et que souvent il n'élève qu'un petit, l'espèce n'en est nombreuse nulle part, mais elle est assez répandue en Europe et dans toute l'Amérique septentrionale.

LES VAUTOURS

Les vautours sont reconnaissables à leur tête petite, armée d'un bec allongé, très robuste, recourbé seulement vers la pointe ; à leur cou long, dénudé et garni à la base d'un collier de duvet ou de longues plumes ;

à leurs pieds couverts de petites écailles, à leurs ailes fort longues, à leur
queue courte; à leur vol oblique, tournoyant, lourd et contenu; à leur

odeur infecte. Lâches autant que voraces, ils ne s'attaquent qu'aux petits
animaux; à défaut de proie vivante, ils mangent de la chair en putréfaction.

Nous parlerons des principaux vautours.

LE GRIFFON

Cet oiseau est long d'environ quatre-vingts centimètres ; il a le corps plus gros et plus long que le grand aigle surtout en y comprenant les jambes, qui ont 35 à 40 centimètres. I. a, au bas du cou, un collier de plumes blanches ; sa tête est couverte de plumes pareilles, qui font une petite aigrette par derrière. Il a les yeux à fleur de tête, avec de grandes paupières, toutes deux également mobiles et garnies de cils, et l'iris d'un bel orangé ; le bec long et crochu, noirâtre à son extrémité, bleuâtre dans son milieu. Il est encore remarquable par un grand creux qui est en haut de l'estomac, et dont toute la cavité est garnie de poils qui tendent de la circonférence au centre.

L'espèce du griffon est composée de deux variétés : la première, qui a été appelée par les naturalistes vautour fauve, et la seconde vautour doré. Les différences entre ces deux oiseaux, dont le premier est le griffon, ne sont pas assez grandes pour en faire deux espèces distinctes et séparées ; car tous deux sont de la même grandeur, et en général à peu près de la même couleur.

LE GRAND VAUTOUR

Le grand vautour est plus gros et plus grand que l'aigle commun, mais un peu moins que le griffon ; il a une espèce de cravate blanche qui part des deux côtés de la tête, s'étend en deux branches jusqu'au bas du cou, et borde de chaque côté un assez large espace d'une couleur noire, et au-dessous duquel se trouve un collier étroit et blanc ; ses pieds sont couverts de plumes brunes, et ses doigts sont jaunes.

LE CONDOR OU VAUTOUR DES ANDES

Le condor mâle a sur la tête une crête cartilagineuse, garnie de petites pupilles rondes de couleur rouge violet, ou violet presque noir. L'arrière de la tête et le cou, le dessous de la gorge et le jabot sont nus comme chez les vautours proprement dits et de la couleur de la tête. Tout le plumage du corps ainsi que la queue et une partie des ailes sont d'un noir grisâtre ; le reste est blanc. Les ailes du condor ont jusqu'à deux mètres d'envergure et son corps a près d'un mètre de long. On peut le regarder comme un des plus grands oiseaux de proie et comme celui dont le vol est le plus élevé. Il se trouve sur les plus hauts sommets de la chaîne des Andes, à la limite des neiges, et ne descend guère dans les vallées que pour y chercher sa proie. Son bec est si fort qu'il peut percer la peau d'une vache ; et deux condors en peuvent tuer et manger une ; ils ne s'abstiennent même pas des hommes. Heureusement ces oiseaux sont en

petit nombre, autrement ils détruiraient tout le bétail ; leur chair est coriace et sent la charogne.

Certains naturalistes rangent le condor parmi les aigles.

LE SERPENTAIRE

Le serpentaire est ainsi nommé parce qu'il fait des serpents sa principale nourriture. Il a la hauteur d'une grande grue, un mètre environ, et la grosseur du coq d'Inde ; ses couleurs sur la tête, le cou et les ailes sont d'un gris un peu plus brun que celui de la grue ; elles deviennent plus claires sur le devant du corps ; il a du noir aux pennes des ailes et de la queue et du noir ondé de gris sur les jambes. Les plumes de sa huppe sont noires, d'une longueur de quinze à dix-huit centimètres ; il y en a de plus courtes, et quelques-unes sont grises ; toutes sont assez étroites vers la base et plus largement barbées vers la pointe. La jambe, un peu au-dessus du genou, est dégarnie de plumes et recouverte ainsi que les pieds d'écailles larges et résistantes ; les doigts sont gros et courts, armés d'ongles crochus, celui du milieu est presque une fois aussi long que les latéraux qui lui sont unis par une membrane jusque vers la moitié de leur longueur ; le cou est gros et épais, la tête grosse, le bec fort et fendu jusqu'au delà des yeux ; la partie supérieure du bec est fortement arquée, comme celle de l'aigle.

La manière dont ils chassent les serpents est assez curieuse. Au moment où le reptile se dresse contre le serpentaire, celui-ci, développant une de

ses ailes, la ramène devant lui et en couvre, comme d'une égide, ses jambes et la partie inférieure de son corps. Le serpent s'élance ; l'oiseau bondit, frappe et recule, sautant en tous sens d'une façon vraiment comique pour le spectateur, et revient au combat en présentant toujours à la dent venimeuse de son adversaire le bout de son aile défensive ; et pendant que celui-ci épuise sans succès son venin à mordre les plumes insensibles, l'oiseau lui détache des coups vigoureux avec son autre aile. Enfin le reptile, étourdi, chancelle, roule dans la poussière où il est saisi avec adresse et lancé en l'air à plusieurs reprises, jusqu'au moment où, épuisé et sans force, l'oiseau lui brise le crâne à coups de bec, et l'avale tout entier, à moins qu'il ne soit trop gros ; dans ce cas, il le dépèce en le tenant sous ses doigts.

Bien que le midi de l'Afrique soit la patrie du serpentaire, cet oiseau paraît s'accommoder assez bien du climat de l'Europe, et on a pu en conserver dans les ménageries.

Le nid des serpentaires est construit en forme d'aire et plat comme celui de l'aigle ; il est garni en dedans de laines et de plumes. Le même nid sert plusieurs années au même couple. Les petits sont longtemps avant de prendre leur essor ; en revanche, lorsqu'ils ont atteint leur accroissement, ils courent d'une vitesse extrême, et même, lorsqu'ils sont poursuivis, ils courent plus souvent qu'ils ne s'envolent.

Cet oiseau est d'un naturel gai, paisible et même timide ; quand on l'approche lorsqu'il court çà et là avec un maintien vraiment superbe, il fait avec son bec un craquement continuel ; mais, revenu de la frayeur qu'on lui causait en le poursuivant, il se montre familier et même curieux.

LE MILAN ET LES BUSES

Oiseaux ignobles, immondes et lâches, les milans et les buses doivent suivre les vautours, auxquels ils ressemblent par le naturel et les mœurs. Partout ils sont beaucoup plus communs, plus incommodes que les vautours ; ils fréquentent plus souvent et de plus près les lieux habités. Ils font leur nid dans des endroits plus accessibles ; ils restent rarement dans les déserts, et préfèrent aux montagnes les plaines et les collines fertiles.

LE MILAN ET LA BUSE

Le milan est reconnaissable à son bec robuste incliné à la base ; à ses narines obliques, percées dans un arc nu ; à ses ailes fort longues atteignant quelquefois jusqu'à la queue qui est échancrée ou étagée ; à ses pieds courts terminés par des ongles robustes. Il a la vue et le vol si sûrs qu'il saisit en l'air des morceaux de viande qu'on lui jette. On connaît son manque de courage : il fuit devant l'épervier plus petit que lui, et n'ose disputer sa proie au corbeau.

Très commune en France, la buse a l'iris des yeux d'un jaune pâle et presque blanchâtre ; les pieds jaunes, ainsi que la membrane qui couvre la base du bec, et les ongles noirs.

Cet oiseau demeure pendant toute l'année dans nos forêts. Il paraît assez stupide, soit dans l'état de domesticité, soit dans celui de liberté. Il est sédentaire, et même paresseux ; il reste souvent plusieurs heures de suite perché sur le même arbre. Son nid est construit avec de petites branches, et garni en dedans de laine ou d'autres petits matériaux légers et mollets. La buse pond deux ou trois œufs blanchâtres tachetés de jaune ; elle élève et soigne ses petits plus longtemps que les autres oiseaux de proie.

Cet oiseau de rapine ne saisit pas sa proie au vol ; il reste sur un arbre, un buisson ou une motte de terre, et de là se jette sur tout le petit gibier qui passe à sa portée ; il dévaste les nids de la plupart des oiseaux ; il se

La Buse.   Le Milan.

nourrit aussi de grenouilles, de lézards, de serpents, de sauterelles, etc., lorsque le gibier lui manque.

Cette espèce est sujette à varier, au point que, si l'on compare cinq ou six buses ensemble, on en trouve à peine deux bien semblables ; il y en a de presque entièrement blanches.

LA BONDRÉE

Aussi grosse que la buse, la bondrée pèse environ deux livres. Son bec est un peu plus long : la peau nue qui en couvre la base est jaune, épaisse et inégale ; les narines sont longues et courbées : lorsqu'elle ouvre le bec, elle montre une bouche très large et de couleur jaune. L'iris des yeux est d'un beau jaune ; les jambes et les pieds sont de la même couleur, et les ongles forts et noirâtres.

Ces oiseaux, ainsi que les buses, composent leur nid avec des branches, et le tapissent de laine à l'intérieur. Quelquefois ils occupent des nids étrangers ; on en a trouvé dans un vieux nid de milan. Ils nourrissent leurs petits de chrysalides, et particulièrement de celles des guêpes.

La bondrée est aujourd'hui beaucoup plus rare en France que la buse commune.

La bondrée se tient ordinairement sur les arbres en plaine pour épier sa proie. Elle prend les mulots, les grenouilles, les lézards, les chenilles et les autres insectes. Elle ne vole guère que d'arbre en arbre et de buisson en buisson, toujours bas et sans s'élever comme le milan. On tend des pièges à la bondrée, parce qu'en hiver elle est très grasse et assez bonne à manger.

L'ÉPERVIER

Quoique les nomenclateurs aient compté plusieurs espèces d'éperviers, nous croyons qu'on doit les réduire à une seule.

L'épervier reste toute l'année dans notre pays : pendant la plus mauvaise saison de l'hiver, ils sont très maigres et ne pèsent que 200 grammes.

L'Autour.   L'Épervier.

Le volume de leur corps est à peu près le même que celui d'une pie. La femelle est beaucoup plus grosse que le mâle ; elle fait son nid sur les arbres les plus élevés des forêts, elle pond ordinairement quatre ou cinq œufs, qui sont tachés d'un jaune rougeâtre vers leurs bouts. Au reste, l'épervier, tant mâle que femelle, est assez docile ; on l'apprivoise aisément, et l'on peut le dresser pour la chasse des perdreaux et des cailles ; il prend aussi des pigeons séparés de leur compagnie, et fait une prodigieuse destruction des pinsons et des autres petits oiseaux qui se mettent en troupes pendant l'hiver. En général, l'espèce se trouve répandue dans l'ancien continent.

L'AUTOUR

L'autour est un peu plus grand que la buse, à laquelle il ressemble. Son plumage est brun en dessus, et blanc rayé de brun en dessous. Il n'y a que la femelle qui s'appelle *autour ;* le mâle se nomme tiercelet ; et comme il y a d'autres oiseaux de proie dont les mâles s'appellent *tiercelets*, il faut dire tiercelet d'autour pour le distinguer du faucon, etc..... L'autour chasse en rasant la terre et non en s'élevant comme le faucon : c'est pourquoi on s'en servait autrefois pour la *chasse du bas vol* ou *autourserie*. Dès que les chiens avaient levé le gibier, l'autour s'élançait sur lui, l'atteignait et revenait l'apporter à son maître. L'autourserie est encore d'usage en Allemagne, en Pologne et en Perse.

L'autour se trouve en France et même aux environs de Paris.

Quoique le mâle soit plus petit que la femelle, il est plus féroce et plus méchant ; ils se battent souvent ensemble à coups de griffes ; leur naturel est si sanguinaire que quand on laisse un autour avec plusieurs faucons, il les égorge tous les uns après les autres. Cependant il semble manger de préférence les souris, les mulots et les oiseaux : il se jette avidement sur la chair saignante. Il plume les oiseaux fort proprement, et ensuite les dépèce avant de les manger, au lieu qu'il avale les souris tout entières. Son cri est fort rauque et finit toujours par des sons aigus, d'autant plus désagréables qu'il les répète plus souvent. Il marque aussi une inquiétude continuelle dès qu'on l'approche.

LE GERFAUT

Tant par sa figure que par le naturel, le gerfaut doit être regardé comme le premier de tous les oiseaux de la fauconnerie, car il les surpasse de beaucoup en grandeur. Ces oiseaux de chasse noble sont : les gerfauts, les faucons, les sacres, les laniers, les hobereaux, les émerillons et les crécerelles. Le gerfaut diffère spécifiquement de l'autour par le bec et les pieds, qu'il a bleuâtres, et par son plumage, qui est brun sur toutes les parties supérieures du corps, blanc taché de brun sur toutes les parties inférieures, avec la queue grise, traversée de lignes brunes.

Le gerfaut est très commun en Irlande et dans le Groënland.

LE FAUCON

Le faucon a pour caractères distinctifs : les ailes aiguës, le bec robuste, courbé dès sa base, et denté ; la tête plate, la langue charnue, les jambes emplumées, les ongles forts, le corps épais. Le faucon commun ou pèlerin, long de cinquante à cinquante-cinq centimètres, d'un plumage noirâtre, gris brun et blanchâtre, se trouve dans toute l'Europe. Les ailes de faucon

sont, en général, aussi longues que leur queue. Leur vol est très rapide ;
on en a vu parcourir des distances de plusieurs centaines de lieues, avec
une vitesse soutenue de 20 lieues à l'heure. Leur marche est sautillante et
maladroite, parce que leurs longs doigts, armés d'ongles courbes, se posent
mal sur le sol. Ce sont les plus courageux des oiseaux de proie diurnes ;
ils attaquent et saisissent leur victime avec les serres, se réservant le bec
pour frapper. Les oiseaux, les petits mammifères, tentent particulièrement
leur appétit, ils vont dans un trou ou dans un creux d'arbre dévorer leur
proie expirante, qu'ils plument, si c'est un oiseau, et avalent par gros
morceaux ; les poils ou menues plumes, les parties cornées, sont rejetées
plus tard en une petite pelote. Les faucons habitent les forêts, les montagnes, les champs, et vivent par couples solitaires.

LA CRÉCERELLE

La crécerelle est l'oiseau de proie le plus commun dans la plupart de
nos provinces de France, et surtout en Bourgogne : il n'y a point d'ancien
château ou de tour abandonnée qu'elle ne fréquente et qu'elle n'habite ;
c'est surtout le matin et le soir qu'on la voit voler autour de ces vieux bâtiments, et on l'entend encore plus souvent qu'on ne la voit ; elle a un cri précipité, *pli, pli*, ou *pri, pri, pri*, qu'elle ne cesse de répéter en volant, et qui
effraie tous les petits oiseaux, sur lesquels elle fond comme une flèche,
et qu'elle saisit avec ses serres. Si, par hasard, elle les manque du premier
coup, elle les poursuit, sans crainte du danger, jusque dans les maisons.

La crécerelle est un assez bel oiseau ; elle a l'œil vif et la vue très
perçante, le vol aisé et soutenu elle est diligente et courageuse : elle
approche, par le naturel, des oiseaux nobles et généreux ; on peut même
la dresser, comme les émerillons, pour la fauconnerie.

Comme elle produit en plus grand nombre que la plupart des autres
oiseaux de proie, l'espèce est plus nombreuse et plus répandue dans toute
l'Europe, depuis la Suède jusqu'en Italie et en Espagne ; on la retrouve
même dans les pays tempérés de l'Amérique septentrionale.

L'ÉMERILLON

Cet oiseau est, à l'exception des pies-grièches, le plus petit de tous les
oiseaux de proie, il n'est que de la grandeur d'une grosse grive ; néanmoins
on doit le regarder comme un oiseau noble, et qui tient de plus près qu'un
autre à l'espèce du faucon ; il en a le plumage, la forme et l'attitude ; il a
le même naturel, la même docilité, et tout autant d'ardeur et de courage.
On peut en faire un bon oiseau de chasse pour les alouettes, les cailles et
même les perdrix.

Le mâle et la femelle sont dans l'émerillon de la même grandeur, au lieu que, dans tous les autres oiseaux de proie, le mâle est bien plus petit que la femelle.

OISEAUX DE PROIE NOCTURNES

LE GRAND-DUC

Le grand-duc, dont le corps est plus grand que celui de la buse, se reconnaît à son plumage fauve, tacheté de raies; au disque de plumes incomplet qui garnit le tour de ses yeux et qui est susceptible de se redresser ; à son bec courbé dès la base ; aux larges et profondes cavernes de ses oreilles, et aux deux aigrettes qui surmontent sa tête. Il vit solitaire dans les forêts de l'Europe et de l'Afrique. Il se trouve en France, principalement dans le département de la Haute-Garonne, près de Saint-Béat. Son cri effrayant, *huihou, houhou, bouhou, pouhou*, retentit dans le silence de la nuit, lorsque tous les autres animaux se taisent.

On le regarde avec raison comme l'aigle de la nuit et comme le roi de cette tribu d'oiseaux qui craignent la lumière du jour et ne volent que dans les ténèbres. Il habite les rochers et les vieilles tours abandonnées, situées au-dessus des montagnes. Ils descend rarement dans les plaines, et ne se perche pas volontiers sur les arbres, mais sur les églises écartées et sur les vieux châteaux. Sa chasse la plus ordinaire est celle des jeunes lièvres, des lapins, des taupes, des mulots, des souris, des serpents, des lézards, des crapauds, des grenouilles, et il en nourrit ses petits : il chasse alors avec tant d'activité, que son nid regorge de provisions.

On garde ces oiseaux dans les ménageries, à cause de leur figure singulière : l'espèce n'en est pas aussi nombreuse en France que celle des autres hiboux. On voit quelquefois le grand-duc assailli par des troupes de corneilles qui le suivent au vol et l'environnent par milliers ; il soutient leur choc, pousse des cris plus forts qu'elles, et finit par les disperser, et souvent par en prendre quelqu'une lorsque la lumière du jour baisse.

LE HIBOU OU MOYEN-DUC

Le hibou ou moyen-duc a, comme le grand-duc, les oreilles fort ouvertes, et surmontées d'une aigrette composée de six plumes tournées en avant ; mais il n'est pas plus gros qu'une corneille. Le dessus de la tête, du cou, du dos et des ailes est rayé de gris, de roux et de brun ; la poitrine et le ventre sont roux, avec des bandes brunes, irrégulières et étroites ; le bec est court et noirâtre ; les yeux sont d'un beau jaune ; les pieds sont couverts de plumes rousses jusqu'à l'origine des ongles ; les ongles sont très aigus et très tranchants. L'espèce en est commune et beaucoup plus nombreuse dans nos climats que celle du grand-duc ; le moyen-duc y reste toute l'année, et se trouve même plus aisément en hiver qu'en été : il habite ordi-

Le Grand-duc.

nairement dans les anciens bâtiments ruinés, dans les cavernes, dans le creux des vieux arbres, dans les montagnes ; lorsque d'autres oiseaux l'attaquent, il se sert très bien et des griffes et du bec ; il se retourne aussi sur le dos pour se défendre, quand il est assailli par un ennemi trop fort.

Il y a dans cette espèce plusieurs variétés qui se trouvent dans les deux continents.

Ces oiseaux se donnent rarement la peine de faire un nid ; ils pondent, dans des nids abandonnés, ordinairement quatre ou cinq œufs.

On se sert du hibou et du chat-huant pour attirer les oiseaux à la pipée ; et l'on a remarqué que les gros oiseaux viennent volontiers à la voix du hibou, qui est une espèce de cri plaintif ou de gémissement grave et allongé, *cowl*, *cloud*, qu'il ne cesse de répéter pendant la nuit.

LA HULOTTE ET LE CHAT-HUANT

Tel est le nom qu'on a donné à la plus grande de toutes les chouettes, elle a la tête très grosse, bien arrondie et sans aigrettes ; la face enfoncée et comme encavée dans sa plume ; les yeux aussi enfoncés et environnés de plumes grisâtres ; l'iris des yeux noirâtre, ou plutôt d'un brun foncé, ou couleur de noisette obscure ; le bec d'un blanc jaunâtre ou verdâtre ; le dessus du corps couleur gris de fer foncé, marqué de taches noires et de taches blanchâtres ; le dessous du corps blanc, croisé de bandes noires transversales et longitudinales. Elle vole légèrement et sans faire de bruit avec ses ailes, et toujours de côté, comme toutes les autres chouettes ; son cri *hou ou ou ou ou ou ou*, ressemble assez au hurlement du loup.

La hulotte se tient, pendant l'été, dans les bois, toujours dans des arbres creux : quelquefois elle s'approche, en hiver, de nos habitations. Elle chasse et prend les petits oiseaux, et plus encore les mulots et les campagnols.

Le chat-huant se reconnaît à ses yeux bleuâtres, au disque complet qui entoure ses yeux, à son plumage noué, à son cri *hoho, hoho, ho ho ho ho*. Il vit de taupes, de rats, de mulots, de grenouilles, etc. On le trouve surtout dans les bois et dans les arbres creux.

L'EFFRAIE

Cet oiseau est ainsi appelé à cause de l'effroi qu'inspire son cri dans les campagnes ; on reconnaît l'effraie à son bec crochu, à son dos nuancé de fauve ou de brun, moucheté de points blancs et noirs, à son ventre brun ou fauve. Elle est un peu plus grosse que le pigeon, et se trouve communément dans toute la France. Elle vit dans les tours et les clochers ; elle mange les chauves-souris, les rats, les musaraignes et les insectes. On l'appelle encore *fresaie* ou *chouette* des clochers, parce qu'elle y fait retentir une voix différente de ses cris ordinaires.

On la distingue aisément des autres chouettes par la beauté de son plumage. Elle a le dessus du corps jaune, ondé de gris et de brun, et tacheté de points blancs; le dessous du corps blanc, marqué de points noirs; les yeux environnés très régulièrement d'un cercle de plumes blanches et si fines qu'on les prendrait pour des poils; l'iris d'un beau jaune; le bec blanc, excepté le bout du crochet qui est brun; les pieds couverts de duvet blanc, les doigts blancs et les ongles noirâtres.

L'espèce de l'effraie est nombreuse, et partout très commune en Europe : on la trouve en Amérique, depuis les terres du Nord jusqu'à celles du Midi.

L'effraie ne va pas, comme la hulotte et le chat-huant, pondre dans des nids étrangers; elle dépose ses œufs à cru dans des trous de murailles, ou sur des solives sous les toits, et dans des creux d'arbres. Elle pond dès la fin de mars; elle fait ordinairement cinq œufs, et quelquefois six et même sept, d'une forme allongée et de couleur blanchâtre. Elle nourrit ses petits d'insectes et de morceaux de chair de souris; ils sont tout blancs dans le premier âge, et ne sont pas mauvais à manger au bout de trois semaines, car ils sont gras et bien nourris. Dans la belle saison, la plupart de ces oiseaux vont le soir dans les bois voisins; mais ils reviennent tous les matins à leur retraite ordinaire, où ils dorment et ronflent jusqu'aux heures du soir; et, quand la nuit arrive, ils se laissent tomber de leur trou, et volent en culbutant presque jusqu'à terre. Lorsque le froid est rigoureux, on les trouve quelquefois cinq ou six dans le même trou.

LES PIES-GRIÈCHES ET LES MERLES

Vous reconnaîtrez les pies-grièches à leur bec conique et comprimé, plus

ou moins crochu par le bout, et garni à la base de poils rudes rangés en avant. Les pies-grièches proprement dites ont le bec triangulaire à la base.

Les merles, comprenant les grives, les moqueurs, etc., sont remarquables par leur bec long, fort arqué et comprimé, assez élevé, échancré à la pointe, qui n'est point recourbé en crochet, par des ailes médiocres, une queue ample et carrée, de moyenne longueur. Les merles sont presque tous des oiseaux chanteurs.

LE LORIOT

Quelque répandu que soit cet oiseau, il y a des pays qu'il semble éviter : on ne le trouve ni en Suède ni en Angleterre. Cependant le loriot est un oiseau très peu sédentaire, qui change continuellement de contrées, et semble ne s'arrêter dans les nôtres que pour se reproduire. C'est vers le milieu du printemps que le mâle et la femelle se recherchent. Ils font leur nid sur des arbres élevés, quoique souvent à une hauteur fort médiocre; ils le façonnent avec une singulière industrie. Ce nid étant préparé, la femelle y dépose quatre ou cinq œufs, dont le fond blanc sale est semé de quelques petites taches brunes bien tranchées ; elle les couve avec assiduité l'espace d'environ trois semaines ; et lorsque les petits sont éclos, non seulement elle leur continue ses soins affectionnés pendant très longtemps, mais elle les défend contre leurs ennemis, et même contre l'homme.

Le loriot est à peu près de la grosseur du merle; le mâle est d'un beau jaune sur tout le corps, le cou et la tête, à l'exception d'un trait noir qui va de l'œil à l'ouverture du bec ; les ailes sont noires, à quelques taches jaunes près : la queue est aussi mi-partie de jaune et de noir; mais tout ce qui est d'un noir décidé dans le mâle n'est que brun dans la femelle, avec une teinte verdâtre; et presque tout ce qui est d'un si beau jaune dans celui-là est dans celle-ci olivâtre, jaune pâle, ou blanc.

Lorsqu'ils arrivent au printemps, ils font la guerre aux insectes, et vivent de scarabées, de chenilles, de vermisseaux; mais leur nourriture de choix, ce sont les cerises, les figues, les baies de sorbiers, les pois, etc. Il ne faut que deux de ces oiseaux pour dévaster en un jour un cerisier bien garni.

LE MAUVIS

Il ne faut pas confondre le mauvis avec les mauviettes qu'on sert sur les tables à Paris pendant l'hiver, et qui ne sont autre chose que des alouettes. Cette petite grive est la plus intéressante de toutes, parce qu'elle est la meilleure à manger, du moins dans notre Bourgogne, et que sa chair est d'un goût très fin; ordinairement elle arrive en grandes bandes au mois de novembre, et repart avant Noël. Elle ne niche presque jamais dans nos cantons. Elle se nourrit ordinairement de baies et de vermisseaux, qu'elle sait fort bien trouver en grattant la terre.

Son cri ordinaire est *tan, tan, kan, kan*, et lorsqu'elle a aperçu un re-

Le Merle.

Le Mauvis.

nard, son ennemi naturel, elle le conduit fort loin, comme font aussi les merles, en répétant toujours le même cri.

Le mauvis, comme les litornes, se réunissent en troupes nombreuses, à certaines heures, pour gazouiller tous ensemble.

LE MERLE

Le mâle adulte, dans cette espèce, est encore plus noir que le corbeau ; excepté le bec, le tour des yeux, le talon et la plante du pied, qu'il a plus ou moins jaunes, il est noir partout et dans tous les aspects ; aussi les Anglais l'appellent-ils l'oiseau noir par excellence. La femelle, au contraire, n'a point de noir décidé dans tout son plumage.

Les merles ne s'éloignent pas seulement du genre des grives par la couleur du plumage, mais encore par leur cri et par quelques-unes de leurs habitudes. Ils ne voyagent ni ne vont en troupes comme les grives, et néanmoins, quoique plus sauvages entre eux, ils le sont moins à l'égard de l'homme. Ils passent pour être très fins, parce qu'ayant la vue perçante, ils découvrent les chasseurs de fort loin, et se laissent approcher difficilement.

On les élève à cause de la facilité qu'ils ont de perfectionner leur chant naturel, de retenir les airs qu'on leur apprend, d'imiter différents bruits, différents sons d'instruments, et même de contrefaire la voix humaine.

Ces oiseaux ne changent point de contrée pendant l'hiver, mais ils choisissent, dans celle qu'ils habitent, les bois les plus épais, surtout

ceux où il y a des fontaines chaudes, et qui sont peuplés d'arbres toujours verts.

Les merles sauvages se nourrissent, outre cela, de toutes sortes de baies,
de fruits et d'insectes. Il n'est guère de pays où cet oiseau ne se trouve, au
nord et au midi, dans le vieux et dans le nouveau continent, mais plus ou
moins différent de lui-même.

LA GRIVE, LA DRAINE ET LA LITORNE

La grive est reconnaissable à son plumage *grivelé*, c'est-à-dire marqué
de petites taches noires ou brunes, principalement sur le devant et le

dessous du corps. La *grive ordinaire* ou grive chanteuse est d'un brun
olivâtre en dessus, d'un blanc roussâtre tacheté de noir en dessous ; la
gorge et les côtés sont d'un blanc pur ; le bec et les pieds sont jaunâtres.
La draine a le dessus du corps d'un brun cendré, le dessous jaunâtre, avec
des taches brunes en fer de lance. Sa chair est moins recherchée que
celle de la grive ; toutes deux se trouvent dans toute la France. Elle

est plus méfiante que les merles, et ne se laisse jamais prendre à la pipée.

La litorne diffère des autres grives par ses pieds d'un brun foncé, et par la couleur cendrée de la tête et du cou.

Lorsque les litornes se sont réunies par bandes, elles voyagent et se ré-

La Litorne.   La Draine.

pandent dans les prairies sans se séparer ; elles se jettent aussi toutes ensemble sur un même arbre, à certaines heures du jour, ou lorsqu'on les approche de trop près.

Plus le temps est froid, plus les litornes abondent ; il semble même qu'elles en pressentent la cessation, car les chasseurs et les habitants de la campagne sont dans l'opinion que, tant qu'elles se font entendre, l'hiver n'est pas encore passé. Elles se retirent l'été dans les pays du Nord, où elles font leur ponte, et où elles trouvent du genièvre en abondance.

LES GOBE-MOUCHES

Les gobe-mouches offrent ce point de ressemblance avec les pies-grièches, qu'ils ont à la base du bec de longs poils hérissés ; on les trouve dans tout le globe. Ils arrivent au printemps dans les pays tempérés, et partent en automne après avoir niché. Ils vivent dans les lieux retirés, sur le sommet des plus hauts arbres ; on les nomme encore *moucherolles*, tyrans. Les uns sont plus petits que le rossignol, les autres approchent de la taille de la pie-grièche. Ces oiseaux prennent le plus souvent leur nourriture en volant et ne se voient que rarement à terre.

LE GOBE-MOUCHES COMMUN, LE GOBE-MOUCHES NOIR

Le gobe-mouches a le bec aplati, large à sa base, environné de poils ; son plumage n'offre que trois couleurs : le gris, le blanc et le cendré noirâtre. Il a l'air triste, le naturel sauvage, peu animé et même assez stupide. Il place son nid tout à découvert, sur les buissons. Le froid, en détrui-

11

sant les insectes volants dont cet oiseau fait sa seule nourriture, devient mortel pour lui ; aussi quitte-t-il nos contrées dès le commencement de l'automne.

Le gobe-mouches noir à collier est la seconde des deux espèces de gobe-mouches d'Europe. Il est un peu moins grand que le précédent. Il n'a d'autres couleurs que du blanc et du noir, par plaques et taches bien marquées.

Cet oiseau arrive en Lorraine vers le milieu d'avril. Il se tient dans les forêts, surtout dans celles de haute futaie ; il y niche dans des trous d'arbres quelquefois assez profonds, et à une distance de terre considérable. Son nid est composé de petits brins d'herbe et d'un peu de mousse qui couvre le fond du trou où il s'est établi. Lorsque les petits sont éclos, le père et la mère ne cessent d'entrer et de sortir pour leur porter à manger. Ils ne se nourrissent que de mouches et autres insectes volants ; on ne les voit pas à terre, et presque toujours ils se tiennent fort élevés, voltigeant d'arbre en arbre. Leur voix n'est pas un chant, mais un accent plaintif très aigu, roulant sur une consonne aigre, *crri*, *crri*. Ils paraissent sombres et tristes.

Ce petit oiseau mène une vie tranquille, sans danger, sans combats, protégée par la solitude.

Il pénètre assez avant dans le Nord, puisqu'on le trouve en Suède ; mais il paraît s'être porté beaucoup plus vers le Midi, qui est véritablement son climat natal.

LES GROS-BECS

L'ORTOLAN, LE BRUANT, LES VEUVES, LES BENGALIS ET LES SÉNÉGALIS

Ces oiseaux sont reconnaissables à leur bec court et robuste ; à leurs narines rondes, cachées souvent en partie par les plumes du front ; à leurs ailes et à leur queue courtes, et à leur corps trapu. Ils vivent de baies et de graines, rarement d'insectes. Nous citerons les plus connus.

Le gros-bec proprement dit, cet oiseau solitaire, sauvage, qui n'a ni chant ni ramage. Il défend ses petits courageusement. On le voit presque toute l'année dans plusieurs de nos provinces méridionales.

L'ortolan est plus célèbre par la délicatesse de sa chair que par la beauté de son ramage ; cependant il chante agréablement, et mérite d'être élevé, non seulement pour la table, mais encore pour le chant. Il arrive d'ordinaire dans le nord de la France en même temps que les hirondelles. Il y a des ortolans fauves, de blancs, de noirâtres ; ordinairement ils sont roux.

Le bruant mâle est remarquable par l'éclat des plumes jaunes qui ornent le sommet de sa tête et la partie inférieure du corps. Son cri ordinaire se compose de sept notes, dont les six premières égales et sur le même ton, et la dernière plus aiguë et plus traînée, *ti, ti, ti, ti, ti, ti, ti.* Il fait son nid à terre. La femelle couve ses œufs avec tant d'affection que souvent elle se laisse prendre à la main en plein jour.

Les veuves se trouvent en Afrique et en Asie; on les reconnaît à leur longue queue et à leur joli ramage. On raconte que les veuves font leur

L'Ortolan. Le Pinson.

nid avec du coton, que ce nid a deux étages, que le mâle habite l'étage supérieur, et que la femelle couve au rez-de-chaussée.

Le nom de *veuves* paraît leur être venu du noir qui domine dans leur plumage, ou de leur queue traînante. On en compte huit espèces.

Les bengalis et les sénégalis changent de couleur dans la mue, et leur plumage varie du noir au bleu, au vert, au jaune et au rouge. Ce sont des oiseaux familiers et destructeurs, en un mot, de vrais moineaux. Leurs mœurs sont sociables, une fois acclimatés en France; ils vivent jusqu'à six ou sept ans. On les trouve dans la plus grande partie de l'Asie et de l'Afrique, et notamment au Bengale et au Sénégal; ces deux pays leur ont donné leurs noms.

LE BOUVREUIL

Il a reçu de la nature un beau plumage et une belle voix; le plumage a toute sa beauté, après la mue; mais la voix a besoin des secours de l'art pour acquérir sa perfection : lorsque l'homme daigne se charger de son

éducation et lui faire entendre avec méthode des sons moelleux et bien
filés, l'oiseau docile, non seulement les imite avec justesse, mais quelquefois les perfectionne et surpasse son maître; il apprend aussi à parler sans
beaucoup de peine. Le bouvreuil est très capable d'attachement personnel : on en a vu qui, ayant été forcés de quitter leur premier maître,
se sont laissés mourir de faim.

Les bouvreuils passent la belle saison dans les bois ou sur les montagnes; ils y font leur nid sur les buissons à cinq ou six pieds de haut, et
quelquefois plus bas; le nid est de mousse en dehors et de matières plus
mollettes en dedans : la femelle y pond de quatre à six œufs, d'un blanc
un peu bleuâtre, environnés, près du gros bout, de taches violettes
et noires.

Ces oiseaux passent auprès de quelques personnes pour être attentifs et
réfléchis : du moins ils ont l'air pensant. Quoique vieux, ils s'accoutument
facilement à la cage, pourvu que, dans les premiers jours de leur captivité,
on leur donne à manger largement. On a remarqué que les bouvreuils
avaient dans la queue un mouvement brusque de haut en bas. Ils vivent
cinq à six ans. Ils sont de la grosseur de notre moineau. Ils se trouvent
dans toute l'Europe. On les nourrit avec du chènevis.

LE PINSON

Ayant beaucoup de force dans le bec, le pinson sait très bien s'en servir
pour se faire craindre des autres oiseaux, comme aussi pour pincer jusqu'au
sang les personnes qui le tiennent ou qui veulent le prendre, et c'est pour
cela qu'il a reçu le nom de pinson.

Les pinsons ne s'en vont pas tous en automne; il y en a toujours un
assez bon nombre qui restent l'hiver avec nous et s'approchent des lieux
habités. Ceux qui passent en d'autres climats se réunissent assez souvent
en troupes innombrables; mais où vont-ils? on l'ignore.

Ils sont généralement répandus dans toute l'Europe, et même jusque
sur les côtes d'Afrique.

Le pinson est un oiseau très vif : on le voit toujours en mouvement, et
cela, joint à la gaieté de son chant, a donné lieu sans doute à la façon de
parler proverbiale, *gai comme pinson*. Il commence à chanter de fort
bonne heure au printemps, et plusieurs jours avant le rossignol; il finit
vers le solstice d'été.

LE MOINEAU ET LE FRIQUET

Notre moineau est connu de tout le monde; mais il y a dans cette même
espèce des variétés particulières et accidentelles; car on trouve quelquefois

des moineaux blancs, d'autres variés de blanc, d'autres presque tout noirs, et d'autres jaunes.

Les moineaux sont, comme les rats, attachés à nos habitations; ils ne se plaisent ni dans les bois, ni dans les vastes campagnes; on a même remarqué qu'il y en a plus dans les villes que dans les villages. Ils suivent la société pour vivre à ses dépens; comme ils sont paresseux et gourmands, c'est sur des provisions toutes faites, c'est-à-dire sur le bien d'autrui, qu'ils prennent leur subsistance, et comme ils sont aussi voraces que nombreux, ils ne laissent pas de faire plus de tort que leur espèce ne vaut; car leur plume ne sert à rien, leur chair n'est pas bonne à manger et leur voix blesse l'oreille.

Ce qui les rendra éternellement incommodes, c'est non seulement leur très nombreuse multiplication, mais encore leur défiance, leur finesse, leurs ruses et leur opiniâtreté à ne pas désemparer des lieux qui leur conviennent. Leur nid est composé de foin en dehors et de plumes en dedans. Si vous le détruisez, en vingt-quatre heures ils en font un autre; si vous jetez les œufs, qui sont communément au nombre de cinq ou six, et souvent davantage, huit à dix jours après ils en pondent de nouveaux.

Ces oiseaux sont robustes, on les élève facilement dans des cages et ils y vivent plusieurs années. Lorsqu'ils sont pris jeunes, ils ont assez de docilité pour obéir à la voix, s'instruire et retenir quelque chose du chant des oiseaux auprès desquels on les met; naturellement familiers, ils le deviennent encore plus dans la captivité.

Le friquet, plus petit que le moineau commun, a le sommet de la tête rouge-bai, le dessus du dos et du cou noué de noir et de roussâtre, le croupion et la queue gris, la gorge noire et le ventre d'un gris blanc, le bec noir et les pieds gris. Cet oiseau, même perché, a l'habitude d'agiter toujours sa queue, de frétiller; de là le nom de friquet. Il est moins familier que le moineau.

LE SERIN DES CANARIES ET LE SERIN DOMESTIQUE

Si le rossignol est le chantre des bois, le serin est le musicien de la chambre : le premier tient tout de la nature, le second participe à nos arts. Avec moins de force d'organe, moins d'étendue dans la voix, moins de variété dans les sons que le rossignol, le serin a plus d'oreille, plus de facilité d'imitation, plus de mémoire; il est aussi plus sociable, plus doux, plus familier; il est capable de connaissance et même d'attachement; il se nourrit de graines comme nos autres oiseaux domestiques. On l'instruit avec succès; il quitte la mélodie de son chant naturel pour se prêter à l'harmonie de nos voix et de nos instruments; il apprend même à parler et à siffler.

C'est dans le climat heureux des Hespérides que cet oiseau charmant semble avoir pris naissance; cependant il y a en Italie une espèce de serin plus petite que celle des Canaries, et en Provence une autre espèce presque aussi grande, toutes deux plus agrestes, et qu'on peut regarder comme les tiges sauvages d'une race civilisée.

Le serin des Canaries, dans l'état sauvage, n'est point jaune comme notre serin domestique; il a tout le dessus du corps brun varié de gris, la poitrine d'un vert jaune, les côtés variés de traits bruns et le croupion blanchâtre.

Parmi les serins domestiques les plus recherchés, on cite le serin huppé, le serin panaché de noir et de jonquille, le serin hollandais à longues pattes, etc.

Il est rare que les serins élevés en chambre tombent malades avant la ponte. Le premier symptôme de la maladie, surtout dans le mâle, est la tristesse; dès qu'on ne lui voit plus sa gaieté ordinaire, il faut le mettre seul dans une cage et le placer au soleil. S'il a le bouton, on le lui ouvre avec une grosse aiguille et on lave la plaie avec de la salive ou du vin.

LA LINOTTE

La linotte doit son nom à sa friandise pour la graine du lin; elle vit en société et voyage de compagnie. L'été, on la trouve surtout à la lisière

La Linotte.　　　　Le Chardonneret.

des bois, sur les haies et sur les buissons; l'hiver elle vient dans les lieux découverts. Elle s'apprivoise aisément et peut apprendre des airs et même répéter des paroles. L'étourderie de la linotte est devenue proverbiale. Il est peu d'oiseaux aussi communs; mais il en est peut-être encore moins qui réunissent autant de qualités : ramage agréable, couleurs distinguées, naturel docile et susceptible d'attachement. La belle couleur rouge de sa tête et de sa poitrine s'efface par degrés et s'éteint bientôt dans nos cages et nos volières.

LE CHARDONNERET

Beauté du plumage, douceur de la voix, finesse de l'instinct, adresse singulière, docilité à l'épreuve, ce charmant petit oiseau réunit tout, et il ne manque que d'être rare et de venir d'un pays éloigné pour être estimé ce qu'il vaut. Le rouge cramoisi, le noir velouté, le blanc, le jaune doré, sont les principales couleurs qu'on voit briller sur son plumage.

Les mâles ont un ramage très agréable et très connu : ils commencent à le faire entendre vers les premiers jours du mois de mars, et ils continuent pendant la belle saison.

Ces oiseaux sont, avec les pinsons, ceux qui savent le mieux construire leur nid, en rendre le tissu plus solide, lui donner une forme plus arrondie. La femelle commence à pondre vers le milieu du printemps ; cette première ponte est de cinq œufs tachetés de brun rougeâtre vers le gros bout. Lorsqu'ils ne viennent pas à bien, elle fait une seconde ponte, et même une troisième lorsque la seconde ne réussit pas; mais le nombre des œufs va toujours en diminuant à chaque ponte.

Ces oiseaux ont beaucoup d'attachement pour leurs petits, qu'ils nourrissent avec des chenilles et d'autres insectes.

Le chardonneret est un oiseau actif et laborieux. S'il n'a pas quelques têtes de pavots, de chanvre ou de chardons à éplucher pour le mettre en action, il portera et rapportera sans cesse tout ce qu'il trouvera dans sa cage. On ne croirait pas qu'avec tant de vivacité et de pétulance, le chardonneret fût si doux et même si docile. On peut apprendre toutes sortes de tours au chardonneret: à faire le mort, à allumer un pétard, à tenir un bâton entre son corps et une de ses pattes, à tirer un petit seau où l'on met son manger, etc.

L'ÉTOURNEAU OU SANSONNET

Il est peu d'oiseaux aussi généralement connus que celui-ci, surtout dans nos climats tempérés ; car il passe toute l'année dans le canton qui l'a vu naître, sans jamais voyager au loin, et la facilité qu'on trouve à le priver fait qu'on en nourrit beaucoup en cage.

Les merles sont de tous les oiseaux ceux avec qui l'étourneau a le plus de rapports; mais on reconnaît que l'étourneau diffère du merle par les mouchetures et les reflets de son plumage, par la conformation de son bec plus plat.

Les uns et les autres ne changent point de domicile pendant l'hiver ; seulement ils choisissent, dans le canton où ils sont établis, les endroits les mieux exposés. Les étourneaux n'ont pas plus tôt fini leur couvée qu'ils se rassemblent en troupes très nombreuses ; ces troupes ont une manière

La Corneille.   Le Sansonnet.

de voler qui leur est propre, et semblent soumises à une tactique uniforme et régulière. C'est à la voix de l'instinct que les étourneaux obéissent, et leur instinct les porte à se rapprocher toujours du centre du peloton, tandis que la rapidité de leur vol les emporte sans cesse au delà.

Le soir surtout ils se réunissent en grand nombre, comme pour se mettre en force ; ils passent ordinairement la nuit entière dans les roseaux, où ils se jettent vers la fin du jour avec grand fracas. Ils jasent beaucoup le matin et le soir avant de se séparer, et point du tout pendant la nuit.

Les étourneaux sont tellement nés pour la société qu'ils vont de compagnie, même avec des oiseaux d'espèces différentes de la leur.

L'étourneau commun est d'un noir métallique à reflets cuivrés, avec des plumes marquées d'une tache fauve à l'extrémité ; les pieds bruns, le bec jaune. Avec l'âge, ils deviennent gris et même blancs. Il se nourrit, à l'état sauvage, de limaces, de vermisseaux et d'autres insectes. Il place son nid dans le creux des arbres et des murs.

L'étourneau apprend à siffler, à parler indifféremment quelques mots de français, d'allemand, de grec, de latin, etc. On le trouve dans l'ancien continent.

LES CORVIDÉS

Les oiseaux de cette famille sont remarquables par leur bec fort, leurs narines couvertes de poils et de plumes, ainsi que par leur grande taille.

LE CORBEAU ET LA CORNEILLE

Cet oiseau, de la grosseur d'une poule, d'un plumage généralement noir, est surtout connu par sa voracité : il mange volontiers des charognes; sa vue et son odorat sont excellents; il marche posément, d'un air grave, et saute quand il veut hâter le pas ; il vole haut et d'une manière soutenue. Il niche sur les arbres les plus élevés, sur les rochers escarpés, où bien dans les châteaux en ruines. Pendant l'hiver, et à l'époque des semailles, ils vont par troupes dans les campagnes. Il vit très vieux. On en a vu qui avaient vécu plus d'un siècle.

Non seulement le corbeau a un grand nombre d'inflexions de voix, répondant à ses différentes affections intérieures, mais il a encore le talent d'imiter le cri des autres animaux, et même la parole de l'homme; on a imaginé de lui couper le filet, afin de perfectionner cette disposition naturelle.

Les corbeaux n'apprennent pas seulement à parler, mais ils deviennent familiers dans la maison; ils se privent, quoique vieux, et paraissent même capables d'un attachement personnel et durable.

Les vrais corbeaux de montagne ne sont point oiseaux de passage, et diffèrent en cela plus ou moins des corneilles, auxquelles on a voulu les assimiler. Ils semblent particulièrement attachés au rocher qui les a vus naître : on les y voit toute l'année en nombre à peu près égal, et ils ne l'abandonnent jamais entièrement. Ils ne passent point la nuit dans les bois, ils se choisissent dans leurs montagnes une retraite à l'abri du nord, où ils se retirent pendant la nuit au nombre de quinze ou vingt ; ils font leurs nids dans les crevasses de ces mêmes rochers, ou dans les trous des murailles, au haut des vieilles tours abandonnées. Chaque mâle a sa femelle, à laquelle il demeure attaché plusieurs années de suite.

La corneille ressemble beaucoup au corbeau par sa forme et son plumage ; elle est pourtant d'une famille différente.

LA PIE, LE GEAI ET LE ROLLIER

La pie a beaucoup de ressemblance à l'extérieur avec la petite corneille qui ne diffère du grand corbeau que par la grosseur; elle a encore avec elle d'autres rapports plus intimes dans l'instinct, les mœurs et les habitudes naturelles.

On a tiré parti de son appétit pour la chair vivante en la dressant à la chasse. L'hiver, elle vole par troupes, et s'approche des lieux habités. Elle s'accoutume aisément à la vue de l'homme, elle devient bientôt familière dans la maison.

Elle jase à peu près comme la corneille, et apprend aussi à contrefaire la voix des autres animaux et la voix de l'homme.

La pie a le plus souvent la langue noire comme le corbeau ; elle monte sur le dos des cochons et des brebis, comme font les choucas ; et court après la vermine de ces animaux.

Enfin, on prend la pie dans les mêmes pièges et de la même manière que la corneille, et l'on a reconnu en elle les mêmes mauvaises habitudes,

La Pie.

celles de voler et de faire des provisions. On croit aussi qu'elle annonce la pluie lorsqu'elle jase plus qu'à l'ordinaire.

Elle n'entreprend point de grands voyages, elle ne fait guère que voltiger d'arbre en arbre ou de clocher en clocher. En général, elle montre plus d'inquiétude et d'activité que les corneilles, plus de malice et de penchant à une sorte de moquerie. Elle est très tendre pour ses petits ; elle multiplie ses précautions en raison de sa tendresse et des dangers de ce qu'elle aime : elle place son nid au haut des plus grands arbres, o u au moins sur de hauts buissons, et n'oublie rien pour le rendre solide et sûr.

Tant de précautions ne suffisent point encore à sa tendresse, elle a continuellement l'œil au guet sur ce qui se passe au dehors. Voit-elle approcher une corneille, elle vole aussitôt à sa rencontre et la poursuit sans relâche à grands cris. Si c'est un ennemi plus redoutable, un faucon, un aigle, la crainte ne la retient point, et elle ose encore l'attaquer.

La pie se trouve communément dans toute l'Europe, excepté dans les climats très froids.

Le geai ressemble beaucoup à la pie sous le rapport des habitudes et

Le Geai.

du naturel ; il est surtout reconnaissable à son plumage d'un gris ardoisé,

Le Rollier.

à ses ailes variées agréablement de noir, de bleu et de blanc. Il habite les

buissons et niche sur les arbres et sur les taillis. Il vit de glands, de noisettes, de faînes, d'insectes, etc. On le trouve dans toute l'Europe. Il con-
trefait le cri de plusieurs oiseaux.

Le rollier tient de la pie, du geai et du martin-pêcheur ; il a le dessus
de la tête et le haut du cou d'un bleu clair, à reflets verts, le dos fauve,
les ailes d'un bleu violet éclatant, avec les parties inférieures d'un bleu
plus ou moins foncé. Il est connu en Allemagne et en Suède ; il passe en
France une ou deux fois par an. Il niche sur les arbres, surtout sur les
bouleaux, et dans le haut des houx ; rarement il s'écarte des bois touffus.
Il y a plusieurs espèces de rolliers.

L'OISEAU DE PARADIS OU PARADISIER

Originaire de la Papouasie et des îles voisines, l'oiseau de paradis est
remarquable par les plumes de ses flancs, effilées et neigeuses, qui forment

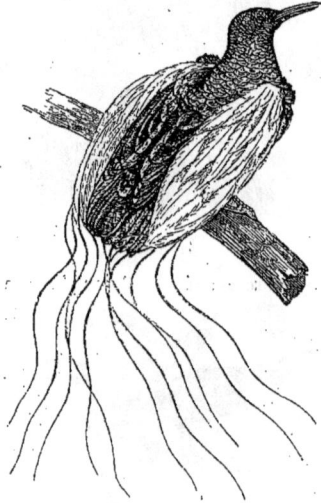

des panaches plus longs que le corps et brillent des plus riches reflets ; la
tête et la gorge sont couvertes d'une espèce de velours formé par de petites
plumes droites, courtes, fermes et serrées et de diverses couleurs ; les
plumes du front cachent les narines. Il vit au fond des forêts, perché sur
des arbres très élevés et se nourrit d'insectes et de fruits. On a cru longtemps, et à tort, que ces oiseaux n'avaient point de pieds, parce qu'on l'en-

voie tout préparé en Europe, après les lui avoir coupés. On cite parmi les espèces les plus remarquables : l'oiseau de paradis émeraude, grand comme notre grive, à panache jaune d'or ; la manucade, grand comme notre moineau, à panache blanc et vert ; le sifilet, grand comme un merle, avec trois plumes en filet à chaque oreille.

LES GRIMPEREAUX

LA HUPPE ET LE GRIMPEREAU

On appelle *grimpereaux* les oiseaux doués d'une très grande facilité pour monter le long des arbres ; ils se nourrissent d'insectes.

La huppe est facile à reconnaître à sa belle huppe formée d'une dou-

ble rangée de plumes rousses bordées de noir, qu'elle redresse à volonté. Elle se nourrit d'insectes. Son nid est très profond, très sale et très infect ; aussi dit-on *sale comme une huppe*. La femelle pond ordinairement quatre ou cinq œufs grisâtres, un peu moins gros que ceux de la perdrix. Elle vient d'Afrique et passe en France dans la belle saison. Les Égyptiens

avaient fait de la huppe l'emblème de la piété filiale; on croit encore
que les jeunes huppes prennent soin de leurs père et mère devenus caducs,
les réchauffent sous leurs ailes et appliquent des herbes salutaires sur
leurs yeux malades.

Le grimpereau n'est guère plus gros que le roitelet. On le trouve surtout
en Angleterre.

L'OISEAU-MOUCHE ET LE COLIBRI

De tous les êtres animés, voici le plus élégant pour la forme et le plus
brillant pour les couleurs. La nature l'a comblé de tous ses dons : légèreté,

rapidité, prestesse, grâce et riche parure, tout appartient à ce petit favori.
L'émeraude, la topaze, brillent sur ses habits; il ne les souille jamais de
la terre, et, dans sa vie tout aérienne, on le voit à peine toucher le gazon
par instants : il est toujours en l'air, volant de fleurs en fleurs; il a leur
fraîcheur comme il a leur éclat; il vit de leur nectar, et n'habite que les
climats où sans cesse elles se renouvellent.

C'est dans les contrées les plus chaudes du Nouveau-Monde que se trouvent toutes les espèces d'oiseaux-mouches. Elles sont assez nombreuses et
paraissent confinées entre les deux tropiques.

Le nid qu'ils construisent répond à la délicatesse de leur corps : il est
fait d'une bourre soyeuse recueillie sur des fleurs : ce nid est fortement
tissé et a la consistance d'une peau douce et épaisse.

On conçoit aisément qu'il est comme impossible d'élever ces petits volatiles ; ceux qu'on a essayé de nourrir avec des sirops ont dépéri en quelques semaines.

On distingue le colibri de l'oiseau-mouche à son bec arqué (celui de l'oiseau-mouche est droit), à ses pieds impropres à la marche, à huit doigts devant et un en arrière. Les reflets de ses couleurs imitent la pourpre, l'or, le rubis, le topaze. Il se nourrit d'insectes et boit le suc des fleurs au moyen de sa langue extensible et effilée. On le trouve dans l'Amérique tropicale.

LE MARTIN-PÊCHEUR OU ALCYON

Son nom de martin-pêcheur lui vient de martinet-pêcheur, à cause de l'analogie qui existe entre son vol et celui de l'hirondelle-martinet.

Son nom d'alcyon, célèbre dans les fables de l'antiquité, était bien plus noble.

C'est le plus bel oiseau de nos climats, et il n'y en a aucun en Europe qu'on puisse comparer au martin-pêcheur pour la netteté, la richesse et l'éclat des couleurs ; elles ont les nuances de l'arc-en-ciel, le brillant de l'émail, le lustre de la soie : tout le milieu du dos, avec le dessus de la queue, est d'un bleu clair et brillant, qui, aux rayons du soleil, a le jeu du saphir et l'œil de la turquoise ; le vert se mêle sur les ailes au bleu, et la plupart des plumes y sont terminées et ponctuées par une teinte d'algue-marine ; la tête et le dessus du cou sont pointillés de même de taches plus claires sur un fond d'azur.

Si l'espèce de notre martin-pêcheur n'appartient pas précisément aux climats de l'Orient et du Midi, le genre entier de ces beaux oiseaux en est originaire ; car pour une seule espèce que nous en avons en Europe, l'Afrique et l'Asie nous en offrent plus de vingt.

Cet oiseau, quoique provenant des climats plus chauds, s'est habitué à la température et même au froid du nôtre ; on le voit en hiver, le long des ruisseaux, plonger sous la glace, et en sortir en rapportant sa proie.

Son vol est rapide et filé ; il suit ordinairement les contours des ruisseaux en rasant la surface de l'eau. Il crie en volant *ki, ki, ki, ki,* d'une voix perçante et qui fait retentir les rivages.

Pour pêcher, il se tient ordinairement sur une branche avancée au-dessus de l'eau ; il y reste immobile, et épie souvent deux heures entières le passage d'un petit poisson ; il fond sur cette proie en se laissant tomber dans l'eau, où il reste plusieurs secondes ; il en sort avec le poisson au bec, qu'il porte ensuite sur la terre, contre laquelle il le bat pour le tuer avant de l'avaler.

LES MOTACILLES

On a appelé motacilles les oiseaux qui haussent et baissent continuellement leur queue.

LES MÉSANGES

Oiseaux à peine gros comme le moineau, les mésanges sont reconnaissables à leurs agréables couleurs, à leur bec court et robuste garni de poils à sa base, à leurs pieds terminés par quatre doigts armés d'ongles forts, à leurs ailes obtuses. Elles se montrent toujours vives, pétulantes et courageuses. On les trouve dans nos climats pendant presque toute l'année, mais principalement à la fin de l'automne. Elles attaquent les oiseaux plus forts et plus gros qu'elles et se battent souvent entre elles. Elles construisent leurs nids tantôt dans les trous d'arbres, tantôt dans les trous des vieux murs. Elles pondent jusqu'à dix-huit ou vingt œufs et se montrent très dévouées à leurs petits. Presque toutes font des amas et des provisions, soit dans l'état de liberté, soit dans la volière.

On distingue : la charbonnière ou mésangère, qui attache son nid aux huttes des charbonniers ; la nonnette à dos grisâtre et à ventre

Le Rossignol.   Les Mésanges.

blanc ; la mésange bleue ; la mésange à huppe noire bordée de blanc, etc..

LE ROSSIGNOL

Voici le plus grand chantre ailé de la nature. Le rossignol a le plumage roussâtre sur le dos et sur les ailes, et d'un blanc grisâtre sous la gorge et sur le dessous du corps ; son bec est droit, grêle et pointu, sa queue arrondie, ses pattes sont minces et armées d'ongles courbés et comprimés sur les côtés.

Il efface tous les oiseaux chanteurs par la réunion complète de leurs talents divers et par la prodigieuse variété de son ramage, en sorte que la chanson de chacun de ces oiseaux prise dans toute son étendue n'est qu'un couplet de celle du rossignol. Le rossignol charme toujours et ne se répète jamais, du moins jamais servilement: s'il redit quelque passage, ce passage est animé d'un accent nouveau, embelli par de nouveaux agréments ; il réussit dans tous les genres, il rend toutes les expressions, il saisit tous les caractères ; c'est le coryphée du printemps.

Au reste, une des raisons pour lesquelles le chant du rossignol est plus remarqué et produit plus d'effet, c'est que, chantant la nuit, qui est le temps le plus favorable, et chantant seul, sa voix a tout son éclat et n'est éclipsée par aucune autre voix. Il efface tous les autres oiseaux par ses sons moelleux et flûtés, et par la durée non interrompue de son ramage qu'il soutient quelquefois pendant vingt secondes.

12

Il arrive chaque année dans nos climats sur la fin de mars ; au commencement de mai, il s'enfonce dans les bois pour y construire son nid au milieu des buissons et des taillis peu élevés. Pendant la belle saison il chante jour et nuit ; au mois de juin il perd sa voix et ne conserve plus qu'une sorte de cri sourd, rauque et désagréable. La femelle fait trois pontes par an ; elle couve seule ; elle ne quitte son poste que pour chercher à manger, et seulement le soir quand la faim la pousse. Le rossignol quitte la France pendant l'hiver et passe probablement en Asie.

LA FAUVETTE

Des hôtes ailés que le printemps ramène dans nos bois, les fauvettes sont les plus nombreux comme les plus aimables. Ces jolis oiseaux arri-

La Fauvette.   Le Roitelet.

vent au moment où les arbres développent leurs feuilles et commencent à laisser épanouir leurs fleurs ; ils se dispersent dans toute l'étendue de nos campagnes : les uns viennent habiter nos jardins, d'autres préfèrent les avenues et les bosquets ; plusieurs espèces s'enfoncent dans les grands bois, et quelques-unes se cachent au milieu des roseaux. Ainsi les fauvettes remplissent tous les lieux de la terre, les animent par les mouvements et les accents de leur tendre gaieté.

La nature qui leur a donné tant de grâces, semble avoir oublié de parer leur plumage. Il est obscur et terne. Excepté deux ou trois espèces qui sont légèrement tachetées, toutes les autres n'ont que des teintes plus ou moins sombres, de blanchâtre, de gris et de roussâtre.

Le nid de la fauvette est fait d'herbes sèches, de brins de chanvre et d'un peu de crin dedans. C'est dans le nid de la fauvette babillarde que le coucou dépose le plus souvent son œuf.

On connaît : la fauvette à tête noire, excellente chanteuse ; la babillarde, la grisette, etc.

Presque toutes les fauvettes quittent nos pays en automne.

LE ROUGE-GORGE

Le rouge-gorge est reconnaissable à son plumage d'un gris brun olivâtre en dessus, blanc en dessous avec la gorge, la poitrine et le front d'un roux ardent. Il passe tout l'été dans nos bois, et ne vient à l'entour des habitations qu'à son départ en automne et à son retour au printemps. Il place son nid près de terre, sur les racines des jeunes arbres, ou sur des herbes assez fortes pour le soutenir : il le construit de mousse entremêlée de crins et de feuilles de chêne, avec un lit de plumes au dedans. On trouve ordinairement dans le nid du rouge-gorge cinq et jusqu'à sept œufs de couleur brune. Pendant tout le temps des nichées, le mâle fait retentir les bois d'un chant léger et tendre ; c'est un ramage suave et délié. Il poursuit alors avec vivacité tous les oiseaux de son espèce, et les éloigne de son nid : jamais le même buisson ne logea deux paires de ces oiseaux aussi fidèles qu'amoureux.

Souvent il reste pendant l'hiver dans nos campagnes, et alors il ne craint pas d'entrer, comme chez un ami, dans la chaumière du paysan pour manger les miettes de sa table. Il n'est pas d'oiseau plus matinal que lui, et nous le trouvons toujours le premier éveillé.

LE ROITELET, LA LAVANDIÈRE ET LA BERGERONNETTE

Le roitelet est reconnaissable à son très petit corps, à sa tête ornée de plumes, longues, effilées, d'un jaune vif brillant, à son dos nuancé jaune olivâtre, à ses ailes et à sa queue brune. Il vit d'insectes ; on le trouve dans toute l'Europe, en Asie et en Amérique.

La femelle pond six ou sept œufs, gros comme des pois, dans un petit nid fait en boule creuse, tissé solidement de mousse et de toile d'araignée, garni en dedans du duvet le plus doux.

La lavandière n'est guère plus grosse que la mésange commune ; mais sa longue queue a trois pouces et demi de longueur : l'oiseau l'épanouit et l'étale en volant ; il s'appuie sur cette longue et large rame qui lui sert pour se balancer, pour pirouetter, s'élancer, rebrousser et se jouer dans l'air.

Ces oiseaux courent légèrement à petits pas très prestes sur la grève des rivages ; on les voit voltiger sur les écluses des moulins, et se poser sur les pierres ; ils viennent, pour ainsi dire, battre la lessive avec les laveuses, ce qui a fait donner à cet oiseau le nom de lavandière.

Le plumage de la lavandière est composé de grandes taches blanches et noires, jetées en masses.

Son cri vif et redoublé est *gut gutt, gut gut gutt*. On la trouve dans toute l'Europe.

La bergeronnette est connue par l'espèce d'affection qu'elle marque pour les troupeaux, par sa manière de voltiger au milieu du bétail paissant,

par son air de familiarité avec les bergers qu'elle accompagne sans défiance et sans danger. Elle vit de mouches et de poissons. La bergeronnette, librement amie de l'homme, meurt en cage.

L'ALOUETTE

L'alouette se reconnaît à son plumage d'un gris roussâtre, et à son chant joyeux qu'elle continue en volant très haut. Plus elle s'élève, plus elle force la voix, et souvent elle la force à tel point, que, quoiqu'elle se soutienne au haut des airs et à perte de vue, on l'entend encore distinctement. Au reste, l'alouette chante rarement à terre, où néanmoins elle se tient toujours lorsqu'elle ne vole point.

Les vers, les chenilles, les œufs de fourmis et même les sauterelles sont la nourriture la plus ordinaire des jeunes alouettes : lorsqu'elles sont adultes, elles vivent principalement de matières végétales.

On les apprivoise assez facilement : elles deviennent même familières jusqu'à venir manger sur la table et se poser sur la main ; mais elles ne

peuvent se tenir sur le doigt, à cause de la conformation de l'ongle posté-
rieur, trop long et trop droit pour pouvoir l'embrasser.

Elles sont susceptibles d'apprendre à chanter et d'orner leur ramage
naturel de tous les agréments que notre mélodie artificielle peut y ajouter.
L'automne, elles descendent dans la plaine, se réunissent par troupes nom-

breuses, et deviennent alors très grasses, parce que, dans cette saison, étant
presque toujours à terre, elles mangent, pour ainsi dire, continuellement.

Leur manière de voler est de s'élever presque perpendiculairement et
par reprises, et de se soutenir à une grande hauteur.

On trouve cet oiseau dans presque tous les pays habités des deux continents, et jusqu'au cap de Bonne-Espérance.

Les chasses au miroir et aux gluaux détruisent beaucoup d'alouettes,
les oiseaux voraces en font aussi leur proie la plus ordinaire ; cependant,
malgré cette immense destruction, l'espèce paraît toujours fort nombreuse ;
ce qui prouve sa grande fécondité.

L'HIRONDELLE DE CHEMINÉE, LE MARTINET ET L'ENGOULEVENT

L'hirondelle de cheminée ou hirondelle domestique, niche dans nos cheminées et jusque dans l'intérieur de nos maisons, surtout de celles où il y
a peu de mouvement et de bruit : jamais elle ne s'établit volontairement
loin de l'homme.

L'hirondelle de cheminée est la première qui paraisse dans nos climats :
c'est ordinairement peu après l'équinoxe du printemps.

Ces oiseaux innocents ne peuvent se résoudre à fuir l'homme, lors même
qu'il leur fait une guerre si terrible et si ridicule. Les hirondelles nous
délivrent du fléau des cousins, des charançons et de plusieurs autres
insectes destructeurs.

Les mêmes hirondelles reviennent toujours aux mêmes endroits ; elles
construisent chaque année un nouveau nid, et l'établissent au-dessus de

celui de l'année précédente, si le local le permet. On en a trouvé dans des tuyaux de cheminée, qui étaient ainsi construits par étages.

L'hirondelle fait deux pontes par an ; lorsque les petits sont éclos, le père et la mère leur portent sans cesse à manger, puis lorsqu'ils ont

L'Hirondelle.

atteint la force nécessaire pour voler, rien n'est intéressant que de les voir donner aux jeunes les premières leçons, les amusant de la voix, leur présentant d'un peu loin la nourriture, s'éloignant encore à mesure qu'ils

L'Engoulevent.

s'avancent, et les poussant doucement, et non sans quelque inquiétude, hors du nid.

Les hirondelles arrivent dans nos pays à la fin de mars ; on a calculé qu'elles faisaient quatre-vingts et même cent kilomètres à l'heure.

Le martinet diffère surtout de l'hirondelle par la longueur de ses ailes.

Il habite principalement les tours et les clochers élevés. Il a la gorge d'un blanc cendré et tout le dessus du corps, ainsi que les ailes, d'un noir sombre ou changeant au vert. Il arrive dans nos pays après l'hirondelle. Comme elle, il vit d'insectes.

L'engoulevent a beaucoup de rapports avec l'hirondelle par ses pieds courts, son petit bec, le choix de sa nourriture et la manière de la prendre. Il avale, il engoule, pour ainsi parler, tous les insectes qu'il rencontre en volant. Son bec, garni de soies à sa base, s'ouvre d'une manière démesurée et donne à sa tête quelque ressemblance avec celle du crapaud ; son plumage offre un mélange de gris roussâtre et de noir ; des plumes couvrent ses jambes. Il fréquente surtout les parcs de chèvres et de moutons où il trouve beaucoup d'insectes. La femelle ne construit pas de nid et pond ses deux ou trois œufs rembrunis au pied d'un arbre ou dans quelque trou en terre.

LES PICS

Les pics ressemblent beaucoup aux grimpereaux ; ils sont caractérisés par un bec long, extrêmement fort, par une longue langue garnie d'épines, recourbée en arrière et constamment imbibée d'une salive gluante.

LE PIC VERT OU PIVERT, LE COUCOU ET LE TOUCAN

Le pic vert a le dessus de la tête rouge, et le reste du plumage d'un vert olive en dessus, d'un blanc jaunâtre à la gorge, d'un vert pâle à la poitrine et jaune au croupion. Il arrive au printemps, et fait retentir les forêts des cris aigus et durs, *tiacacan, tiacacan*, que l'on entend de loin, et qu'il jette surtout en volant par élans et par bonds.

Le pic vert se tient à terre plus souvent que les autres pics, surtout près des fourmilières, parce qu'il se nourrit de fourmis.

Dans tous les autres temps, il grimpe contre les arbres, qu'il attaque et qu'il frappe à coups de bec redoublés : travaillant avec la plus grande activité, il dépouille souvent les arbres secs de toute leur écorce.

Pour faire leur nid, le mâle et la femelle travaillent incessamment et tour à tour à percer la partie vive d'un arbre vermoulu, jusqu'à ce qu'ils rencontrent le centre carié ; ils le vident, le creusent, et rendent quelquefois leur trou si oblique et si profond que la lumière du jour ne peut y arriver. Ils y nourrissent leurs petits à l'aveugle. La ponte est ordinairement de cinq œufs qui sont verdâtres, avec de petites taches noires.

Il y a une variété de pivert dont la nuance des ailes est beaucoup plus vive et plus accusée.

Le coucou a un plumage qui varie du blanc jaunâtre au verdâtre avec des taches olivâtres ou cendrées. Il se nourrit surtout d'insectes ou d'œufs d'oiseaux, il passe l'hiver en Afrique ou en Asie, et l'été en Europe. Dans l'antiquité, on savait que le coucou pond comme les autres, mais ne fait

Le Pic vert.   Le Pic vert.

point de nid ; qu'il dépose ses œufs ou son œuf dans les nids des autres oiseaux, plus petits ou plus grands ; qu'il mange souvent les œufs qu'il y trouve ; qu'il laisse à l'étrangère le soin de couver, nourrir, élever sa pro-

Le Coucou.

géniture ; on savait que le plumage de ces oiseaux change beaucoup lorsqu'ils arrivent à l'âge adulte ; on savait enfin que les coucous commencent à paraître et à se faire entendre dès les premiers jours du printemps ; qu'ils ont ! aile faible en arrivant, et qu'ils se taisent pendant la canicule ; et l'on

disait que certaine espèce faisait sa ponte dans des trous de rochers escarpés. Voilà les principaux faits de l'histoire du coucou, sur lequel on a
débité tant de fables absurdes.

L'habitude bien constatée qu'il a de pondre dans le nid d'autrui est la
principale singularité de son histoire.

Une autre singularité, c'est qu'il ne pond qu'un œuf, du moins qu'un
seul dans chaque nid, sa mue est plus tardive et plus complète que celle
de la plupart des oiseaux.

Le toucan est reconnaissable à première vue, à son bec énorme, presque
aussi long et aussi gros que le corps, dentelé sur le bord, courbé vers le

Le Toucan.   Le Kakatoès.

bout ; à sa langue étroite garnie de barbes rangées comme celles d'une
plume, etc. Il va en petites troupes, et vole lourdement. Il vit de fruits,
d'insectes, d'œufs et de petits oiseaux ; son plumage est noir ou vert avec
des couleurs blanches, rouges ou jaunes. Il se trouve surtout dans l'Amérique méridionale. On l'apprivoise aisément en le prenant jeune ; en
domesticité, il mange de tout ce qu'on lui donne.

LES KAKATOÈS (PERROQUETS A QUEUE COURTE)

Les plus grands perroquets de l'ancien continent sont les kakatoès ; ils
paraissent être naturels aux climats de l'Asie méridionale et ne se trouvent

point en Amérique. Leur nom vient de la ressemblance de ce mot avec leur cri. On les distingue aisément des autres perroquets par leur plumage blanc et par leur bec plus crochu et plus arrondi, et particulièrement par une huppe de longues plumes dont leur tête est ornée, et qu'ils élèvent et abaissent à volonté.

Ces perroquets kakatoès apprennent difficilement à parler; mais on en est dédommagé par la facilité de leur éducation. On les apprivoise tous aisément. Ils ont dans tous leurs mouvements une douceur et une grâce qui ajoutent à leur beauté.

On distingue le kakatoès à huppe jaune, celui à huppe blanche, celui à huppe rouge, et le noir.

LE JACO, OU PERROQUET CENDRÉ

C'est l'espèce du perroquet proprement dit que l'on apporte le plus communément en Europe aujourd'hui, et qui s'y fait le plus aimer, tant par la douceur de ses mœurs que par son talent et sa docilité, en quoi il égale au moins le perroquet vert sans en avoir les cris désagréables. Le mot de *jaco*,

qu'il paraît se plaire à prononcer, est le nom qu'ordinairement on lui donne. Tout son corps est d'un beau gris de perle et d'ardoise blanchissant au ventre; une queue d'un rouge de vermillon termine et relève ce plumage lustré, moiré et comme poudré d'une blancheur qui le rend toujours frais; le bec est noir; les pieds sont gris; l'iris de l'œil est couleur d'or. La longueur totale de l'oiseau est de trente centimètres.

La plupart de ces perroquets nous sont apportés de la Guinée. On leur apprend aisément à parler, et ils semblent imiter de préférence la voix des enfants.

Non seulement cet oiseau a la facilité d'imiter la voix de l'homme, il

Le Perroquet vert.

paraît encore en avoir le désir : il le manifeste par son attention à écouter et par l'effort qu'il fait pour répéter.

Le jaco apprend aussi à contrefaire certains gestes et certains mouvements. Il vit de toute espèce de nourriture.

Le perroquet vert est de la grosseur d'une poule moyenne, il a tout le corps d'un vert vif et brillant, les grandes pennes de l'aile et les épaules bleues, les flancs et le dessous de l'aile d'un rouge éclatant, sa longueur est de quarante centimètres.

LES ARAS (PERROQUETS A QUEUE LONGUE)

De tous les perroquets, l'ara est le plus grand et le plus magnifiquement paré; le pourpre, l'or et l'azur brillent sur son plumage. Il a l'œil assuré, la contenance ferme, la démarche grave, et même l'air désagréablement dédaigneux, comme s'il sentait son prix et connaissait trop sa beauté; néanmoins son naturel paisible le rend aisément familier et même susceptible de quelque attachement.

Tous les aras sont naturels aux climats de nouveau monde situés entre les deux tropiques ; mais aucun ne se trouve en Afrique ni dans les grandes Indes.

Nous connaissons quatre espèces d'aras, savoir : le rouge, le bleu, le vert et le noir.

Les caractères qui distinguent les aras des autres perroquets du nouveau

mondesont la grandeur et la grosseur du corps ; la longueur de la queue,
et la peau nue et d'un blanc sale qui couvre les deux côtés de la tête. C'est
cette même peau nue, au milieu de laquelle sont situés les yeux, qui donne
à ces oiseaux une physionomie désagréable ; leur voix l'est aussi, et n'est

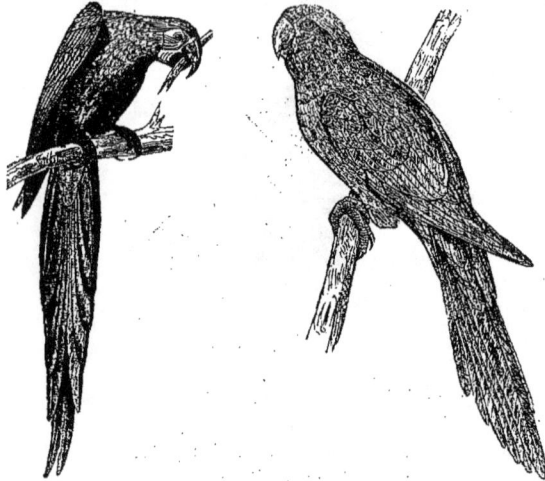

qu'un cri qui semble articuler *ara* d'un ton rauque, grasseyant et si fort,
qu'il offense l'oreille.

On appelle perroquets amazones tout ceux qui ont du rouge sur l'aile ;
ils viennent originairement du pays des Amazones ; les criks n'ont pas de
rouge sur l'aile et viennent de la Guyane.

GALLINACÉS

On nomme *gallinasés* un ordre d'oiseaux dont le bec est moins long que
la tête, dont les ailes sont proportionnellement courtes et concaves. Les
gallinacés se nourrissent de grains ; ils aiment à vivre en société et s'apprivoisent facilement.

LE PIGEON, LE RAMIER ET LA TOURTERELLE

Le biset ou pigeon sauvage est la tige primitive de tous les autres pigeons ; communément il est de la même grandeur et de la même forme,
mais d'une couleur plus bise que le pigeon domestique ; c'est de cette couleur que vient son nom.

Le biset ou pigeon sauvage, l'œnas ou le pigeon déserteur, qui retourne à l'état sauvage, se perchent, et par cette habitude se distinguent du pigeon de muraillé, qui déserte aussi nos colombiers, mais qui semble craindre de retourner dans les bois, et ne se perche jamais sur les arbres. Après ces trois pigeons vient le pigeon de nos colombiers, qui retient encore de son premier instinct l'habitude de voler en troupe. Les pigeons de colombier produisent souvent trois fois l'année, et les pigeons de volière dix et douze fois, au lieu que le biset ne produit qu'une ou deux fois tout au plus. Ils pondent, à deux jours de distance, presque toujours deux œufs, et n'élèvent presque jamais que deux petits.

Le ramier est reconnaissable à son plumage généralement d'un cendré plus ou moins bleuâtre avec des reflets d'un vert doré changeant en bleu et en rose sur les côtés et le dessous du cou ; d'un roux vineux à la poitrine ; d'un brun plus ou moins foncé aux ailes et à la queue. Le ramier niche sur les branches des arbres ; on le trouve dans toute l'Europe, quoiqu'il préfère les pays chauds tempérés. Le ramier est très abondant en France pendant l'automne. Il a un reucoulement plus fort que celui des pigeons. Il se nourrit de fruits sauvages.

La tourterelle se distingue du pigeon à sa taille plus petite, à son plumage presque toujours couleur café tendre, avec un collier de couleur plus fon-

céo, à son chant triste et plaintif qui se fait entendre dans les endroits les plus sombres et les plus retirés des bois. Elle s'apprivoise facilement et peut s'élever en cage. Elle arrive dans notre climat fort tard au printemps et le quitte dès la fin du mois d'août ; pendant ce court espace, elles nichent, pondent et élèvent leurs petits au point de pouvoir les emmener avec elles.

LA PERDRIX GRISE, LA PERDRIX ROUGE ET LA CAILLE

Les perdrix vivent en petites familles, ou *compagnies*, dans les champs, où elles se nourrissent de graines, d'herbes, d'insectes ; elles nichent à terre, dans les sillons; et y pondent douze à vingt œufs que la femelle couve seule. Elles sont craintives, défiantes et ne peuvent pas être réduites en domesticité. Leur chant aigu et désagréable imite le bruit d'une scie; leur vol est saccadé et bruyant. Elles font rarement de grands voyages, mais passent toujours d'un canton dans un autre. On les trouve dans toutes les contrées méridionales et dans les contrées tempérées.

La perdrix grise se distingue par le roux clair du dessus de la tête et par le croissant roux marron du ventre. On prétend qu'elle ne quitte

La Perdrix grise.

jamais ses œufs sans les couvrir de feuilles. Elle vit sept ans environ. Les perdreaux gris ont les pieds jaunes en naissant, blanchâtres plus tard, puis bruns, puis tout à fait noirs à trois ou quatre ans.

Ils sont faciles à élever dans les parcs et se nourrissent comme les poulets, avec de la mie de pain, des œufs durs, etc.

La perdrix rouge est reconnaissable à ses pieds, son bec et ses yeux rouges, aux parties supérieures de son corps d'un brun rougeâtre, à sa

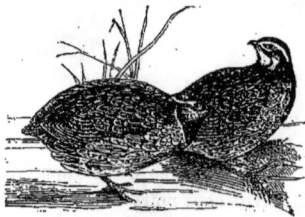

La Caille.

gorge et à son cou blancs. Elle ne se trouve pas dans les pays froids de l'Europe. Elle vole pesamment et avec effort; elle perche sur les arbres et se terre quelquefois; elle est moins sociable que la grise et exige des soins infinis pour s'accoutumer à la captivité; elle meurt même d'ennui, si on ne la lâche pas quand sa tête se garnit de plumes.

La caille a beaucoup de rapports avec la perdrix; son plumage, varié de gris et de roux, est obscur en dessus et blanchâtre à la gorge et au ventre. Elle court avec agilité et vole rarement. Elle est d'un naturel que-

La Perdrix rouge.

relleur. Elle se rapproche constamment des contrées septentrionales pendant l'été et des méridionales pendant l'hiver. Elle arrive en France au commencement de mai. Elle vit de blé, de millet, de toutes sortes de graines et d'insectes. La femelle pond quinze ou seize œufs bruns et jaunes ; les cailleteaux courent presque en sortant de la coque.

LE PAON ET LA LYRE

Le paon est reconnaissable à sa superbe queue et à la belle aigrette qui orne sa tête sans la charger ; à son incomparable plumage qui semble réunir tout ce qui flatte nos yeux dans le coloris tendre et frais des fleurs, tout ce qui les éblouit dans les reflets pétillants de pierreries, tout ce qui les

étonne dans l'éclat majestueux de l'arc-en-ciel. Si l'empire appartenait à la beauté et non à la force, le paon serait, sans contredit, le roi des oiseaux ; il n'en est point sur qui la nature ait versé ses trésors avec plus de profusion ; elle a réuni sur le plumage du paon toutes les couleurs du ciel et de la terre pour en faire le chef-d'œuvre de sa magnificence. Dans l'état sauvage, le plumage du paon est plus éclatant encore que dans l'état domestique.

La femelle du paon n'a pas la parure du mâle ; elle fait chaque année une seule ponte de huit à douze œufs qu'elle couve pendant vingt-sept à trente jours. Les petits s'appellent *paonneaux*.

On connaît deux races distinctes de paons : le paon blanc et le paon panaché ou à aigrette en forme d'épis. Le paon se nourrit de graines de
toutes sortes, et vit environ vingt-cinq ans. Il fut introduit d'Asie en Europe sous Alexandre le Grand.

Avec les plumes du paon qui tombent tous les ans, au mois de juillet,
on fait des éventails et des parures.

La lyre ou le mercure porte-lyre est une espèce de faisan de la Nouvelle-Hollande, à plumage d'un brun grisâtre. On le connaît encore fort

peu en Europe. Le mâle se fait surtout remarquer par sa queue qui
dressée, étalée, imite assez la forme d'une lyre : les plumes externes
déterminent les contours de la lyre, tandis que celles du milieu
en figurent les cordes.}

LE COQ ET LA POULE

Le coq est un oiseau pesant, dont la démarche est grave et lente, et qui,
ayant les ailes fort courtes, ne vole que rarement. Il chante indifféremment la nuit et le jour, et son chant est fort différent de celui de sa
femelle. Il gratte la terre pour chercher sa nourriture ; il avale autant

13

de petits cailloux que de grains et n'en digère que mieux; il boit en
prenant de l'eau dans son bec et levant la tête à chaque fois pour l'avaler.
Il dort le plus souvent un pied en l'air et en cachant sa tête sous l'aile
du même côté. Son front est orné d'une crête rouge et charnue, et le
dessous du bec d'une double membrane de même couleur et de même
nature.

Un bon coq est celui qui a du feu dans les yeux, de la fierté dans la dé-

marche, de la liberté dans les mouvements, et toutes les proportions qui
annoncent la force.

On doit choisir les poules qui ont l'œil éveillé, la crête flottante
et rouge, et qui n'ont point d'éperons. Les bonnes fermières donnent
la préférence aux poules noires, comme étant plus fécondes que les
blanches.

Le coq a beaucoup de soin et même d'inquiétude et de souci pour
ses poules: il ne les perd guère de vue; il les conduit, les défend, les
menace, va chercher celles qui s'écartent, les ramène, et ne se livre au
plaisir de manger que lorsqu'il les voit toutes manger autour de lui.
A juger par les différentes inflexions de sa voix et par les différentes
expressions de sa mine, on ne peut guère douter qu'il ne leur parle
différents langages.

Les poules pondent pendant toute l'année, excepté pendant la mue, qui
dure ordinairement six semaines ou deux mois, sur la fin de l'automne et

au commencement de l'hiver : cette mue n'est autre chose que la chute des vieilles plumes.

Dès que les poussins sont éclos, leur mère en est sans cesse occupée et ne cherche de la nourriture que pour eux ; si elle n'en trouve point, elle gratte la terre avec ses ongles pour lui arracher les aliments qu'elle recèle et s'en prive en leur faveur : elle les appelle lorsqu'ils s'égarent, les met

sous ses ailes à l'abri des intempéries et les couve encore une seconde fois. Elle s'expose à tout pour les défendre : paraît-il un épervier dans l'air, cette mère si faible, si timide, devient intrépide par tendresse ; elle s'élance au-devant de la serre menaçante, et, par ses cris redoublés, par ses battements d'ailes et son audace, elle impose souvent à l'oiseau carnassier.

Le coq et les poules paraissent être originaires de l'Asie, et surtout de la Perse. On compte beaucoup de variétés de poules.

LE FAISAN ORDINAIRE, LE FAISAN DORÉ

De la grosseur d'un coq ordinaire, le faisan a un plumage lustré qui offre les couleurs les plus brillantes, surtout chez le mâle. Les tiges des plumes du cou font l'effet d'autant de lames d'or. Il vient de l'Asie, et vit six à sept ans. La femelle s'appelle poule-faisane. Leur chair légère, nourrissante et délicate, se sert sur les meilleures tables.

La faisane fait son nid à elle avec de la paille et des feuilles ; elle pond jusqu'à trente à cinquante œufs d'un gris verdâtre. Les petits faisans sont très difficiles à élever.

Le faisan doré est plus petit que le faisan ordinaire. On l'appelle faisan

tricolore à cause du rouge, du jaune doré et du bleu qui dominent dans son plumage. Il vient de Chine.

LE DINDON ET LE HOCCO

Si le coq ordinaire est l'oiseau le plus utile de la basse-cour, le dindon domestique est le plus remarquable par la grandeur de sa taille et par la forme de sa tête, qui est fort petite à proportion du corps ; elle est presque entièrement dénuée de plumes, et seulement recouverte, ainsi qu'une partie du cou, d'une peau bleuâtre, chargée de mamelons rouges et blanchâtres, avec quelques petits poils noirs clairsemés. De la base du bec descend sur le cou une espèce de barbillon charnu, rouge et flottant ; du bec supérieur s'élève une caroncule charnue, de forme conique et sillonnée par des rides transversales assez profondes. Si quelque objet étranger se présente inopinément, cet oiseau, qui n'a rien dans son port ordinaire que d'humble et de simple, se rengorge tout à coup avec fierté ; sa tête et son cou se gonflent ; la caroncule conique se déploie et s'allonge en se colorant d'un rouge plus vif ; en même temps les plumes du cou et du dos se hérissent, et la queue se relève en éventail, tandis que les ailes s'abaissent jusqu'à terre.

Il y a des dindons de diverses couleurs : on en trouve de blancs, de gris uniforme, d'autres mélangés de blanc et noir ou de blanc et de jaune roussâtre.

La poule d'Inde diffère du coq, non seulement en ce qu'elle n'a pas d'éperons aux pieds, ni de bouquet de crins dans la partie inférieure du

cou, mais encore parce qu'elle est plus petite et ne peut pas faire la roue.
Elle n'est pas aussi féconde que la poule ordinaire ; il faut lui donner de
temps en temps du chènevis, de l'avoine, du sarrasin, pour l'exciter à
pondre ; et avec cela elle ne fait guère qu'une seule ponte par an, d'environ quinze œufs.

Le temps venu où ces œufs doivent éclore, les dindonneaux percent
avec leur bec la coquille de l'œuf qui les renferme ; mais cette coquille

est quelquefois si dure, qu'ils périraient si on ne les aidait à la briser ;
le froid, la pluie et même la rosée les morfondent ; le grand soleil les tue
presque subitement.

L'instinct des jeunes dindonneaux est d'aimer à prendre leur nourriture dans la main : on juge qu'ils ont besoin d'en prendre lorsqu'on les
entend *piauler*.

La poule d'Inde montre pour ses petits une affection égale à celle de
la poule pour ses poussins.

Les dindons sont originaires de l'Amérique.

LA PINTADE ET LES OUTARDES

Encore appelée poule d'*Afrique* ou poule *peinte*, la pintade a le plumage ardoisé et couvert de taches blanches arrondies ; sa tête est nue et
surmontée d'une crête calleuse et garnie de barbillons charnus qui
tombent jusqu'au bas des joues. Sa queue est courte et pendante, son dos
arrondi, sa taille trapue, ses pattes dépourvues d'éperons. Connue dès
l'antiquité, elle disparut d'Europe dans le moyen âge, et fut de nouveau

rapportée d'Afrique par les Portugais vers le milieu du quinzième siècle. Elle vit en domesticité dans nos basses-cours, où elle se signale comme oiseau criard, turbulent, vif et querelleur. Elle se fait craindre des dindons même. Elle pond et couve à peu près comme la poule commune. Les pintadeaux de basse-cour sont d'un fort bon goût.

L'outarde barbue a près d'un mètre de long du bout du bec à l'extrémité de la queue ; elle pèse près de dix kilogrammes, on l'appelle *tarda* ou *bute* à cause de la pesanteur de sa marche, et barbue parce qu'elle porte à la base du bec un faisceau de longues plumes effilées d'un cendré clair. Les parties supérieures de son corps sont d'un roux jaunâtre rayé de noir, et les parties inférieures blanches. Elle montre toujours un naturel sauvage qui la rend très difficile à apprivoiser. On la trouve assez communément en France, dans les plaines découvertes où elle va en troupes, et se nourrit d'herbes, de graines, de semences et d'insectes. Sa pusillanimité est telle que, pour peu qu'on la blesse, elle meurt plutôt de la peur que de ses blessures.

La petite outarde ou outarde compois ressemble à l'outarde barbue, mais n'est longue que de cinquante centimètres. La chair des jeunes a un goût excellent.

BRACHYPTÈRES

On nomme *brachyptères* les oiseaux qui sont incapables de voler à cause de leurs ailes excessivement courtes, et pour ainsi dire rudimentaires, mais qui, en compensation, courent avec une vitesse extraordinaire.

L'AUTRUCHE

La race de l'autruche est très ancienne, elle a su se conserver pendant une longue suite de siècles, et toujours dans la même terre, sans altération comme sans mésalliance.

L'autruche passe pour être le plus grand des oiseaux ; mais elle est privée, par sa grandeur même, de la principale prérogative des oiseaux, la puissance de voler. Le poids moyen d'une autruche vivante et médiocrement grasse est de trente-sept à quarante kilogrammes. Cet oiseau, à vrai dire, n'a point d'ailes, puisque les plumes qui sortent de ses ailerons sont toutes effilées, décomposées, et leurs barbes sont de longues soies détachées les unes des autres, qui ne peuvent faire corps ensemble pour frapper l'air avec avantage. Celles de la queue sont aussi de la même structure, et ne peuvent par conséquent opposer à l'air une résistance convenable. L'autruche est attachée à la terre comme par une double chaîne, son excessive pesanteur et la conformation de ses ailes. Comme les quadrupèdes, elle a sur la plus grande partie du corps du poil plutôt que des plumes; sa tête et ses flancs n'ont même que fort peu de poils, ainsi que ses cuisses, qui sont très grosses, très musculeuses et où réside sa principale force; ses grands pieds nerveux et charnus, qui n'ont que deux doigts, ont beaucoup de rapport avec les pieds du chameau ; ses ailes, armées de deux piquants semblables à ceux du porc-épic, sont moins des ailes que des espèces de bras, qui lui ont été donnés pour se défendre. Sa paupière supérieure est mobile et bordée de longs cils ; la forme totale de ses yeux a plus de rapport avec les yeux humains qu'avec ceux des oiseaux.

Le temps de la ponte des autruches dépend du climat qu'elles habitent, mais c'est toujours aux environs du solstice ; la température du climat

influe aussi beaucoup sur leur manière de couver ; dans la zone torride, elles se contentent de déposer leurs œufs sur un amas de sable où la seule chaleur du soleil les fait éclore ; à peine les couvent-elles pendant la nuit.

Ses œufs sont très durs, très pesants et très gros.

Aussitôt que les jeunes autruches sont écloses, elles sont en état de marcher, et même de courir et de chercher leur nourriture ; en sorte que, dans la zone torride, où elles trouvent le degré de chaleur qui leur convient et la nourriture qui leur est propre, elles sont abandonnées de leur mère, dont les soins leur sont inutiles ; mais dans les pays moins chauds, la mère veille à ses petits.

Les jeunes autruches sont d'un gris cendré la première année et ont des plumes partout ; mais ce sont de fausses plumes qui tombent bientôt d'elles-mêmes pour ne plus revenir sur les parties qui doivent être nues, comme la tête, le haut du cou, les cuisses, les flancs et le dessous des ailes. Elles sont remplacées sur le reste du corps par des plumes alternativement blanches et noires, et quelquefois grises par le mélange de ces deux couleurs fondues ensemble ; les plus longues de toutes sont à l'extrémité de la queue et des ailes, et ce sont les plus recherchées.

Il y a bien des gens encore qui croient que l'autruche digère le fer.

Ces animaux vivent principalement de matières végétales ; mais ils avalent fort souvent du fer, du cuivre, des pierres, du bois et tout ce qui se présente.

L'autruche est un oiseau propre et particulier à l'Afrique et à la partie de l'Asie qui confine à ce continent. Ces régions, qui sont le pays natal du chameau, du rhinocéros, de l'éléphant et de plusieurs autres grands animaux, devaient être aussi la patrie de l'autruche, qui est l'éléphant des oiseaux.

Les autruches habitent en effet, par préférence, les lieux les plus solitaires et les plus arides, où il ne pleut presque jamais, et cela confirme ce que disent les Arabes, qu'elles ne boivent point. Elles se réunissent dans ces déserts en troupes nombreuses, qui de loin ressemblent à des escadrons de cavalerie, et ont jeté l'alarme dans plus d'une caravane. Leur vie doit être un peu dure dans ces solitudes vastes et stériles ; mais elles y trouvent la liberté.

Les Abyssins écorchent les autruches et vendent leurs peaux aux marchands d'Alexandrie ; le cuir en est très épais. Les longues plumes blanches de la queue et des ailes ont été recherchées dans tous les temps. On sait quelle prodigieuse consommation il s'en fait en Europe.

Les autruches ne sont pas aussi sauvages qu'on se l'imaginerait ; elles s'apprivoisent facilement, surtout lorsqu'elles sont jeunes. On fait plus que de les apprivoiser, on en a dompté quelques-unes au point de les monter comme on monte un cheval.

LE CASOAR ET LE DRONTE

Le casoar a beaucoup de rapport avec l'autruche par sa haute taille ; son corps est massif, couvert de plumes noirâtres, lâches, semblables à des poils ; une sorte de casque osseux haut de huit centimètres, brun et jaune, surmonte sa tête fort petite ; au-devant du cou, de chaque côté, on voit poindre une chair rouge. Les plumes du croupion sont tombantes et remplacent la queue.

L'allure de cet oiseau est bizarre: il semble ruer en marchant. Il habite la partie orientale de l'Asie.

Le dronte ou cygne à capuchon est gros comme une oie, massif, incapable de voler, et porte sur la tête une espèce de capuchon; un cercle blanc entoure ses gros yeux noirs. Il a des ailes, mais trop courtes et trop faibles; il a une queue, mais disproportionnée et mal placée. On le prendrait pour une tortue qui se serait affublée de la dépouille d'un oiseau. Le gris domine dans son plumage, mais il est plus foncé sur toute la partie supérieure et au bas des jambes, et plus claire en dessous. Il semble particulier aux îles Maurice et de la Réunion, où sa race a beaucoup diminué.

OISEAUX AQUATIQUES

On appelle Oiseaux aquatiques ceux qui réunissent à la possession de l'air et de la terre la faculté de nager sur les flots avec autant d'aisance et plus de sécurité qu'ils ne volent dans leur élément naturel. Leur corps est arqué et bombé comme la carène d'un vaisseau; leur cou, relevé sur une poitrine saillante, en représente assez bien la proue; leur queue leur sert de gouvernail; leurs pieds larges et palmés font l'office de véritables rames.

A côté des navigateurs à pieds palmés, la nature a placé les oiseaux de rivages à pieds divisés; nous compterons donc deux grandes familles d'oiseaux aquatiques : les *échassiers* et les *palmipèdes*.

ÉCHASSIERS

On appelle Échassiers les oiseaux remarquables par leurs longues jambes dégarnies de plumes; ils ont la queue couverte et volent en étendant leurs jambes en arrière comme pour servir de contrepoids à leur long cou.

LE GRAND PLUVIER, LE VANNEAU

Oiseaux migrateurs, les pluviers sont ainsi appelés parce qu'ils viennent dans nos contrées, à la saison des pluies. Ils arrivent du Nord à l'automne et nous quittent au printemps. Ils se nourrissent d'insectes aquatiques et de vers. On reconnaît le grand pluvier à son bec plus long que la tête, à ses pieds longs, grêles, au renflement de ses genoux, à ses ailes médiocres et aiguës. C'est un oiseau très timide, nocturne, dont la marche très rapide lui a fait donner le nom d'*arpenteur*. Son plumage, d'un fond gris-blanc et gris-roussâtre, présente des mouchetures brunes et noirâtres assez distinctes au cou et à la poitrine, et plus confuses sur le dos et sur les ailes. La femelle ne pond que deux ou trois œufs sur la terre nue, entre des pierres.

Le vanneau est ainsi nommé parce qu'il fait en volant le bruit d'un *van* qu'on agite. On reconnaît cet oiseau à son bec court, grêle, droit, comprimé, renflé à son extrémité, à ses jambes minces, à son aigrette et à ses jolies couleurs, qui lui valurent chez les anciens le nom de *paon sauvage*. Ses fortes ailes lui permettent de s'élever très haut en l'air. Posé à terre, il s'élance, bondit et parcourt le terrain par petits vols coupés. Il arrive dans nos prairies après le dégel, et se nourrit de vers

qu'il sait faire sortir de terre avec une merveilleuse adresse. La femelle pond trois ou quatre œufs oblongs, d'un vert sombre et tachetés de noir ; elle les dépose dans les marais sur les petites buttes ou mottes de terre au-dessus du niveau du terrain. Les vanneaux ne se tiennent guère plus de vingt-quatre heures dans le même canton; car l'ayant épuisé de vers en un jour, le lendemain, la troupe, qui se compose de cinq ou six cents individus, est forcée de se transporter ailleurs. Le plumage du vanneau est d'un fond noir à reflets métalliques rouges, verts, dorés, etc.

L'IBIS

L'ibis était l'oiseau sacré des anciens Égyptiens, qui adoraient en lui le fléau des serpents et des autres reptiles. On doit placer l'ibis entre la cigogne et le courlis; car il tient de près à ces deux genres d'oiseaux; il a le bec fort arqué, et la jambe haute comme la grue. On en distingue deux espèces : la première a le plumage tout noir ; la seconde, plus commune, est toute blanche, à l'exception des plumes de l'aile et de la queue, qui sont très noires.

Cet oiseau ne se trouve qu'en Égypte, dont il est devenu l'emblème.

D'après le respect populaire pour cet oiseau fameux, il n'est pas étonnant que son histoire ait été chargée de fables : on a dit que les ibis engendraient par le bec ; que le basilic naissait d'un œuf d'ibis, formé dans cet oiseau, des venins de tous les serpents qu'il dévore; que le crocodile et les serpents touchés d'une plume d'ibis demeuraient immobiles, etc.

L'ibis fait la plus cruelle guerre non seulement aux serpents, mais à
tous les reptiles. Il fait son nid dans les feuilles piquantes des palmiers

pour le mettre à l'abri de l'assaut des chats, ses ennemis. On croit que
leur ponte est de quatre œufs.

LA GRUE ET L'OISEAU ROYAL

De tous les oiseaux voyageurs, c'est la grue qui entreprend et exécute les courses les plus lointaines et les plus hardies. Originaire du Nord, elle visite les régions tempérées et s'avance dans celles du Midi. En automne, elle vient s'abattre sur nos plaines marécageuses; puis elle se hâte de passer dans des climats plus méridionaux.

Les grues portent leur vol très haut, et se mettent en ordre pour voyager; elles forment un triangle comme pour fendre l'air plus aisément.

Quand le vent se renforce et menace de les rompre, elles se resserrent en cercle. Leur passage se fait le plus souvent dans la nuit; mais leur voix éclatante avertit de leur marche.

Les cris de grue dans le jour indiquent la pluie; les clameurs plus bruyantes et comme tumultueuses annoncent la tempête; si le matin ou le soir on les voit s'élever et voler paisiblement en troupe, c'est un indice de sérénité. La grue a, comme tous les grands oiseaux, quelque peine à prendre son essor.

A terre, les grues rassemblées établissent une garde pendant la nuit. La troupe dort la tête cachée sous l'aile; mais le chef veille la tête haute, et, si quelque objet le frappe, il en avertit par un cri.

C'est en effet dans les terres du Nord, autour des marais, que la plupart vont poser leur nid. Elles ne pondent que deux œufs : les petits sont à peine élevés qu'arrive le temps du départ, et leurs premières forces sont employées à suivre et accompagner leurs père et mère dans leurs voyages.

On prend la grue au lacet; on en a vu de privées, et qui, nourries dans l'état domestique, ont reçu quelque éducation; elle peut vivre quarante à cinquante ans.

Quoique la grue soit granivore, elle préfère néanmoins les insectes, les vers et les petits reptiles.

Le port de la grue est droit, et sa figure est élancée. Tout le champ de son plumage est d'un beau cendré clair, ondé, excepté les pointes des ailes et la coiffure de la tête; les grandes pennes de l'aile sont noires. Le bec est droit et pointu, d'un verdâtre blanchissant à la pointe. Le devant des yeux, le front et le crâne sont couverts d'une peau rouge, chargée de poils noirs assez rares pour la laisser voir comme à nu.

Il se trouve parfois des grues blanches.

La grue couronnée ou oiseau royal doit son second nom à la belle aigrette roussâtre qui orne le sommet de sa tête; cette espèce de grue a le corps noir, les ailes blanches, les joues variées de rouge et de blanc. Elle s'acclimate en Europe et y vit en domesticité quoiqu'elle soit originaire d'Afrique. A l'état sauvage, elle vit paisible; elle n'a pas d'armes pour offenser et n'a même de sauvegarde que dans la hauteur de sa taille, la rapidité de sa course et la vitesse de son vol élevé, puissant et soutenu. Elle vit de poissons, d'insectes et de graines.

LA CIGOGNE ET LE MARABOUT

La cigogne proprement dite, longue d'un mètre à un mètre vingt centimètres, a le plumage d'un fond blanc, avec les pennes des ailes noires, le bec et les pieds rouges. Ses mouvements sont lents et mesurés; elle n'a d'autre cri que le clapotement qui résulte du choc des mandibules de son bec l'une contre l'autre et qu'elle ne fait guère entendre que quand elle est effrayée. Elle vit le long des rivières et se nourrit surtout de poissons, de reptiles, d'oiseaux et d'insectes. Elle établit son nid au sommet des arbres ou sur le haut des maisons.

Quoique ses ailes soient courtes, elle a le vol puissant et soutenu; elle porte en volant la tête raide en avant, et les pattes étendues en arrière comme pour lui servir de gouvernail; elle s'élève fort haut, et fait de très longs voyages, même dans les saisons orageuses. On voit les cigognes arriver en Allemagne vers le 8 ou le 10 de mai; elles devancent ce temps dans nos provinces. Les cigognes reviennent constamment aux mêmes lieux; et si leur nid est détruit, elles le reconstruisent de nouveau avec des brins de bois et d'herbe.

Tous les ans, à la fin de l'été, elles quittent les contrées du Nord pour aller s'abattre en Afrique, particulièrement sur les bords du Nil. Il est curieux de les voir assemblées pour leur départ: on les entend clapoter fréquemment ; il se fait un grand mouvement dans la troupe ; dès que le vent du Nord souffle, elles s'élèvent toutes ensemble, et, dans quelques instants, se perdent au haut des airs.

Les cigognes se privent aisément et supportent la rigueur de nos hivers.

On a vanté, avec raison, dans ces oiseaux, la pratique des vertus morales et surtout la tempérance et la piété filiale et paternelle.

Le marabout se distingue de la cigogne par sa tête non emplumée, mais parsemée de poils sur une peau rouge et calleuse. Il habite le Sénégal et l'Inde.

LE HÉRON COMMUN, LE BUTOR ET L'AIGRETTE

Le héron est caractérisé par son bec long, conique et robuste, par ses longues jambes dégarnies de plumes, par ses pieds grêles armés d'ongles aigus, par son plumage généralement d'un cendré bleuâtre, blanc au front et au sommet de la tête, blanc tacheté de noir au cou, gris et noir sur les ailes. Une huppe noire très flexible se voit derrière la tête. Le héron atteint environ un mètre de longueur, de l'extrémité du bec au bout de la queue. Il fait son nid au haut des grands arbres avec des bûchettes, des herbes sèches, des joncs et des plumes. Ses quatre ou cinq œufs sont d'un blanc verdâtre pâle et uniforme. Les espèces de hérons sont nombreuses et variées ; la nôtre se retrouve dans tous les pays.

Triste et solitaire, hors le temps des nichées, il ne paraît connaître aucun plaisir. Dans les plus mauvais temps, il se tient isolé, découvert, posé sur un pieu ou sur une pierre, au bord d'un ruisseau. Ses longues jambes ne sont que des échasses inutiles à la course : il se tient debout et en repos absolu pendant la plus grande partie du jour ; et ce repos lui sert de som-

Le Héron.

meil, car il prend quelque essor pendant la nuit : on l'entend alors crier en l'air à toute heure et dans toutes les saisons ; sa voix est un son unique, sec et aigre, qu'on pourrait comparer au cri de l'oie.

Au moyen de ses longues jambes, il peut entrer profondément dans l'eau sans se mouiller, et là, guetter au passage une grenouille ou un poisson. Il lui faut souvent subir de longs jeûnes et quelquefois périr d'inanition.

Le butor est caractérisé par son bec long, pointu, tranchant et fendu jusque sous ses yeux jaunâtres ; par sa tête petite et surmontée d'une aigrette ;

L'Aigrette.

par ses jambes nues, d'un jaune verdâtre ; par son plumage fauve, marqué de petites taches brunes disposées en zigzag et formant des lignes variées. Il vit de grenouilles et de poissons. On en trouve en Europe, en Amérique et en Asie.

Malgré l'espèce d'insulte attachée à son nom, il est moins stupide que le héron ; mais il est encore plus sauvage ; on ne le voit presque jamais. Il n'habite que les marais : il y mène une vie solitaire et paisible, couvert par les roseaux, défendu sous leur abri du vent et de la pluie ; également caché pour le chasseur qu'il craint et pour la proie qu'il guette, il reste des jours entiers dans le même lieu, et semble mettre toute sa sûreté dans la retraite et l'inaction.

On le prendrait dans son vol pour un héron, si, de moment en moment, il ne faisait entendre une voix toute différente, plus retentissante et plus grave, *cob, cob* ; et ce cri, quoique désagréable, ne l'est pas autant que la voix effrayante qui lui a mérité le nom de butor ; c'est une espèce de mugissement *hi rhond*, qu'il répète cinq ou six fois de suite au printemps, et qu'on entend d'une demi-lieue.

L'aigrette est un oiseau ainsi nommé à cause du faisceau de plumes effilées et droites qui ornent son dos. La *grande aigrette* a les plumes du bas du dos longues et fines ; la petite aigrette a ces mêmes plumes moins longues. Les mœurs et les habitudes de ces deux espèces d'aigrettes ressemblent beaucoup à celles du héron.

LE RALE DE TERRE ET LE RALE D'EAU

Le râle de terre ou de genêt, encore appelé roi des cailles, parce que son arrivée annonce celle de ces oiseaux, se reconnaît à son corps et à son

bec comprimé, à sa queue courte, à ses doigts allongés et séparés, à son vol faible, à sa course rapide, à son plumage d'un brun fauve, tacheté de noirâtre en dessus et gris roussâtre en dessous. Il vient dans nos pays au commencement de mai et vit solitaire dans les broussailles, dans les joncs, dans les hautes herbes humides, mangeant des graines, surtout celles du trèfle, du genêt, etc., des insectes, des limaçons, des vermisseaux, etc. Il ne pond guère que huit ou dix œufs rougeâtres dans un nid fait négligemment, avec un peu d'herbe sèche ou de mousse et posé d'ordinaire dans une petite fosse de gazon. Les petits suivent leur mère en courant dès qu'ils sont éclos.

Le râle d'eau a le bec rouge et plus long que la tête, tandis que le râle de genêt l'a plus court ; son plumage, d'un roux brun, montre des nuances blanchâtres et grises. On le voit souvent courir le long des eaux stagnantes, dans les joncs et sur les larges feuilles de nénuphar. Il traverse les eaux à la nage et même à la course. Ses mœurs ressemblent à celles du roi des cailles.

La marouette est un petit râle tacheté.

L'HUITRIER OU PIE DE MER ET LA SPATULE

De la grandeur de notre corneille, l'huîtrier a le plumage varié de blanc et de noir ; le bec robuste, comprimé sur les côtés comme un coin à fendre, très convenable, par conséquent, pour détacher les coquillages ;

les jambes nues, ses doigts au nombre de trois à chaque pied et réunis par une membrane. Il vit d'huîtres, de patelles et de vers marins qu'il ramasse dans les sables du rivage. Il est rare sur les côtes de France.

Il ne fait point de nid ; il dépose ses œufs, qui sont grisâtres et tachés de noir, sur le sable nu, hors de la portée des eaux, sans aucune préparation préliminaire. Le nombre des œufs est ordinairement de quatre ou cinq, et le temps de l'incubation est de vingt ou vingt et un jours ; la femelle ne les couve point assidûment. Les petits, au sortir de l'œuf, sont couverts d'un duvet noirâtre : ils se traînent dès les premiers jours, et commencent à courir peu de temps après.

La spatule ou palette doit son nom à la forme extraordinaire de son bec qui, aplati dans toute sa longueur, s'élargit vers l'extrémité en manière de spatule, et se termine en deux plaques arrondies, trois fois aussi larges que le corps du bec même. S'il est anormal en effet par sa forme, il l'est encore par sa substance qui n'est pas ferme, mais flexible comme du cuir.

14

La spatule a les jambes très élevées, les ailes médiocres, la queue courte. Elle vit dans les marais boisés, en troupes ou par couples, et se nourrit de poissons, de mollusques et d'insectes. Elle est remarquable par le blanc répandu sur tout son corps, par son large peluchon d'un jaune roussâtre à la poitrine, par la huppe qu'elle a sur la tête. Elle habite l'Europe et surtout la Hollande.

LA BÉCASSE ET LA BÉCASSINE

Les bécasses passent l'été dans les Pyrénées et dans les Alpes, et descendent en France aux premières neiges. Elles arrivent de nuit toujours une à une ou deux ensemble, mais jamais en troupes. Elles s'abattent dans les

grandes haies, les taillis et les futaies ; elles quittent ces endroits fourrés à l'entrée de la nuit, pour se répandre dans les clairières, en suivant les sentiers.

La bécasse bat des ailes avec bruit en partant ; son vol, quoique rapide, n'est ni élevé ni longtemps soutenu, elle s'abat avec tant de promptitude qu'elle semble tomber comme une masse abandonnée à toute sa pesanteur. Peu d'instants après sa chute, elle court avec vitesse.

La bécasse ne touche pas aux fruits ni aux graines ; la forme de son bec étroit, très long et tendre à la pointe, lui interdirait seule cette sorte d'aliment : elle ne se nourrit que de vers, et fouille dans la terre avec son bec pour les trouver.

C'est de la longueur de son bec que cet oiseau a pris son nom. Sa tête est plus carrée que ronde; son plumage est remarquable par les beaux effets de clair-obscur que des teintes hachées, fondues, lavées de gris, de bistre et de terre d'ombre y produisent.

Le corps de la bécasse est en tout temps fort charnu et très gras sur la fin de l'automne ; c'est alors, et pendant la plus grande partie de l'hiver, qu'elle est un mets recherché, quoique sa chair soit noire et ne soit pas fort tendre; on la fait cuire sans ôter les entrailles, qui, broyées avec ce qu'elles contiennent, font le meilleur assaisonnement de ce gibier.

On trouve la bécasse dans toutes les contrées des deux continents.

Elle est longue d'environ trente-quatre à trente-six centimètres. Elle fait son nid par terre avec des feuilles, des herbes sèches et des brins de bois ; on trouve dedans quatre ou cinq œufs roussâtres et noirâtres un peu plus gros que ceux des pigeons.

La bécassine ressemble beaucoup à la bécasse sous bien des rapports extérieurs, mais elle est plus petite et ses mœurs diffèrent. Elle n'habite pas les montagnes; elle se tient dans les endroits marécageux et s'élève si haut en volant, qu'on l'entend encore quand on l'a perdue de vue. Elle est plus difficile à chasser que la bécasse ; en France, elle paraît au printemps et à l'automne, et s'absente pendant l'été.

La bécassine pique continuellement la terre sans qu'on puisse bien dire ce qu'elle mange.

La bécassine est ordinairement fort grasse, et sa graisse, d'une saveur fine, n'a rien du dégoût des graisses ordinaires ; on la cuit comme la bécasse, sans la vider.

On la rencontre dans toutes les parties du monde.

LE FLAMANT OU PHÉNICOPTÈRE

D'une longueur d'un mètre cinquante, le flamant, originaire d'Afrique, doit son nom à son aile couleur de flamme, et au reste de son plumage d'un rouge clair ou d'un rose pâle ; son bec d'une forme extraordinaire, épais et carré en dessous comme une large cuiller ; ses jambes d'une excessive hauteur; son cou long et grêle; son corps plus haut monté, quoique plus petit que celui de la cigogne, offrent une figure bizarre et pourtant distinguée. Il se nourrit de coquillages, d'œufs de poissons et d'insectes qu'il cherche dans la vase ; il ne boit que de l'eau salée. Il voyage par troupes ; pendant qu'il pêche, la tête plongée dans l'eau, un autre est en vedette, la tête haute, et si quelque chose l'inquiète, il jette un cri bruyant semblable au son d'une trompette. Cet oiseau s'apprivoise facilement, mais il craint les grands froids et ne vit pas longtemps en domesticité.

On voit des flamants en Espagne, en Italie et même sur nos côtes de

Languedoc et de Provence. Sa chair, malgré un petit goût de marais, est estimée pour sa délicatesse et comparée à celle de la perdrix. Le flamant tient le milieu entre la grande tribu des oiseaux de rivage et celle tout aussi grande des oiseaux navigateurs, desquels il se rapproche par ses pieds à demi palmés.

PALMIPÈDES

On appelle palmipèdes les oiseaux qui ont les doigts palmés, c'est-à-dire réunis par une membrane tout en restant distincts et formant ainsi une sorte de main ouverte. Leurs pieds sont implantés à l'arrière du corps, ce qui leur donne beaucoup de facilité pour nager, et leur plumage lustré, ferme, imbibé d'un suc huileux, reste imperméable à l'eau.

LE CYGNE

Le cygne règne sur les eaux à tous les titres qui fondent un empire de paix : la grandeur, la majesté, la douceur ; roi paisible des oiseaux d'eau, il attend l'aigle sans le provoquer, sans le craindre. Au reste, il

n'a que ce fier ennemi ; tous les oiseaux de guerre le respectent, et il vit en ami plutôt qu'en roi au milieu des nombreuses peuplades des oiseaux aquatiques.

Les grâces de sa figure, la beauté de sa forme, répondent dans le cygne à la douceur de son naturel ; il plaît à tous les yeux ; il décore, embellit tous les lieux qu'il fréquente ; on l'aime, on l'applaudit, on l'admire.

A sa noble aisance, à la facilité, à la liberté de ses mouvements sur l'eau, on doit le reconnaître comme le plus beau modèle que la nature nous ait offert pour l'art de la navigation. Son cou élevé et sa poitrine relevée et arrondie semblent en effet figurer la proue du navire ; son large estomac en représente la carène ; son corps, penché en avant pour cingler, se redresse à l'arrière et se relève en poupe ; la queue est un vrai gouvernail ; les pieds sont de larges rames, et ses grandes ailes demi-ouvertes au vent et doucement enflées sont les voiles qui poussent le vaisseau vivant, navire et pilote à la fois.

Le cygne nage si vite, qu'un homme marchant rapidement au rivage a grand'peine à le suivre ; libre sur nos eaux, et surtout saûvage, il a le vol très haut et très puissant.

Le cygne, supérieur en tout à l'oie, qui ne vit guère que d'herbages et de graines, ruse sans cesse pour attraper et saisir du poisson ; il prend mille attitudes différentes pour le succès de sa pêche, et tire tout l'avantage possible de son adresse et de sa grande force.

Les cygnes sauvages volent en grandes troupes, et de même les cygnes domestiques marchent et nagent attroupés ; leur instinct social est en tout très fortement marqué. Le cygne a de plus l'avantage de jouir jusqu'à un âge extrêmement avancé de sa belle et douce existence ; on porte la durée de sa vie jusqu'à trois cents ans.

La femelle du cygne couve pendant six semaines au moins. Elle commence à pondre au mois de février. Elle met, comme l'oie, un jour d'intervalle entre la ponte de chaque œuf. Elle en produit de cinq à huit, blancs et oblongs, qui ont la coque épaisse et sont d'une grosseur très considérable. Le nid est placé tantôt sur un lit d'herbes sèches au rivage, tantôt sur un tas de roseaux entassés et même flottant sur l'eau.

Les petits naissent assez laids et couverts d'un duvet gris ou jaunâtre ; leurs plumes ne poussent que quelques semaines après. Le cygne est originaire des climats du Nord. Le cygne domestique a le plumage d'une grande blancheur et le bec rouge, tandis que le cygne sauvage a le bec jaune plutôt que rouge, et la tache de ses joues est jaune au lieu d'être noire. Il est plus petit que le premier ; son chant passe pour être moins désagréable. Les anciens croyaient que le cygne près de mourir faisait entendre un chant très mélodieux.

L'OIE

Elle se distingue du cygne à son corps moins gros, à son col plus court et plus raide, à ses pieds élevés, moins écartés et plus portés en avant ; elle se distingue du canard par son bec plus court que la tête, plus étroit en avant qu'en arrière, plus haut que large à sa base. Le mâle s'appelle *jars*. La femelle fait son nid à terre et y pond de six à huit œufs qu'elle couve pendant plus d'un mois. L'oison marche et pourvoit à sa nourriture dès qu'il est sorti de sa coquille. L'oie a la vue et l'ouïe excellentes, l'histoire des oies du Capitole prouve sa vigilance. Elle ne mérite point sa réputation de stupidité, et surtout à l'état sauvage pendant ses migrations, elle a recours à des combinaisons qui prouvent un instinct supérieur : les oies voyagent par troupes sur deux longues lignes formant un angle aigu : le mâle qui conduit se tient au sommet de l'angle et va se placer à l'extrémité de l'une des lignes lorsqu'il est fatigué ; elles devinent la plupart des ruses des chasseurs et font échouer leurs plus habiles stratagèmes.

On élève des oies dans toute la France ; on les engraisse spécialement pour leur foie à Strasbourg et à Toulouse pour faire des pâtés bien connus ; elles aiment surtout le trèfle, la chicorée et la laitue. La peau garnie de

son duvet est une fourrure estimée ; les grosses plumes de l'aile servent pour écrire. Les oies sauvages diffèrent peu de nos oies domestiques ; elles partent du Nord et arrivent en France vers la fin d'octobre.

L'*oie rieuse*, grise et noire, est ainsi nommée à cause de son cri qui a quelque ressemblance avec le rire de l'homme.

L'EIDER

L'eider, qui ressemble beaucoup au canard en général, a pour caractère distinctif un long bec échancré à sa base par un angle que forment les plumes du front. Le mâle est blanchâtre, mais il a le ventre et la queue noirs. La femelle est grise, émaillée de brun. L'un et l'autre portent sous le ventre le duvet si estimé et dont on fait un commerce important.

Ce duvet, connu sous le nom d'*édredon*, est si élastique et si léger, que deux ou trois livres, en le pressant et le réduisant à une pelote à tenir dans la main, vont se dilater jusqu'à remplir et renfler le couvre-pieds d'un grand lit.

Le meilleur duvet, que l'on nomme *duvet vif*, est celui que l'eider s'arrache pour garnir son nid, et que l'on recueille dans ce nid même. La femelle pond cinq ou six œufs, qu'elle renouvelle plusieurs fois lorsqu'on les lui ravit.

L'eider habite les mers glaciales et vit de poissons, de coquillages, de plantes marines et d'insectes qu'il prend en plongeant très profondément dans la mer.

LE CANARD

On divise l'espèce du canard en deux grandes races distinctes : les canards sauvages et les canards domestiques.

C'est vers le 15 octobre que paraissent en France les premiers canards : leurs bandes, d'abord petites, sont suivies, en novembre, par d'autres plus nombreuses. On reconnaît ces oiseaux, dans leur vol élevé, aux lignes inclinées et aux triangles réguliers que leur troupe trace, par sa

disposition dans l'air ; et, lorsqu'ils sont tous arrivés des régions du Nord, on les voit continuellement voler et se porter d'un étang, d'une rivière à une autre ; c'est alors qu'on les chasse à l'affût, au filet, et même à l'hameçon. De toutes nos provinces, la Picardie est celle où l'éducation des canards domestiques est la mieux soignée, et où la chasse des sauvages est la plus fructueuse, au point même d'être pour le pays l'objet d'un revenu assez considérable. Les allures des canards sauvages sont plus de nuit que de jour ; ils paissent, voyagent, arrivent et partent principalement le soir et même la nuit : la plupart de ceux que l'on voit en plein jour ont été forcés de prendre essor par les chasseurs ou par les oiseaux de proie.

Tant que la saison ne devient pas rigoureuse, les insectes aquatiques, les petits poissons, les grenouilles, les graines du jonc, la lentille d'eau, etc., fournissent abondamment à la pâture des canards ; mais, vers la fin de décembre, si les grandes pièces d'eau stagnante sont glacées, ils se portent sur les rivières encore coulantes. Lorsque la gelée continue pendant huit ou dix jours, ils disparaissent pour ne revenir qu'aux dégels, dans le mois de février ; puis ils retournent, au commencement du printemps, dans les régions du Nord, où ils nichent et passent l'été.

La cane sauvage, comme les autres oiseaux aquatiques, place de préférence sa nichée près des eaux. On trouve ordinairement dans chaque nid dix à quinze et quelquefois jusqu'à dix-huit œufs ; ils sont ordinairement

d'un blanc verdâtre. Chaque fois que la femelle quitte ses œufs, elle les
enveloppe dans le duvet qu'elle s'est arraché pour en garnir son nid.
Jamais elle ne s'y rend au vol ; mais lorsqu'une fois elle est tapie sur ses
œufs, l'approche même d'un homme ne les lui fait pas quitter.

Tous les petits naissent dans la même journée, et dès le lendemain la
mère descend du nid et les appelle à l'eau. Timides ou frileux, ils hésitent
et même quelques-uns se retirent ; néanmoins le plus hardi s'élance après
la mère, et bientôt les autres le suivent. Une fois sortis du nid, ils n'y
rentrent plus.

Les jeunes canards acquièrent en six mois leur grandeur et toutes leurs
couleurs : le mâle se distingue par une petite boucle de plumes relevée
sur le croupion ; il a de plus la tête lustrée d'un riche vert d'émeraude,
et l'aile ornée d'un brillant miroir ; le demi-collier blanc au milieu du
cou, le beau brun pourpré de la poitrine et les couleurs des autres parties
du corps sont assortis, nuancés, et font en tout un beau plumage qui est
assez connu.

Dans la famille entière des canards, les mâles sont parés des plus belles
couleurs, tandis que les femelles n'ont presque toutes que des robes unies,
brunes, grises ou couleur de terre.

Il y a une foule de variétés dans cette espèce.

LE CANARD SIFFLEUR ET LA MACREUSE

Le canard siffleur doit son nom à sa voix claire, sifflante, assez semblable au son aigu d'un fifre. Son plumage est d'un beau roux sur le col,
blanc et liséré de petits zigzags sur le dos, blanc et d'un vert bronzé sur
les ailes, blanc au ventre. Il vole et nage toujours par bandes ; il vit de
graines de jonc, d'insectes, de crustacés, de grenouilles et de vermisseaux.
On le trouve en Amérique comme en Europe.

La macreuse est un peu effilée, aussi grosse que le canard proprement
dit, et a le plumage noir. Elle pond et niche sur les côtes de Suède et de
Norvège, et vient dans nos climats, de décembre en avril. On prétendait
autrefois que les macreuses naissaient d'un coquillage ou d'un arbre.

On ne voit aucune macreuse voler ailleurs qu'au-dessus de la mer ; leur
vol est bas et mou et de peu d'étendue ; elles ne s'élèvent presque pas, et
souvent leurs pieds trempent dans l'eau en volant.

LES SARCELLES

La figure de la sarcelle commune est celle d'un petit canard, et sa
grosseur celle d'une perdrix. Le plumage du mâle, avec des couleurs
moins brillantes que celui du canard, n'en est pas moins riche en reflets
agréables. Le devant du corps présente un beau plastron tissu de noir sur

gris. Les côtés du cou et les joues, jusque sous les yeux, sont ouvragés de petits traits de blanc, sur un fond roux. Le dessus de la tête est noir, ainsi que la gorge. Des plumes longues et taillées en pointe couvrent les épaules et retombent sur l'aile en rubans blancs et noirs ; les couvertures qui tapissent les ailes sont ornées d'un petit miroir vert.

La parure de la femelle est bien plus simple ; vêtue partout de gris et de gris brun, à peine remarque-t-on quelques ombres d'ondes ou festons sur sa robe.

La sarcelle ordinaire, connue sous le nom de *racanette* ou *mercanette*, est longue de trente à quarante centimètres et ne reste en France qu'au printemps et en automne : la sarcelle d'hiver, moins grande que la précédente, habite nos pays pendant toute l'année.

LE PÉLICAN

On a représenté sous la figure du pélican la tendresse paternelle se déchirant le sein pour nourrir de son sang sa famille languissante ; mais

cette fable ne devait pas s'appliquer au pélican, qui vit dans l'abondance et qui a une grande poche dans laquelle il porte en réserve le produit de sa pêche.

Le pélican égale ou même surpasse le cygne en grandeur, ses jambes sont très basses, tandis que ses ailes sont tellement étendues que l'envergure en est d'environ quatre mètres. Il se soutient donc très aisément et très longtemps dans l'air : il s'y balance avec légèreté, et ne change de place que pour tomber à plomb sur sa proie. C'est de cette manière que les pélicans pêchent lorsqu'ils sont seuls ; mais en troupes ils savent varier leurs manœuvres et agir de concert.

Cet oiseau doit être un excellent nageur, car il est parfaitement *palmipède* ; ses pieds sont rouges ou jaunes, suivant l'âge. Il paraît aussi que c'est avec l'âge qu'il prend cette belle teinte de couleur rose tendre et comme transparente qui semble donner à son plumage le lustre d'un vernis.

Les plumes du cou ne sont qu'un duvet court ; celles de la nuque forment une espèce de petite huppe. Les couleurs du bec sont du jaune et du rouge pâle sur un fond gris : il est aplati en dessus comme une large larme relevée d'une arête sur sa longueur, et se terminant par une pointe en croc ; la poche membraneuse qui pend au-dessous comme un sac en forme de nasse peut contenir plus de dix-huit litres de liquide ; elle est si large et si longue, qu'on y fait entrer le bras jusqu'au coude.

Ce gros oiseau paraît susceptible de quelque éducation, et même d'une certaine gaieté, malgré sa pesanteur ; il n'a rien de farouche et s'habitue volontiers avec l'homme.

En général, ces oiseaux paraissent appartenir spécialement aux climats plutôt chauds que froids. On les trouve dans l'Asie Mineure, dans la Grèce, etc. Les rives du Nil en hiver, et celles du Strymon en été, vues du haut des collines, paraissent blanches par le grand nombre de pélicans qui les couvrent.

Le nid du pélican se trouve communément au bord des eaux.

Cet oiseau, aussi vorace que grand déprédateur, engloutit dans une seule pêche autant de poissons qu'il en faudrait pour le repas de six hommes ; il avale aisément un poisson de trois à quatre kilogrammes.

LA FRÉGATE

La frégate, de la grosseur d'une poule, mais avec des ailes démesurément longues, a la tête blanche avec le plumage du corps noir tacheté de blanc. La femelle ne pond qu'un ou deux œufs d'un blanc de chair tacheté de rouge.

Le meilleur voilier, le plus rapide de nos vaisseaux, la frégate, a donné son nom à l'oiseau qui vole avec le plus de vitesse sur les mers. Balancé sur des ailes d'une prodigieuse longueur, se soutenant sans mouvement sensible, cet oiseau semble nager paisiblement dans l'air tranquille, pour attendre l'instant de fondre sur sa proie avec la rapidité d'un trait; et lorsque les airs sont agités par la tempête, légère comme le vent, la frégate s'élève jusqu'aux nues et va chercher le calme en s'élançant au-dessus des orages. Elle voyage en tous sens, en hauteur comme en étendue: elle se porte au large à plusieurs centaines de lieues et fournit tout d'un vol ces traites immenses.

Ce n'est qu'entre les tropiques ou un peu au delà que l'on rencontre la frégate dans les mers des deux mondes. Elle exerce sur les oiseaux de la zone torride une espèce d'empire; elle en force plusieurs, particulièrement les fous, à lui servir comme de pourvoyeurs; les frappant d'un coup d'aile ou les pinçant de son bec crochu, elle leur fait dégorger le poisson qu'ils avaient avalé et s'en saisit avant qu'il soit tombé.

LE CORMORAN

Aussi bon plongeur que nageur et grand destructeur de poisson, le cormoran est un assez grand oiseau à pieds palmés. Il est à peu près de la grandeur de l'oie; mais sa taille est allongée par une grande queue, composée de quatorze plumes raides, qui sont, ainsi que presque tout le plumage, d'un noir lustré de vert.

Le cormoran est d'une telle adresse à pêcher et d'une si grande voracité que, quand il se jette sur un étang, il y fait seul plus de dégâts qu'une troupe entière d'autres oiseaux pêcheurs.

Dans quelques pays, comme à la Chine et autrefois en Angleterre, on a su mettre à profit le talent du cormoran pour la pêche et en faire pour ainsi dire un pêcheur domestique.

Les cormorans du Kamtschatka passent la nuit rassemblés par troupes sur les saillies des rochers escarpés, d'où ils tombent souvent à terre pendant leur sommeil, et deviennent alors la proie des renards qui sont toujours à l'affût.

L'AVOCETTE ET LES HIRONDELLES DE MER

Les oiseaux à pieds palmés ont presque tous les jambes courtes; l'avocette les a très longues. Un caractère encore plus frappant par sa singularité chez cet oiseau, c'est le renversement du bec: sa courbure, tournée en haut, présente un arc de cercle relevé, dont le centre est au-dessus de la tête. Ce bec est d'une substance tendre et presque membraneuse à sa pointe; il est mince, faible, grêle, comprimé horizontalement, incapable d'aucune défense et d'aucun effort.

Il est difficile d'imaginer comment cet oiseau se nourrit à l'aide d'un instrument avec lequel il ne peut ni becqueter ni saisir, mais tout au plus

sonder le limon le plus mou ; aussi se borne-t-il à chercher dans l'écume des
flots le frai des poissons, qui paraît être le principal fond de sa nourriture.

Cet oiseau, qui n'est qu'un peu plus gros que le vanneau, a les jambes
très hautes, le cou long et la tête arrondie. Son plumage est d'un blanc

de neige sur tout le devant du corps et coupé de noir sur le dos, la queue
est blanche, le bec est noir, et les pieds sont bleus.

L'hirondelle de mer ou sterne ressemble beaucoup aux mouettes ; elle
a le bec effilé, tranchant, pointu, des ailes très longues échancrées, une
queue en général fourchue.

Ses pieds sont à demi palmés, très courts, très petits, presque inutiles
pour la marche ; les ongles pointus qui arment les doigts ne paraissent pas
lui être nécessaires, puisqu'elle saisit sa proie avec le bec.

La grande puissance du vol de l'hirondelle de mer en fait un oiseau
aérien, mais elle se présente comme un oiseau d'eau par ses autres attri-

buts, car indépendamment de la membrane échancrée qu'elle porte entre
les doigts, elle a une petite portion de la jambe dénuée de plumes, et le
corps revêtu d'un duvet fourni et très serré. La plus commune sur nos
côtes est la Saint-Pierre-Garin, d'un cendré bleuâtre en dessus et blanc en
dessous, la calotte noire de sa tête, son bec et ses pieds rouges, en font
un bel oiseau.

Cette hirondelle pêcheuse, hardie et adroite, se précipite dans la mer sur le poisson qu'elle guette, et après avoir plongé, se relève, et souvent remonte en un instant à la même hauteur où elle était en l'air, elle digère le poisson, presque aussi promptement qu'elle le prend, car il se fond en peu de temps dans son estomac ; la partie qui touche le fond du sac se dissout

la première, et toute sa force digestive est si grande qu'elle peut aisément prendre un second repas une heure ou deux après le premier. Ses œufs sont fort gros et de couleur différente, bruns, gris, verdâtres ; elle les dépose dans un petit creux, sur le sable nu, à l'abri du vent du nord ; si l'on approche de sa nichée, elle se précipite du haut de l'air et arrive à l'homme en jetant de grands cris redoublés, d'inquiétude et de colère.

Ces hirondelles fréquentent les côtes de nos mers, les bois et les rivières, et elles en partent aux approches de l'hiver.

LES GOÉLANDS ET LES MOUETTES, LE LABBE OU STERCORAIRE

Tous ces oiseaux, goélands et mouettes, sont également voraces et criards : on peut dire que ce sont les vautours de la mer ; ils la nettoient des cadavres de toute espèce qui flottent à sa surface ou qui sont rejetés sur les rivages. Aussi lâches que gourmands, ils n'attaquent que les animaux faibles et ne s'acharnent que sur les corps morts.

Les goélands et les mouettes ont également le bec tranchant, allongé, aplati par les côtés, avec la pointe renforcée ou recourbée en croc. Leur tête est grosse : ils la portent mal et presque entre les épaules, soit qu'ils marchent ou qu'ils soient en repos. Ils courent assez vite sur les rivages et volent encore mieux au-dessus des flots. Ils sont fournis d'un duvet fort épais, qui est d'une couleur bleuâtre, surtout à l'estomac ; mais il n'acquièrent complètement leurs couleurs, c'est-à-dire le beau blanc sur le corps et du noir ou gris bleuâtre sur le manteau, qu'après avoir passé par plusieurs mues, et dans leur troisième année. Ces oiseaux se tiennent en troupes sur les rivages de la mer ; souvent on les voit couvrir de leur multitude les écueils et les falaises qu'ils font retentir de leurs cris importuns ; en général, il n'est pas d'oiseau plus commun sur les côtes, et l'on en rencontre en mer jusqu'à quatre cents kilomètres de distance.

Les goélands et les mouettes viennent du Nord et font, en suivant les navires, des traversées de trois mille kilomètres sans se reposer ; ils se

nourrissent de cadavres de poissons. Ils déposent leurs œufs en très grand nombre dans les rochers.

Le labbe doit son nom à son cri *lab lab !* Il a un bec cylindrique, muni d'un onglet ; il est brun avec un miroir blanc sur l'aile : il exerce un empire tyrannique sur les mouettes, les goélands et les fous, qu'il poursuit à coups de bec pour leur faire dégorger leur proie et la leur enlever. On le trouve communément l'hiver sur nos côtes. A le voir, on dirait une petite mouette.

LES PÉTRELS OU OISEAUX DE TEMPÊTES

Pourvus de longues ailes, munis de pieds palmés, les pétrels ajoutent à l'aisance et à la légèreté du vol la facilité de nager, la singulière faculté de courir et de marcher sur l'eau, en effleurant les ondes par le mouvement d'un transport rapide, dans lequel le corps est horizontalement soutenu et balancé par les ailes ; les pieds frappent alternativement et précipitamment la surface de l'eau.

Les espèces de pétrels sont nombreuses. Ils ont tous les ailes grandes et fortes ; cependant ils ne s'élèvent pas à une grande hauteur, et communément ils rasent l'eau dans leur vol.

Pour faire leurs nichées, ils se cachent dans des trous sous les rochers au bord de la mer. Ils font entendre du fond de ces trous leur voix désagréable, que l'on prendrait le plus souvent pour le coassement d'un reptile.

Leur ponte n'est pas nombreuse. Ils nourrissent et engraissent leurs petits en leur dégorgeant dans le bec la substance, à demi digérée et déjà ré-

duite en huile, des poissons dont ils font leur principale nourriture. Quand on les attaque, la peur ou l'espoir de se défendre leur fait rendre l'huile dont ils ont l'estomac rempli : ils la lancent au visage et aux yeux du chasseur.

L'ALBATROS

Sans même en excepter le cygne, l'albatros est le plus gros des oiseaux d'eau; il n'habite que les mers australes.

Sa très forte corpulence lui a fait donner le nom de *mouton du Cap*. Le fond de son plumage est d'un blanc gris, brun sur le manteau, avec de petites hachures noires au dos et sur les ailes : une partie des grandes pennes de l'aile et l'extrémité de la queue sont noires. La tête est grosse et de forme arrondie; son bec crochu est très grand et très fort : il est composé de plusieurs pièces qui semblent articulées et jointes par des sutures, avec un croc surajouté et le bout de la partie inférieure ouvert en gouttière et comme tronqué.

Malgré cette force de corps et ces armes, l'albatros n'attaque pas même les grands poissons, et ne vit guère que de petits animaux marins, et surtout de poissons mous et de zoophytes mucilagineux, qui flottent en quantité sur les mers australes.

Ces oiseaux effleurent en volant la surface de la mer, et ne prennent un vol plus élevé que dans le gros temps et par la force du vent.

LE GRÈBE

Le grèbe est bien connu par ces beaux manchons d'un blanc argenté qui ont, avec la moelleuse épaisseur du duvet, le ressort de la plume et le lustre de la soie. Son plumage sans apprêt, et en particulier celui de la poitrine, est, en effet, un beau duvet très serré, très ferme, bien peigné, et dont les brins lustrés se couchent et se joignent de manière à ne former qu'une surface glacée, luisante et aussi impénétrable au froid de l'air qu'à l'humidité de l'eau. Ce vêtement à toute épreuve est nécessaire au grèbe, qui, dans les plus rigoureux hivers, se tient constamment sur les eaux comme nos plongeons.

Les grèbes se trouvent dans les deux continents et fréquentent la mer et les eaux douces. Ils vivent de poissons, de mollusques, d'algues et d'insectes. On connaît surtout le grèbe huppé, type du genre, et long de quarante-cinq à cinquante centimètres. Il a les plumes de la tête allongées et partagées en arrière en deux faisceaux qui représentent deux espèces de cornes rousses et noires à la pointe ; sa face est d'un blanc roussâtre ; son corps est brun noir en dessus, blanc argenté en dessous ; l'iris des yeux et les pieds sont rougeâtres. Il habite la France et niche dans les roseaux.

LE MACAREUX

Les macareux forment une subdivision du genre Pingouin ; ils ont pour caractères : un bec plus court que la tête, plus haut que long, très comprimé, sillonné transversalement, à arête supérieure tranchante et surmontant le niveau du crâne, et à base garnie d'une peau plissée ; des mandibules arquées et échancrées vers la pointe ; des narines presque entièrement fermées par une membrane nue ; enfin des ailes très courtes.

Ces oiseaux changent de climats suivant les saisons ; leur départ du lieu d'où ils sont originaires se fait en automne et leur retour au printemps. Ces deux époques leur sont funestes ; comme ils tiennent difficilement la mer, si elle n'est pas calme, il arrive très souvent que, surpris pendant leur voyage par une tempête, ils périssent en grand nombre, l'instinct de sociabilité les faisant se réunir en troupes quelquefois très considérables. On a remarqué qu'ils se plaisent sur les mers glacées du cercle arctique plus que partout ailleurs, et on les y voit confondus avec les pingouins et les guillemots.

Les macareux visitent rarement les parages tempérés de l'Europe : pourtant l'espèce la plus commune, le macareux moine, abonde, pendant l'hiver, sur nos côtes et niche même quelquefois sur celles d'Angleterre. Ces oiseaux se nourrissent de petits mollusques, de crustacés, de chevrettes ;

enfin de tout insecte de mer et même de petits poissons qu'ils saisissent en plongeant. Ils ne construisent point de nid et déposent seulement leurs œufs au fond d'un trou creusé dans le sable ou entre les fentes des rochers.

Les espèces que l'on connaît sont :

Le *Macareux moine*, que représente notre gravure et dont le plumage, qui paraît plus composé de duvet que de plumes, est noir sur la tête et sur tout le dessus du corps, et blanc en dessous. Une espèce très voisine de celle-là par son plumage, qui est absolument le même, mais qui en diffère pourtant par un bec plus haut et plus arqué, est le *Macareux glacial*, appartenant exclusivement à l'Amérique du Nord.

LES PLONGEONS

On donne le nom de plongeons aux oiseaux qui ont l'habitude de plonger jusqu'au fond de l'eau en poursuivant leur proie ; ils diffèrent des autres oiseaux aquatiques en ce qu'ils ont le bec droit, pointu, et les doigts entièrement palmés.

LES PINGOUINS ET LES MANCHOTS OU OISEAUX SANS AILES

Les pingouins et les manchots paraissent tenir le milieu entre les oiseaux et les poissons. En effet, ils ont, au lieu d'ailes, de petits ailerons que l'on dirait couverts d'écailles plutôt que de plumes, et qui leur servent de na-

geoires, avec un gros corps, uni et cylindrique, à l'arrière duquel sont attachées deux larges rames, plutôt que deux pieds.

A terre leur marche est lourde et lente : pour avancer et se soutenir sur leurs pieds courts et posés tout à l'arrière du ventre, il faut qu'ils se tiennent debout, leur gros corps redressé en ligne perpendiculaire avec le cou et la tête.

Mais autant ils sont pesants et gauches à terre, autant ils sont lestes et prestes dans l'eau, où ils restent longtemps plongés.

Quoique la ponte des manchots ne soit que de deux ou trois œufs au plus, ou même d'un seul, cependant, comme ils ne sont jamais troublés sur les terres inhabitées où ils se rassemblent, les espèces de ces demi-oiseaux ne laissent pas d'être fort nombreuses.

Pour nicher, ils se creusent des trous ou des terriers sur une plage de sable : le terrain en est partout si criblé, que souvent en marchant on y en-

fonce jusqu'aux genoux ; et si le manchot se trouve dans son trou, il se venge du passant en le saisissant aux jambes qu'il pince bien serré.

Les manchots se rencontrent non seulement dans toutes les plages australes, mais on les voit aussi dans l'océan Atlantique, à de moins hautes latitudes.

Le pingouin commun est à peu près de la taille du canard ; il se montre quelquefois sur nos côtes en hiver et peut voler, mais sans s'élever ; le grand pingouin est incapable de voler.

Le grand manchot, de la grosseur d'une oie, a le dos de couleur bleu ardoisé et le ventre blanc satiné ; le manchot-gorfou a des plumes dorées sur la tête. Il ne dépasse guère en grosseur notre canard domestique ; ses ailes sont sans plumes, pendantes comme des manches ; ces oiseaux ne volent point, mais se promènent en petites troupes ; on les trouve ordinairement dans l'île de Pinguin, au cap de Bonne-Espérance.

TROISIÈME PARTIE

REPTILES ET POISSONS

LES TORTUES

Parmi les reptiles on distingue d'abord les tortues, dont le corps est enfermé dans une sorte de cuirasse osseuse qui ne laisse d'ouvertures que pour la tête, les quatre pattes et la queue ; on nomme *carapace* l'écaille du dos, et *plastron* celle du ventre. Les tortues de terre ou tortues proprement dites se reconnaissent à leurs pieds propres à la marche et non à la nage.

Parmi les tortues de terre, nous citerons la *grecque*. On la rencontre dans les bois et sur les terres élevées. La tortue grecque peut passer pour un des plus lents des quadrupèdes ovipares ; elle emploie beaucoup de temps pour parcourir le plus petit espace ; mais si elle ne s'avance que lentement, les mouvements des diverses parties de son corps sont quelquefois assez agiles.

On les trouve principalement en Grèce où elles sont très communes et dans quelques contrées tempérées de l'Europe.

Les tortues *grecques* ressemblent, à beaucoup d'égards, aux tortues d'eau douce ; leur taille varie beaucoup, suivant leur âge et les pays qu'elles habitent. Il paraît que celles qui vivent sur les montagnes sont plus grandes que les tortues de plaine.

La couverture supérieure de *la grecque* est très bombée, et c'est ce qui fait que lorsqu'elle est renversée sur le dos, elle peut reprendre sa première situation et ne pas rester en proie à ses ennemis, comme les tortues franches.

Le fardeau que *la grecque* supporte est une preuve de la force dont elle jouit : cette force est d'ailleurs confirmée par la grande facilité avec laquelle elle brise dans sa gueule des corps très durs. Ses mâchoires sont mues par des muscles si vivaces que l'on a remarqué, dans une petite tortue dont la tête avait été coupée une demi-heure auparavant, qu'elles claquaient encore avec un bruit assez sensible.

La tortue *grecque* se nourrit d'herbes, de fruits, et même de vers, de limaçons et d'insectes. Ses mœurs sont assez douces; elle est aussi paisible que sa marche est lente.

Parmi les tortues d'eau douce, nous citerons la *bourbeuse :* c'est une de celles que l'on rencontre le plus souvent au milieu des eaux douces. Elle est beaucoup plus petite que les tortues de mer, dont nous parlerons ci-après.

La couleur de sa peau tire un peu sur le noir, ainsi que celle de la carapace. Les doigts sont très distincts l'un de l'autre, mais réunis par une membrane ; il y en a cinq aux pieds de devant et quatre aux pieds de derrière ; la queue est à peu près longue comme la moitié de la couverture supérieure : au lieu de la replier sous sa carapace, ainsi que la plupart des tortues de terre, la bourbeuse la tient étendue lorsqu'elle marche, et l'on croirait avoir devant les yeux un lézard dont le corps serait caché sous un bouclier plus ou moins étendu. Ainsi que les autres tortues, elle fait entendre quelquefois un sifflement entrecoupé.

On la trouve, non seulement dans les climats tempérés et chauds de l'Europe, mais encore en Asie, dans les grandes Indes, etc. On la rencontre à des latitudes beaucoup plus élevées que les tortues de mer.

Elle se nourrit de limaçons, de vers et de toutes sortes de petits insectes : pour cette raison elle est fort utile dans les jardins.

L'*émyde*, appelé aussi *tortue des marais*, se distingue par une carapace plus ou moins déprimée et ses pieds flexibles et propres à la natation. On les prend à l'hameçon comme des poissons. On les trouve dans tous les pays du monde, excepté en Australie.

Finissons en parlant de la *tortue de mer* ou *tortue franche*. On la reconnaît à sa carapace glacée de verdâtre et plus ou moins marbrée, aux

plaques hexagonales (à six côtés) de son dos. Elle atteint jusqu'à deux mètres de long sur un mètre et demi de large. Elle habite surtout les côtes des continents situés sous la zone torride, tant dans l'ancien que dans le nouveau monde. Les bas-fonds qui bordent ces îles et ces continents sont revêtus d'une grande quantité d'algues et d'autres plantes que la mer couvre de ses ondes. C'est sur ces espèces de prairies que l'on voit les tortues franches se promener paisiblement, se nourrissant de l'herbe de ces pâturages. Elles sont en grand nombre et forment des troupeaux marins qui ne le cèdent en rien à nos meilleurs moutons.

car leur chair joint à un goût exquis une vertu des plus actives et des plus salutaires.

Elles pondent en avril sur le rivage de la mer, où elles cachent leurs œufs dans le sable, laissant au soleil le soin de les faire éclore.

LES LÉZARDS

Les lézards sont reconnaissables à l'espèce de bouche formée par le prolongement des os du crâne, à leurs deux paires de pattes, à leur queue généralement assez longue et flexible, très cassante, mais qui repousse facilement. Leur nourriture se compose, pour les grosses espèces, de poissons et d'ossements de quadrupèdes ; pour les petites, de vers, d'insectes, d'œufs d'oiseaux et de fruits.

LE CROCODILE

Incapable de désirs très ardents, il ne ressent pas la férocité. S'il se nourrit de proie, s'il attaque même quelquefois l'homme, ce n'est pas, comme fait

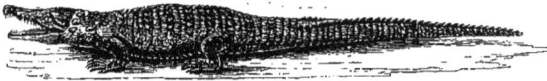

le tigre, pour assouvir un appétit cruel, pour obéir à une soif de sang que rien ne peut étancher, mais uniquement pour satisfaire des besoins d'autant plus impérieux, qu'il doit entretenir une masse plus considérable.

La forme générale du crocodile est assez semblable, en grand, à celle des autres lézards : sa tête est allongée, aplatie et fortement ridée, le museau

gros et un peu arrondi ; au-dessus est un espace rond, rempli d'une subs-
tence noirâtre, molle et spongieuse, où sont placées les ouvertures des narines ; la gueule s'ouvre jusqu'au delà des oreilles ; les mâchoires ont plusieurs pieds de longueur.

Les dents sont quelquefois au nombre de trente-six dans la mâchoire supérieure et de trente dans la mâchoire inférieure. Elles sont fortes, un peu

creuses, pointues, inégales en longueur, et un peu courbées en arrière :
leur disposition est telle que, quand la gueule est fermée, elles passent les
unes entre les autres.

La mâchoire inférieure est la seule mobile dans le crocodile, ainsi que
dans les autres quadrupèdes.

Le crocodile n'a point de lèvres : aussi, lorsqu'il marche ou qu'il nage
avec le plus de tranquillité, montre-t-il ses dents, comme par furie.

La queue est très longue ; elle est, à son origine, aussi grosse que le
corps, dont elle paraît une prolongation : sa forme aplatie, et assez semblable à celle d'un aviron, donne au crocodile une grande facilité pour se
gouverner dans l'eau et frapper cet élément de manière à y nager avec vitesse. Indépendamment de ce secours, les doigts de pieds de derrière sont
réunis par des membranes dont il peut se servir comme d'espèces de nageoires.

La nature a pourvu à la sûreté des crocodiles en les revêtant d'une armure presque impénétrable. Tout leur corps est couvert d'écailles excepté le sommet de la tête, où la peau est collée immédiatement sur l'os.

La femelle pond deux ou trois fois par an une vingtaine d'œufs qu'elle enfonce dans le sable, laissant au soleil le soin de les faire éclore, à moins que, comme cela arrive heureusement très souvent, les ichneumons ne les détruisent par centaines.

Leur chair n'est pas bonne à manger; ils vivent surtout de poisson et peuvent atteindre à plus de dix mètres de longueur.

Les caïmans ou alligators, originaires des grands fleuves de l'Amérique, ont le museau large et obtus, les dents très inégales, les pieds à demi palmés; ils atteignent à quatre ou cinq mètres de longueur. Leurs mœurs sont les mêmes que celles des autres crocodiles. Les gavials ont le museau étroit, allongé, surmonté d'une protubérance particulière. Ils atteignent à cinq ou six mètres de long et se trouvent surtout dans le Gange (Asie).

L'IGUANE

On reconnaît l'iguane au goitre ou poche énorme qu'il a sous le cou, et à la rangée d'écailles pointues placées comme une crête sur le dos et la queue. Le dessus de son corps varie, à sa volonté, du bleu au vert et au jaunâtre. Il atteint jusqu'à un mètre et demi en longueur; sa chair est estimée. On le trouve surtout au Brésil, à la Martinique et à Saint-Domingue.

La femelle de l'iguane est ordinairement plus petite que le mâle; ses couleurs sont plus agréables, ses porportions plus sveltes; son regard est plus doux, et ses écailles présentent souvent l'état d'un très beau vert.

C'est environ deux mois avant la fin de l'hiver que les iguanes femelles descendent des montagnes ou sortent des bois, pour aller déposer leurs œufs sur le sable du bord de la mer : ces œufs sont presque toujours en nombre impair, depuis treize jusqu'à vingt-cinq. Ils ne sont pas plus gros mais plus longs que ceux du pigeon; la coque en est blanche et souple. Ils donnent, disent la plupart des voyageurs, un excellent goût à toutes les sauces, et valent mieux que ceux de la poule.

Si l'on a de la peine à le tirer à coups de fusil, il est très facile de le faire périr en lui enfonçant un poinçon, ou seulement un tuyau de paille dans les naseaux : quelques gouttes de sang s'échappent à l'instant même et l'animal expire.

On peut garder un iguane en vie pendant plusieurs jours sans lui donner aucune nourriture; la contrainte semble d'abord le révolter; il est fier, il paraît méchant; mais bientôt il s'apprivoise.

LE CHLAMYDOSAURE OU LÉZARD A MANTEAU

Le lézard à manteau, ou chlamydosaure, n'est pas le moins extraordinaire des enfants de la Nouvelle-Hollande. Sa taille atteint près de quatre-vingt-cinq centimètres de longueur, mais sa queue grêle et cylindrique, recouverte, comme le reste du corps, de petites écailles

imbriquées, en emporte au moins les deux tiers. Il est d'un joli fauve vif en dessus, avec quelques bandes transversales plus claires et liserées de brun. La face supérieure des pattes de derrière et de la base de la queue est rayée de brun. La langue est épaisse, peu extensible et un peu bifurquée au bout : ses dents sont fortes, nombreuses et analogues à celles des serpents : ses pattes ont cinq doigts munis d'ongles robustes et un peu crochus. Mais ce que cet animal a de plus singulier, c'est une énorme collerette de peau mince, couverte sur l'une et l'autre face d'écailles rhomboïdales et carénées. Cette espèce de manteau est dentelée en scie à son bord supérieur.

Le chlamydosaure fait une guerre à mort aux insectes ailés, mouches, papillons, etc. Il les poursuit sur la terre, sur les arbres, et partout où il peut les rencontrer : mais n'ayant pas, comme beaucoup d'animaux de sa classe, une longue langue pour les darder, ainsi que le caméléon, par exemple, il est obligé de déployer toute son agilité pour s'en emparer. N'étant pas essentiellement grimpeur, faute d'avoir les ongles assez crochus et les doigts assez forts, il lui arrive quelquefois, en s'élançant d'un rameau à un autre, pour atteindre sa proie, de manquer son coup et de tomber au pied de l'arbre. Or, il se briserait infailliblement dans sa chute, si sa collerette ne lui servait de parachute. Dès qu'il se sent perdre l'équilibre, il allonge son corps et le raidit en ligne droite comme un bâton : il applique exactement ses jambes sur ses flancs et le long de sa queue ; il étend sa collerette, puis se laisse tomber sans la moindre inquiétude; son corps servant de lest, l'air entre sous son parachute, le soutient, et l'animal descend doucement à terre, en se balançant au gré du vent.

Mais le chlamydosaure fait rarement cette chasse dangereuse pour lui ; il emploie plus souvent la ruse pour s'emparer de sa proie, tout en se livrant à une douce paresse, ce qu'il paraît affectionner beaucoup. Ses longs doigts lui donnent une facilité merveilleuse pour courir sur la mousse et les feuilles sèches, aussi se plaît-il beaucoup sur les bords des bois, ou au pied des roches moussues; c'est là qu'il passe des heures entières au soleil, dans l'immobilité la plus complète, en attendant que le hasard amène un insecte à la portée de sa gueule.

Ce goût pour la paresse, commun à tous les reptiles, vient sans doute de la même cause qui, dans les pays tempérés, les fait s'engourdir pendant l'hiver. Cette cause est dans le peu de chaleur de leur sang, à peine plus chaud que la température de l'air. Il en résulte encore que tous ces animaux n'ont besoin de respirer qu'à de longs intervalles, ce qui leur donne la faculté de rester sous l'eau, sans se noyer, beaucoup plus longtemps que les mammifères, quelquefois même plusieurs heures de suite. Tels sont les lézards, les crocodiles, les couleuvres, les grenouilles, etc.

Quoi qu'il en soit, comme les iguanes, famille à laquelle appartient le chlamydosaure, ce lézard ne se borne pas à manger des insectes, il attaque fort bien les oiseaux de petite taille, et surtout leurs œufs ou leurs petits, quand il peut les surprendre dans le nid.

LE BASILIC

On a fait autrefois bien des contes merveilleux et ridicules sur cet animal pourtant bien inoffensif. On le représentait tantôt comme un affreux serpent à huit pattes, comme un dragon dont le regard seul suffisait pour donner la mort.

C'est un lézard voisin des iguanes, et reconnaissable à une sorte de capuchon en forme de couronne qu'il a sur la tête. Il vit sur les arbres comme presque tous les lézards, qui, ayant les doigts divisés, peuvent y grimper avec facilité et en saisir aisément les branches. Non seulement il peut y courir assez vite, mais, remplissant d'air son espèce de capuchon, déployant sa crête, augmentant son volume, et devenant par là plus léger, il saute et voltige, pour ainsi dire, avec agilité de branche en branche. Son séjour n'est cependant pas borné au milieu des bois; il va à l'eau sans peine, et, lorsqu'il veut nager, il enfle également son capuchon et étend ses membranes.

On trouve surtout le basilic dans l'Amérique méridionale.

LES PETITS LÉZARDS

Le lézard *gris* paraît être le plus doux, le plus innocent et l'un des plus utiles des lézards. Ce joli petit animal, si commun dans notre pays, n'a pas reçu de la nature un vêtement aussi éclatant que plusieurs autres quadrupèdes ovipares ; mais sa petite taille est svelte, ses mouvements agiles, sa course si prompte, qu'il échappe à l'œil aussi rapidement que l'oiseau qui vole.

Tout est délicat et doux à la vue de ce petit lézard. La couleur grise

Lézard vert.

que présente le dessus de son corps est variée par un grand nombre de taches blanchâtres, et par trois bandes presque noires qui parcourent la longueur du dos; celle du milieu est plus étroite que les deux autres. Son ventre est peint de vert changeant en bleu : il n'est aucune de ses écailles dont le reflet ne soit agréable; et, pour ajouter à cette simple mais riante

parure, le dessus du cou est garni d'un collier composé d'écailles, ordinairement au nombre de sept, un peu plus grandes que les voisines, et qui
réunissent l'éclat et la couleur de l'or. Au reste, dans ce lézard comme
dans tous les autres, les teintes et la distribution des couleurs sont sujettes
à varier suivant l'âge, le sexe et le pays.

Il a ordinairement quatorze à seize centimètres de long et un centimètre
et demi de large : quelle différence entre ce petit animal et l'énorme crocodile ! On ne craint point ce lézard doux et paisible.

Sa queue, qui va toujours en diminuant de grosseur, et qui se termine
en pointe, est à peu près deux fois aussi longue que le corps : elle est tachetée de blanc et d'un noir peu foncé, et les petites écailles qui la couvrent forment des anneaux assez sensibles, souvent au nombre de quatre-
vingts. Lorsqu'elle a été brisée par quelque accident, elle repousse quelquefois, et, suivant qu'elle a été divisée en plus ou moins de parties, elle
est remplacée par deux et même quelquefois par trois queues plus ou
moins parfaites.

La femelle ne couve pas ses œufs, qui sont presque ronds et n'ont pas
quelquefois plus d'un centimètre de diamètre ; mais, comme ils sont pondus dans le temps où la température commence à être très douce, ils éclosent par la seule chaleur de l'atmosphère.

Il se nourrit de proie vivante, insectes, lombrics, etc., qu'il chasse avec
une patience et une habileté étonnantes. On le voit alors, dressé sur ses
pattes antérieures et le cou tendu, comme ferait un chien d'arrêt, suivre

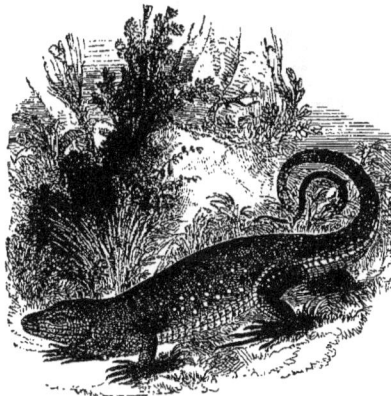

Lézard ocellé.

les mouvements de la proie qu'il convoite, attendre le moment opportun
et se lancer tout à coup sur elle en la saisissant par la tête et dans sa large

guenle ; il secoue ensuite l'animal pour l'étourdir et achève de le tuer en l'écrasant entre ses dents ; le lézard ne boit que très peu et en lappant à la manière des chiens avec sa petite langue.

Le lézard *vert*, qui atteint quelquefois jusqu'à quarante centimètres de long, est remarquable par sa belle couleur verte, ponctuée de taches jaunes. Il se bat courageusement contre les serpents. Comme le lézard gris, il se nourrit d'insectes et même d'œufs de petits oiseaux. En Afrique, on le mange comme un mets délicat. Il habite les pays chauds et les pays tempérés.

Le lézard *ocellé* se trouve en Afrique et dans l'Europe méridionale. Long de 40 centimètres environ, il est vert avec des lignes de points noirs et de grandes taches bleues arrondies sur les flancs.

LE CAMÉLÉON

Cet animal, qui ressemble assez à un gros lézard, est reconnaissable à sa peau chagrinée, à son corps comprimé, dentelé en dessus, à sa queue

prenante et recourbée en dessous, à son cou goitreux et à sa longue langue. Il atteint jusqu'à 50 centimètres de long. On le trouve dans les contrées les plus chaudes de l'Asie, de l'Afrique et de l'Amérique. Il vit d'insectes et peut rester des mois entiers sans manger. Il pond neuf à douze œufs assez semblables à ceux des tortues.

Soit que le caméléon grimpe le long des arbres, soit que, caché sous les feuilles, il y attende paisiblement les insectes dont il se nourrit, soit enfin qu'il marche sur la terre, il paraît toujours assez laid ; il n'offre, pour plaire à la vue, ni proportions agréables, ni taille svelte, ni mouvements rapides ; mais il attire l'attention par la mobilité de ses couleurs.

Ces diverses teintes changent avec autant de fréquence que de rapidité ; elles paraissent d'ailleurs dépendre du climat, de l'âge ou du sexe. Il paraît cependant qu'en général ce lézard est d'un gris plus ou moins foncé ou plus ou moins livide.

Lorsqu'il est à l'ombre et en repos depuis quelque temps, les petits grains de sa peau sont quelquefois d'un rouge pâle ; le dessous de ses pattes est d'un blanc un peu jaunâtre. Mais lorsqu'il est exposé à la lumière du soleil, sa couleur change ; la partie de son corps qui est éclairée devient souvent d'un gris plus brun ; et la partie sur laquelle les rayons du soleil ne tombent point directement offre des couleurs plus éclatantes et des taches qui paraissent isabelles. Dans les intervalles des taches, les grains offrent du gris mêlé de verdâtre et de bleu, et le fond de la peau est rougeâtre. D'autres fois le caméléon est d'un beau vert tacheté de jaune ; lorsqu'on le touche, il paraît souvent couvert tout d'un coup de taches noirâtres assez grandes, mêlées d'un peu de vert ; lorsqu'on l'enveloppe dans un linge ou dans une étoffe de quelque couleur qu'elle soit, il devient de la couleur de cette étoffe.

On prend le caméléon pour l'emblème de l'homme qui change sans cesse d'opinions.

LE DRAGON

Malgré toutes les fables qu'on a débitées sur lui, le dragon est un animal aussi petit que faible, c'est un lézard innocent et tranquille, un des moins armés de tous les quadrupèdes ovipares, et qui, par une conformation particulière, a la facilité de se transporter avec agilité, et de voltiger de branche en branche dans les forêts qu'il habite ; les espèces d'ailes dont il a été pourvu, son corps de lézard, et tous ses rapports avec les serpents, lui ont fait donner le nom de dragon par les naturalistes.

Ces ailes sont composées de six espèces de rayons cartilagineux situés horizontalement de chaque côté de l'épine du dos, et auprès des jambes de devant.

Il a de plus trois espèces de poches allongées et pointues sous sa gorge ; il peut les enfler à volonté pour augmenter son volume, se rendre plus léger et voler plus facilement.

Il vit de mouches, de fourmis et d'autres insectes. On le trouve en Asie, en Afrique et en Amérique.

LA SALAMANDRE TERRESTRE

La salamandre a donné lieu aux contes les plus merveilleux ; on a dit qu'elle pouvait passer au milieu des flammes sans en ressentir la moindre atteinte. La vérité est que l'humeur blanchâtre qui sort des pores de sa peau la préserve pendant quelque temps de l'ardeur du feu. Elle atteint de quinze à vingt centimètres. Elle a quatre doigts aux pieds de devant et cinq à ceux de derrière. Sa peau n'est revêtue d'aucune écaille sensible, mais elle est garnie d'une grande quantité de mamelons, et percée d'un grand nombre de petits trous, dont plusieurs sont très sensibles à la vue simple, et par lesquels découle une sorte de lait qui se répand ordinairement de manière à former un vernis transparent au-dessus de la peau naturellement sèche.

La couleur de ce lézard est très foncée : elle prend une teinte bleuâtre sur le ventre, et présente des taches jaunes assez grandes, irrégulières, et qui s'étendent sur tout le corps, même sur les pieds et sur les paupières. Au reste, la couleur des salamandres terrestres doit être sujette à varier, et il paraît qu'on en trouve dans les bois humides d'Allemagne qui sont toutes noires par-dessus et jaunes par-dessous.

La salamandre terrestre n'a point de côtes, ainsi que les grenouilles, auxquelles elle ressemble d'ailleurs par la forme générale de la partie antérieure du corps. Lorsqu'on la touche, elle se couvre promptement de cette espèce d'enduit dont nous avons parlé, et elle peut également faire passer très rapidement sa peau de cet état humide à celui de sécheresse.

La salamandre à queue plate ressemble beaucoup à la précédente ; elle n'en diffère que par sa queue aplatie, d'où lui vient son nom. Elle paraît mieux vivre dans l'eau que sur terre.

Elle n'est point vivipare comme celle de terre. Elle pond, dans le mois d'avril ou de mai, des œufs qui, dans certaines variétés, sont ordinairement au nombre de vingt, forment deux cordons, et sont joints ensemble par une matière visqueuse, dont ils sont également revêtus lorsqu'ils sont détachés les uns des autres. Lorsqu'ils sont pondus, ils tombent au fond de l'eau.

LES BATRACIENS

LA GRENOUILLE COMMUNE, LA RAINETTE

Le museau de la grenouille commune se termine en pointe ; ses yeux sont gros, brillants et entourés d'un cercle couleur d'or ; elle a les oreilles placées derrière les yeux et recouvertes par une membrane, les narines vers le sommet du museau ; sa bouche est grande, sans dents ; et son corps, rétréci par derrière, présente sur le dos des tubercules et des aspérités.

Le dessus du corps est d'un vert plus ou moins foncé, le dessous est blanc. Ces deux couleurs, qui s'accordent très bien et forment un assortiment élégant, sont relevées par trois raies jaunes qui s'étendent le long du dos. A ces couleurs, jaune, verte et blanche, se mêlent des taches noires sur la partie inférieure du ventre.

Les grenouilles communes ont quatre doigts aux pieds de devant, comme la plupart des salamandres ; les doigts des pieds de derrière sont au nombre de cinq, et réunis par une membrane.

La grenouille est un des quadrupèdes ovipares les mieux partagés par les sens extérieurs. Ses yeux sont gros et saillants ; sa peau molle est sans cesse abreuvée et maintenue dans sa souplesse par une humeur visqueuse qui suinte au travers de ses pores : elle a la vue très bonne et le toucher délicat ; et malgré que ses oreilles soient recouvertes par une membrane, elle n'en a pas moins l'ouïe fine.

Elle abandonne ses œufs, disposés en chapelet, à la surface des eaux ; les petits en sortent au bout de quelques jours, et on les appelle *têtards* il mettent deux ou trois mois à arriver à l'état de grenouilles parfaites.

On distingue la *rousse* à la tache noire qu'elle a entre les deux yeux et les pattes de devant ; la *mugissante*, originaire de Virginie, ainsi appelée à cause de son cri qui ressemble au mugissement d'un taureau.

La *rainette* se distingue de la grenouille proprement dite par les pelotes ou sortes de disques élargis, visqueux, au moyen desquels elle se fixe solidement sur les arbres, sur les feuilles et sur les corps les plus lisses. Elle se tient dans les parcs, dans les jardins et le long des pièces d'eau.

La Rainette.

Elle peut servir de baromètre si on la tient dans un bocal où on a mis une petite échelle. Elle se plonge dans l'eau à l'approche de la pluie et monte au contraire en haut de l'échelle quand il doit faire beau temps.

LES CRAPAUDS

On distingue le crapaud de la grenouille par son corps trapu, ramassé et couvert de verrues, par ses doigts courts, plats et inégaux ; il n'a point de dents, ses paupières sont gonflées et ses yeux assez gros et saillants, révoltent par la colère qui paraît souvent les animer.

Non seulement il ne peut point marcher, mais il ne saute qu'à une très petite hauteur : lorsqu'il se sent pressé, il lance contre ceux qui le poursuivent les sucs fétides dont il est imbu ; il fait jaillir une liqueur limpide qui, dans certaines circonstances, est plus ou moins nuisible. Il transpire de tout son corps une humeur laiteuse, et il découle de sa bouche une bave qui peut infecter les herbes et les fruits sur lesquels il passe, de manière à incommoder ceux qui en mangent sans les laver. Cette bave et cette humeur laiteuse peuvent être un venin plus ou moins actif, suivant la température, la saison et la nourriture des crapauds.

Le crapaud habite ordinairement dans les fossés, surtout dans ceux où

une eau fétide croupit depuis longtemps ; on le trouve dans les fumiers, dans les caves, dans les antres profonds et dans les forêts.

Les têtards du crapaud se développent de la même manière que ceux de la grenouille.

Le *pustuleux* est remarquable par ses doigts garnis de pustules et de tubercules épineux.

Le *pipa* est un des plus gros crapauds de l'Amérique du Sud.

LES SERPENTS

Pour signes distinctifs des reptiles appelés serpents, nous citerons le corps très allongé, cylindrique, sans pieds, se mouvant au moyen de replis plus ou moins grands.

Les espèces des serpents sont en grand nombre ; on en compte plus de

cent quarante. Quelques-unes parviennent à une taille très considérable;
elles ont plus de trente pieds, et souvent même plus de quarante pieds de

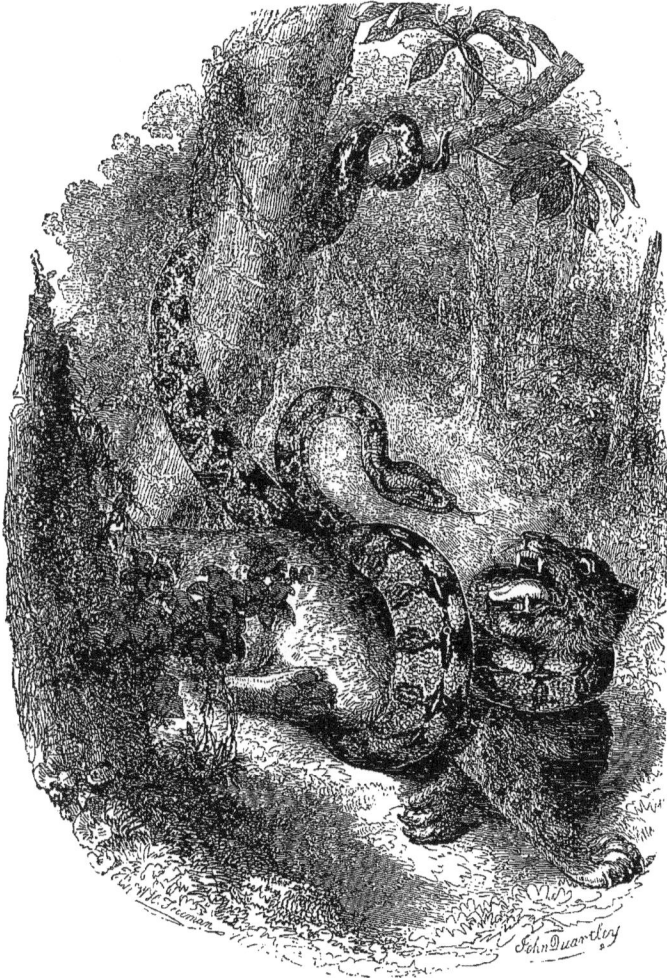

longueur (plus de treize mètres). Toutes sont couvertes d'écailles ou de
tubercules écailleux, qu'elles lient les uns avec les autres, comme les

lézards et les poissons; mais ces écailles varient beaucoup par leur forme
et par leur grandeur.

LA VIPÈRE

Ainsi nommée d'un mot latin (*vipera*, dérivé de *vivipara*, parce qu'elle
met bas des petits vivants), la vipère est caractérisée principalement par
ses crochets isolés, mobiles, aigus, contenant du venin dans l'intérieur, et
placés au-dessous de la mâchoire supérieure. Elle atteint de cinquante à

soixante-dix centimètres de longueur; elle est brune et roussâtre, quelquefois d'un gris cendré, avec une raie noire sur le dos et des taches de
même couleur aux flancs; sa tête triangulaire est plus large que le corps.

Quelque subtil que soit le poison de la vipère, il paraît qu'il n'a point
d'effet sur les animaux qui n'ont pas de sang; il paraît aussi qu'il ne peut
pas donner la mort aux vipères elles-mêmes, et, à l'égard des animaux à
sang chaud, la morsure de la vipère leur est d'autant moins funeste que
leur grosseur est plus considérable, de telle sorte qu'on peut présumer
qu'il n'est pas toujours mortel pour l'homme ni pour les grands quadrupèdes ou oiseaux. L'expérience a prouvé aussi qu'il est d'autant plus dangereux qu'il a été distillé en plus grande quantité dans les plaies par des
morsures répétées. Le poison de la vipère est donc funeste en raison de sa
quantité, de la chaleur du sang et de la petitesse de l'animal qui est mordu.

Si l'on vient à être mordu par une vipère, il faut laver immédiatement
la plaie avec de l'eau salée; on applique ensuite des ventouses et l'on cau-
térise avec le nitrate d'argent.

La vipère se trouve surtout dans les pays de l'Europe méridionale et
tempérée.

On distingue la vipère noire, la vipère d'Égypte, etc.

L'ASPIC

Plusieurs naturalistes ont écrit et ont cru que ce serpent n'est pas venimeux ; nous croyons, avec Linné, que ses crochets renferment un poison
dangereux. L'aspic est brun ou roussâtre et porte sur le dos une double
rangée de taches noires transversales formant une bande en zigzag. On le
trouve en France, surtout dans nos provinces du Nord.

LE CÉRASTE

De l'espèce vipère, ce serpent, commun en Égypte, a pour caractère
distinctif deux petites cornes qui s'élèvent au-dessus de ses yeux, au milieu des écailles qui forment la partie supérieure de l'orbite. Il a pour
ennemis les aigles et les oiseaux de proie. On le trouve en Égypte. Sa couleur présente un mélange de jaunâtre, de gris et de noir.

LE SERPENT A LUNETTES OU NAJA

Bien loin que la vue de ce serpent inspire de l'effroi à ceux qui ne
connaissent pas l'activité de son poison, on le contemple avec une

sorte de plaisir et on l'admire à cause de ses belles écailles. Une raie
est placée sur son cou, se repliant en avant et se terminant par deux
crochets. Ces crochets colorés ressemblent imparfaitement à deux yeux,
et la ligne recourbée ressemble assez à des lunettes ; de là vient le
nom de ce reptile féroce, dont la morsure est mortelle. Il atteint à
plus d'un mètre de longueur ; on le trouve surtout aux Indes orientales.

LA COULEUVRE VERTE ET JAUNE OU COULEUVRE
COMMUNE

On trouve très communément ce serpent en France, et surtout dans nos provinces du Midi. Il est aussi innocent que la vipère est dangereuse : paré de couleurs plus vives que ce reptile funeste, doué d'une grandeur plus considérable, plus svelte dans ses proportions, plus agile dans ses mouve-

ments, plus doux dans ses habitudes, n'ayant aucun venin à répandre, il devrait être vu avec autant de plaisir que la vipère avec effroi. Il n'a pas, comme les vipères, des dents crochues et mobiles ; il ne vient pas au jour tout formé, et ce n'est que quelque temps après la ponte que les petits éclosent. Malgré toutes ces dissemblances qui le distinguent des vipères, le grand nombre de rapports extérieurs qui l'en rapprochent ont fait croire pendant longtemps qu'il était venimeux.

Cependant cet animal, aussi doux qu'agréable à la vue, peut être aisément distingué de tous les autres serpents, et particulièrement des dangereuses vipères, par les belles couleurs dont il est revêtu. La distribution de ces diverses couleurs est assez constante, et, pour commencer par celles de la tête, dont le dessus est un peu aplati, les yeux sont bordés d'écailles jaunes et presque couleur d'or, qui ajoutent à leur vivacité. Le dessus du corps, depuis le bout du museau jusqu'à l'extrémité de la queue, est noir, ou d'une couleur verdâtre très foncée, sur laquelle on voit s'étendre, d'un bout à l'autre, un grand nombre de raies composées de petites taches jaunâtres de diverses figures, les unes allongées, les autres en losanges, etc., et un peu plus grandes vers les côtés que vers le milieu du dos. Il atteint jusqu'à deux mètres de long, et vit surtout de grenouilles, de crapauds, de poissons, d'insectes, de vers, et même d'oiseaux.

La *couleuvre à collier*, variété de la précédente, est d'un gris d'ardoise, avec une bande blanche ou jaunâtre bordée de noir sur le cou. La *couleuvre des dames* est noire et blanche.

LE BOA OU DEVIN

Répandu en Asie, en Afrique et en Amérique, le boa est un de ces serpents non venimeux, mais redoutables par leur grande taille et leur force musculaire. Il atteint jusqu'à dix mètres de longueur et devient gros comme le corps d'un homme. Brun sur le dos, jaune sur les flancs, il est blanc et noir sous le ventre : une tête large et élevée au sommet, des yeux saillants,

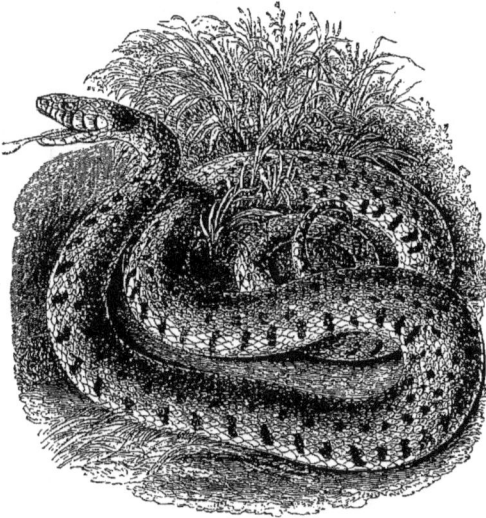

une large gueule, et de longues dents, annoncent sa force. Il peut, en effet, écraser les plus gros animaux dans les replis multipliés de son corps. On le regarde comme le roi des serpents.

Lorsqu'il aperçoit un ennemi dangereux, ce n'est point avec ses dents qu'il commence un combat qui serait alors trop désavantageux pour lui ; mais il se précipite avec tant de rapidité sur sa malheureuse victime, l'enveloppe dans ses contours, la serre avec tant de force, fait craquer ses os avec tant de violence que, ne pouvant ni s'échapper ni user de ses armes, et réduite à pousser de vains mais d'affreux hurlements, elle est bientôt étouffée sous les efforts multipliés du monstrueux reptile.

Si le volume de l'animal expiré est trop considérable pour que le boa puisse l'avaler, malgré la grande ouverture de sa gueule, la facilité qu'il a de l'agrandir, ainsi que l'extension dont presque tout son corps est susceptible, il continue de presser sa proie mise à mort ; il en écrase les parties les plus compactes ; et, lorsqu'il ne peut point les briser avec facilité, il l'entraîne en se roulant avec elle auprès d'un gros arbre, dont il entoure le tronc de ses replis : il place sa proie entre l'arbre et son corps ; il les environne l'un et l'autre dans ses nœuds vigoureux, et, se servant de la tige noueuse comme d'une sorte de levier, il parvient à comprimer en tous sens et à moudre le corps de l'animal qu'il a tué.

Lorsqu'il a donné ainsi à sa proie toute la souplesse qui lui est nécessaire, il l'allonge en continuant de la presser et diminue d'autant sa grosseur ; il l'imbibe de sa salive ou d'une sorte d'humeur analogue qu'il répand en abondance ; il pétrit pour ainsi dire, à l'aide de ses replis, cette masse devenue informe, ce corps qui n'est plus qu'un composé confus de chairs ramollies et d'os concassés ; c'est alors qu'il l'avale, en la prenant par la tête, et l'attirant à lui et en l'entraînant dans son ventre par de fortes aspirations plusieurs fois répétées. Mais, malgré cette préparation, sa proie est quelquefois si volumineuse qu'il ne peut l'engloutir qu'à demi : il faut qu'il ait digéré au moins en partie la portion qu'il a déjà fait entrer dans son corps, pour pouvoir y faire pénétrer l'autre, et l'on a vu souvent le boa, la gueule horriblement ouverte et remplie d'une proie à demi dévorée, étendu à terre et dans une sorte d'inertie qui accompagne presque toujours sa digestion. C'est alors qu'on l'attaque et qu'on le tue sans peine.

LE SERPENT A SONNETTE OU BOIQUIRA

Un voyageur égaré au milieu des solitudes brûlantes de l'Afrique, accablé sous la chaleur du midi, entendant de loin le rugissement du tigre en fureur qui cherche une proie, ne sachant comment éviter sa dent meurtrière, ne doit pas éprouver un frémissement plus grand que ceux qui, parcourant les immenses forêts des contrées chaudes et humides du nouveau monde, séduits par la beauté des feuillages et des fleurs, entraînés comme par une espèce d'enchantement au milieu de ces retraites riantes mais perfides, sentent tout à coup l'odeur fétide qu'exhale le boiquira, reconnaissent le bruit de la sonnette qui termine sa queue et le voient prêt à s'élancer sur eux.

Il atteint jusqu'à deux mètres de longueur ; sa queue est terminée par des écailles cornées, mobiles les unes sur les autres, et qui, quand l'animal s'agite, produisent un bruit assez semblable à celui de plusieurs sonnettes. La tête, grosse et trapue, offre un museau court ; sa gueule dangereuse laisse couler un venin si violent qu'à peine inoculé par la morsure il suffit pour faire mourir l'homme et les animaux de grande taille. L'eau-de-vie et le prénanthe passent pour d'excellents antidotes contre ce venin.

La couleur de son dos est d'un gris mêlé de jaunâtre, et sur ce fond on voit s'étendre une rangée longitudinale de taches noires bordées de blanc. Il ne pond que quelques œufs, mais vit très vieux.

Les sauvages de l'Amérique, quand ils trouvent ce serpent engourdi
après s'être repu, fixent un bâton fourchu par-dessus son cou dans la
terre et lui présentent un morceau de cuir à mordre, ce que le serpent

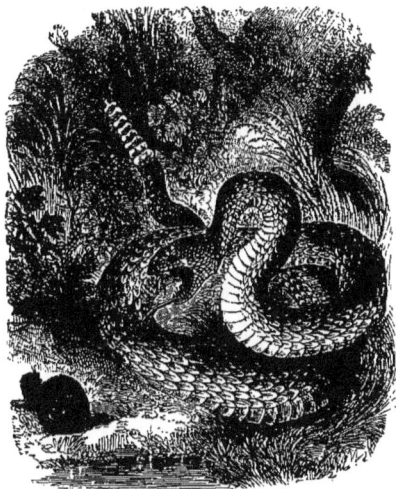

ne manque pas de faire. Ils retirent ensuite le morceau de cuir avec
violence en sorte que les crochets envenimés sont arrachés. Alors ils
lui coupent la tête, le dépouillent et le fond cuire. Sa chair est, dit-on,
excellente.

L'ORVET

Nous trouvons ce reptile inoffensif dans toute l'Europe, dans l'Afrique
et dans l'Asie. Il atteint quarante à cinquante centimètres ; sa couleur
varie du blanc argenté au brun foncé ou grisâtre. Il se nourrit de vers, de
scarabées, de grenouilles, de petits rats et même de crapauds, qu'il avale
le plus souvent sans les mâcher. Malgré son avidité, il peut rester un
grand nombre de jours sans manger.

POISSONS

Fécondité, beauté, existence très prolongée, tels sont les trois attributs
remarquables des habitants des eaux. La rougeur plus ou moins vive de
leur sang empêche de les confondre avec les vers, les insectes et tous les

animaux à sang blanc. Ils ont un organe respiratoire particulier appelé *branchies*, très différent des poumons.

LA LAMPROIE

Assez semblable par la forme aux sangsues et par la taille aux plus grosses anguilles, la lamproie se distingue par sept ouvertures rangées de chaque côté du corps les unes au-dessus des autres, et par la faculté qu'elle

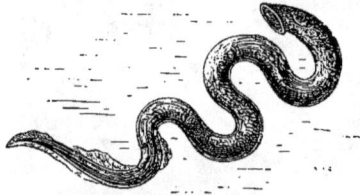

a de s'attacher aux corps étrangers par la bouche. La grande lamproie peut atteindre à un mètre de longueur; elle est marbrée de brun sur un fond jaunâtre. On la trouve communément dans la Méditerranée. Elle pond des œufs en grand nombre; elle se nourrit de vers marins, de poissons et de chair morte.

LA RAIE BATIS

On reconnaît la raie à son corps large, aplati horizontalement en forme de disque, à ses nageoires pectorales très larges, charnues, amples, à sa

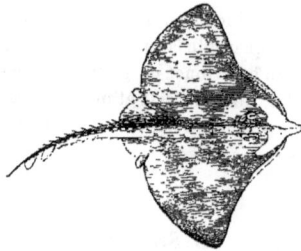

queue longue et mince et à sa large bouche armée de petites dents. Elle n'habite que l'eau salée et se nourrit de petits poissons et de crustacés. Sa couleur offre le mélange d'un gris cendré orné de taches noirâtres, irrégulières et sinueuses et d'une teinte plus ou moins faible, les unes petites, les autres grandes. On a trouvé des raies qui pesaient plus de cent kilogrammes (deux cents livres). Leur chair blanche passe avec raison pour un mets très délicat. Elles habitent la mer Méditerranée.

LA TORPILLE

Elle appartient au genre raie et se distingue par son corps presque circulaire, et surtout par un appareil électrique fort singulier, formé de petits tubes membraneux remplis de mucosité. C'est grâce à cet appareil que la torpille peut imprimer une forte et subite commotion aux corps vivants qui s'approchent d'elle, les paralyser et souvent les frapper de mort. La torpille commune, qui habite la Méditerranée, de couleur rousse, noire et blanche, est longue d'environ soixante centimètres.

LE REQUIN

Le requin est reconnaissable à sa tête aplatie de haut en bas, à son museau saillant et arrondi, à sa bouche très fendue, herissée de dents trian-

gulaires, pointues et dentelées sur les bords. Son corps, qui atteint jusqu'à huit ou neuf mètres et même plus, a la forme d'une cône très allongé et est terminé par une nageoire fourchue. Fort et vorace, il dévaste toutes les mers. Sa chair, dure et coriace, est difficile à digérer; cependant les nègres de Guinée s'en nourrissent; les Irlandais l'emploient en guise de lard ou la font bouillir pour en tirer l'huile.

LA SCIE

On reconnaît ce poisson à son long museau déprimé en forme de bec, garni de chaque côté de fortes épines osseuses, tranchantes, aiguës, implantées comme des dents de scie : de là lui est venu son nom; son corps est allongé, aplati et sans écailles; ses nageoires sont larges. On trouve la scie dans toutes les mers; elle atteint jusqu'à cinq mètres de longueur et fait la guerre aux plus gros cétacés, même à la baleine.

L'ESTURGEON

Quelques esturgeons parviennent à une longeur de plus de huit
mètres ; leur corps est garni de plaques osseuses arrondies, placées en ran-

gées longitudinales. Ils sont faibles et inoffensifs ; ils vivent de vers, de
mollusques, de maquereaux, de harengs et de morues. Chaque femelle de
l'*esturgeon commun* porte plus d'un million d'œufs, pesant ensemble environ
cent kilogrammes ; on en fait le *caviar*.

LE TRIODON, LA MOLE OU LUNE DE MER

Pour caractères particuliers de ces poissons, on peut citer leurs mâchoires garnies d'une couche d'ivoire provenant de la soudure des dents ;
leur corps comprimé, avec un dos tranchant et une queue courte. Il
y a plusieurs individus de cette famille qui ont la faculté de se gonfler
comme un ballon en introduisant une grande quantité d'air dans leur
estomac qui occupe toute la largeur du ventre ; ils flottent alors renversés
sur le dos. Ils se nourrissent de mollusques et de crustacés. La *môle*,
qui s'appelle aussi *lune de mer*, à cause de la forme orbiculaire de son
corps, habite la Méditerranée ; elle pèse quelquefois jusqu'à deux cent
cinquante kilogrammes.

LE GYMNOTE ÉLECTRIQUE

On reconnaît le gymnote à son dos totalement privé de nageoires, et à
celle qui s'étend sous la plus grande partie de son corps cylindrique et
serpentiforme, long d'environ un mètre. Des trous dont sa peau est percée
sort une liqueur visqueuse. Comme la torpille, il engourdit, même à distance, les poissons, les autres animaux et l'homme. L'organe où réside
l'électricité se compose de lames membraneuses unies fortement entre
elles, remplies d'une matière gélatineuse et s'étendant sous la queue. Il
offre un mélange de gris et noir. On le trouve surtout aux environs de
Surinam.

L'ANGUILLE ET LE CONGRE

De loin, l'anguille ressemble assez au serpent; elle a, comme lui, le corps allongé et cylindrique. Sa tête est mince, son museau un peu pointu, et sa mâchoire inférieure est plus avancée que la supérieure.

L'ouverture de chaque narine est placée au bout d'un très petit tube qui s'élève au-dessus de la partie supérieure de la tête; et une prolongation des téguments les plus extérieurs s'étend en forme de membrane au-dessus

des yeux, et les couvre d'un voile demi-transparent comme celui que nous avons observé sur les yeux des gymnotes, des ophisures et des aptéronotes.

Les lèvres sont garnies d'un grand nombre de petits orifices par lesquels se répand une liqueur onctueuse; une rangée de petites ouvertures analogues compose, de chaque côté de l'animal, la ligne qu'on a nommée *latérale*, et c'est ainsi que l'anguille est perpétuellement arrosée de cette substance qui la rend si visqueuse. Sa peau est, sur tous les points de son corps, enduite de cette humeur gluante qui la fait paraître comme vernie. Elle est pénétrée de cette sorte d'huile qui rend ses mouvements très souples. L'on voit ainsi pourquoi elle glisse si facilement au milieu des mains inexpérimentées qui, en la serrant avec trop de force, augmentent le jeu de ses muscles, facilitent ses efforts, et, ne pouvant la saisir par aucune aspérité, la sentent couler et s'échapper comme un fluide.

Les couleurs que l'anguille présente sont toujours agréables, mais elles varient assez fréquemment, et il paraît que leurs nuances dépendent beaucoup de l'âge de l'animal et de la qualité de l'eau dans laquelle il vit. Lorsque cette eau est limoneuse, le dessus du corps de la murène que nous décrivons est d'un beau noir, et le dessous, d'un jaune plus ou moins clair. Mais si l'eau est pure et limpide, si elle coule sur un fond de sable, les teintes qu'offre l'anguille sont plus vives et plus riantes : sa partie supérieure est d'un brun qui la fait ressortir; et le blanc de lait, ou la couleur de l'argent, brille sur la partie inférieure du poisson. D'ailleurs la nageoire de l'anus est communément liserée de blanc, et celle du dos de rouge. Le blanc, le rouge et le vert, ces couleurs que la nature sait marier avec tant de grâce et fondre les unes dans les autres par des nuances si douces, composent donc l'une des parures élégantes de l'anguille, et celle qu'elle déploie lorsqu'elle passe sa vie au milieu d'une eau claire, vive et pure.

Elle a ordinairement quarante à cinquante centimètres de long, et abonde dans toutes les eaux douces de l'Europe.

Le *congre* ou *anguille de mer* dépasse quelquefois deux mètres de longueur; son corps offre un mélange de bleu et de noir; il vit de petits poissons et de mollusques.

L'ESPADON

Au premier aspect, l'espadon nous rappelle le requin. Analogue aux précédents, il tient parmi les osseux une place semblable à celle que les squales occupent parmi les cartilagineux; il a, comme eux, une grande taille, des muscles vigoureux, un corps agile, une arme redoutable, un

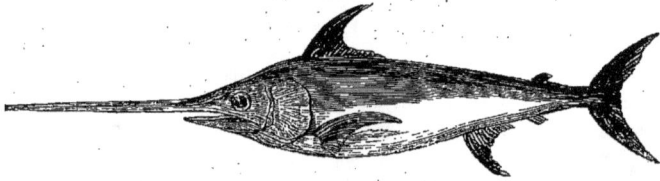

courage intrépide, tous les attributs de la puissance; et cependant tels sont les résultats de la différence de ses armes avec celles du requin et des autres squales, qu'abusant bien moins de son pouvoir, il ne porte pas sans cesse autour de lui le carnage et la dévastation.

Lorsqu'il mesure ses forces contre les grands habitants des eaux, ce sont plutôt des ennemis dangereux pour lui qu'il repousse, que des victimes qu'il poursuit. Il se contente souvent, pour sa nourriture, d'algues et d'autres plantes marines; et bien loin d'attaquer et de chercher à dévorer les animaux de son espèce, il se plaît avec eux.

Son museau se prolonge en une lame plate, tranchante des deux côtés et terminée par une pointe aiguë, égalant en longueur le tiers de celle de l'animal, qui atteint jusqu'à sept mètres. Il combat les gros poissons et les jeunes cétacés. Sa chair est délicate; on le pêche au harpon, comme la baleine; il se trouve surtout dans l'océan Atlantique et dans la Méditerranée.

On peut mettre à côté de l'espadon le *loup de mer*, féroce et vorace, armé de dents redoutables, et grand destructeur de poissons : il atteint à cinq mètres de longueur. On le trouve principalement dans les mers du Nord. Sa couleur est un mélange de noir cendré et de blanc.

L'HIPPOCAMPE

Ce poisson ainsi nommé de deux mots grecs, qui signifient *encolure de cheval*, est remarquable par son tronc comprimé, bien plus élevé que la

queue et long de trente centimètres environ ; il se trouve dans nos mers mais son espèce est peu répandue. Il se nourrit de vers et de poissons.

LA MORUE

Comme tous les poissons de son genre, la morue a la tête comprimée ; les yeux, placés sur les côtés, sont très gros et fort peu rapprochés l'un de

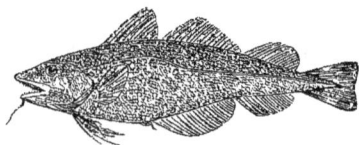

l'autre ; ils sont voilés par une membrane transparente ; et cette dernière conformation donne à l'animal la faculté de nager à la surface des mers septentrionales, au milieu des montagnes de glace, auprès des rivages couverts de neige congelée et resplendissante, sans être ébloui par la grande quantité de lumière réfléchie sur ces plages boréales ; mais hors de ces régions voisines du cercle polaire, la morue doit voir avec plus de difficulté que la plupart des poissons, dont les yeux ne sont pas ainsi recouverts par une pellicule diaphane ; et de là est venue l'expression *d'yeux de morue* dont on s'est servi pour désigner de grands yeux à fleur de tête, et cependant mauvais.

La morue se distingue des genres voisins par ses trois nageoires dentelées, ses deux ovales et son barbillon attachés à la mâchoire inférieure. La morue franche atteint à plus d'un mètre de longueur.

Son corps est couvert de grosses écailles grises, blanches, dorées et jaunâtres. Elle vit de poissons, surtout de harengs, de crustacés et de mollusques. On a trouvé dans une femelle de morue jusqu'à quatre millions d'œufs. La morue franche est commune dans toutes les mers de l'Europe septentrionale et de l'Amérique. On la pêche en février et en mai ; on la sale, on la fait sécher et on la conserve.

LE MERLAN, LE THON ET LA BONITE

Voisin des morues, dont il diffère par l'absence des barbillons, le *merlan* est caractérisé par son corps peu allongé, couverts d'écailles molles, à peine visibles, de couleur argentée et d'un vert noirâtre et grisâtre. Sa chair est tendre, légère, facile à digérer, mais peu nourrissante ; on le pêche toute l'année ; celui qu'on prend d'octobre en février a un goût plus fin et plus délicat. Il vit en troupes fort près du rivage, et atteint une longueur de trente à quarante-cinq centimètres. Il se nourrit de vers, de mollusques, de jeunes poissons et de crabes.

Le *thon commun*, qui vit dans toutes les mers, où il se nourrit de maquereaux, de harengs et de sardines, a le corps aplati, plus gros au milieu qu'aux extrémités, la tête petite, émoussée, l'œil gros, la bouche large et garnie de dents pointues, les écailles très petites et faciles à détacher ; il présente un mélange de vert bleuâtre, de blanc et de gris. Il a ordinairement deux ou trois mètres de long et peut peser jusqu'à cinq cents kilogrammes. Il a pour ennemi, dit-on, un petit animal assez semblable à une araignée ou à un scorpion, qui le pique et le trouble au point de le forcer à sauter sur le rivage.

On pêche le thon surtout à Marseille et à Nice, en mai et en juin ; on le sale ensuite : frais ou salé, il est toujours d'un goût délicat et savoureux. On le fait mariner dans l'huile et le sel.

LE MAQUEREAU

Au sein même de l'océan polaire, les maquereaux vivent en troupes nombreuses. Les diverses cohortes que forment leurs réunions renferment dans ces mers arctiques d'autant plus d'individus que, moins grands que les thons et d'autres poissons de leur genre, et doués par conséquent d'une force moins considérable, ils sont moins excités à se livrer les uns aux autres des combats meurtriers. Et ce n'est pas seulement dans ces mers hyperboréennes que leurs légions comprennent des milliers d'individus.

On les trouve également et même plus nombreuses dans presque toutes les mers chaudes ou tempérées des quatre parties du monde,

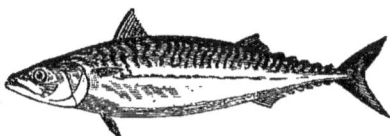

dans le Grand Océan, auprès du pôle antarctique, dans l'Atlantique et dans la Méditerranée.

On dit que, vers le printemps, la grande armée des maquereaux côtoie l'Islande, le Jutland, l'Écosse et l'Irlande. Parvenue près de cette dernière île, elle se divise en deux colonnes : l'une passe devant l'Espagne et le Portugal ; l'autre va dans la Baltique. Ils remontent au pôle vers l'hiver.

Le maquereau n'a que des écailles imperceptibles ; son corps est rond et allongé en forme de fuseau ; il présente un mélange de bleu, de vert irisé, de noir et de blanc argenté. On le pêche en mai et en juin, et on le mange frais ou salé.

LA SCORPÈNE HORRIBLE

La *scorpène horrible*, appelée aussi *diable de mer*, a jusqu'à soixante centimètres de long ; on la reconnaît à son corps oblong, à son dos peu

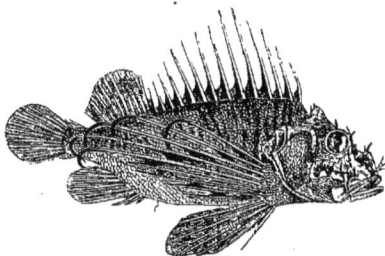

convexe, à son ventre renflé et à sa tête grosse, épineuse, dénuée d'écailles et armée de dents. Sa chair est délicate ; sa laideur lui a valu son nom. On la trouve communément dans la Méditerranée.

17

LE ROUGET ET LE SURMULET

On pêche ces deux poissons dans l'Océan et dans la Méditerranée. Le rouget est remarquable par sa brillante couleur d'un rouge éclatant, mêlé d'argent et d'or. Il vit de crustacés; il ne dépasse guère en longueur deux ou trois décimètres. Les anciens payaient ce poisson des prix énormes, tant pour sa beauté que pour sa chair ferme et délicate.

On distingue le surmulet du rouget à ses raies dorées longitudinales partant de la tête et allant jusqu'à l'extrémité de la queue; il varie dans sa longueur depuis deux jusqu'à cinq décimètres.

LA PERCHE COMMUNE

Dans la nombreuse famille des percoïdes, la perche commune se reconnaît aux bandes transversales de son dos, à la couleur de ses nageoires inférieures, à ses mâchoires garnies de dents pointues; on la trouve dans

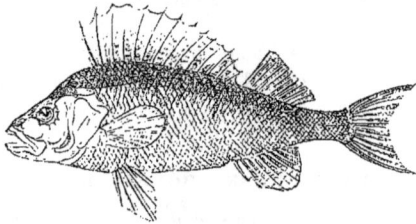

presque toutes les eaux douces d'Europe; elle a jusqu'à quarante centimètres de long, et pèse alors environ deux kilogrammes. Ses œufs égalent la grosseur des graines de pavot; on en a trouvé neuf cent quatre-vingt-douze mille dans une perche qui ne pesait qu'un demi-kilogramme. Elle vit de proie et mange les poissons, les grenouilles, les salamandres et les petites couleuvres. Sa peau fait de bonne colle.

LA DORADE, LA LIMANDE, LA SOLE ET LA PLIE

Si plusieurs poissons présentent un vêtement plus varié que la *dorade*, aucun n'a reçu de parure plus élégante; elle est à reflets d'argent et d'azur, relevés de noir et de brun, avec un croissant d'or au-dessus de chaque œil. La dorade vit dans les eaux douces et salées, ainsi que dans les éléments les plus divers; elle pèse jusqu'à dix kilogrammes, et a de trente à quarante centimètres de longueur. Elle vit d'insectes, de vers, de petits poissons, etc. On peut l'élever dans des bocaux de verre.

La *limande*, qui ressemble beaucoup à la sole, en diffère par sa tête plus pointue et son corps moins long ; elle vit d'insectes, de vers marins, de petits crabes, et se trouve dans toutes les mers de l'Europe. On la sert très communément sur nos tables.

La *sole* a la chair plus tendre et plus délicate que la limande ; elle se garde plusieurs jours sans se corrompre ; on l'a surnommée *perdrix de mer*.

La *plie*, poisson plat, a les deux yeux du même côté de la tête, et le corps couvert d'écailles molles ; elle est commune sur toutes les côtes de France ; elle pèse quelquefois jusqu'à sept ou huit kilogrammes. Sa couleur offre un mélange de blanc bleuâtre et rougeâtre.

LE TURBOT ET LE CARRELET

A la grandeur, le *turbot* réunit un goût exquis : on l'a nommé *faisan de mer ;* il se trouve dans la mer du Nord et dans la Méditerranée, surtout à l'embouchure des fleuves. Sa forme générale se rapproche d'un losange ; la mâchoire inférieure, plus avancée que la supérieure, est garnie, comme cette dernière, de plusieurs rangées de petites dents. Les nageoires sont jaunâtres, avec des taches et des points bruns ; le côté gauche présente des marbrures de brun et de jaune ; le côté droit, qui est l'inférieur, est blanc et tacheté de brun. Le grand turbot atteint parfois jusqu'à cinq mètres de circonférence et pèse quelquefois quinze kilogrammes ; il se nourrit de poissons, de vers, de petits crustacés.

Juvénal, satirique latin, raconte que l'empereur Domitien réunit le sénat pour savoir comment on devait accommoder un énorme turbot destiné à sa table.

Le *carrelet* est très commun dans l'Océan et la Méditerranée ; on le reconnaît aux six ou sept tubercules formant une ligne sur le côté droit de la tête, et aux taches aurore sur couleur brune. Sa chair est fort délicate : on le vend communément sur les marchés de Paris.

LE SAUMON, LA TRUITE SAUMONÉE

Le *saumon* se plaît dans presque toutes les mers, dans celles qui se rapprochent le plus du pôle, et dans celles qui sont les plus voisines de l'équateur. On le trouve sur les côtes occidentales de l'Europe, dans la Grande-Bretagne, auprès de tous les rivages de la Baltique, particulièrement dans le golfe de Riga, au Spitzberg, au Groënland, dans le nord de l'Amérique méridionale. Il préfère partout le voisinage des grands fleuves et des rivières, dont les eaux douces et rapides lui servent d'habitation pendant une très grande partie de l'année.

Il tient le milieu entre les poissons de mer et ceux de rivière. S'il croît dans la mer, il naît dans l'eau douce; et si, pendant l'hiver, il se réfugie dans l'Océan, il passe la belle saison dans les fleuves. Il en recherche les eaux les plus pures. Il parcourt avec facilité toute la longueur des plus grands fleuves; il parvient jusqu'en Suisse par le Rhin, jusqu'en Bohême par l'Elbe, etc.

Son corps, se rapprochant plus ou moins de la forme d'un fuseau, est arrondi vers le ventre, écailleux et tacheté, avec le dos noir, les flancs

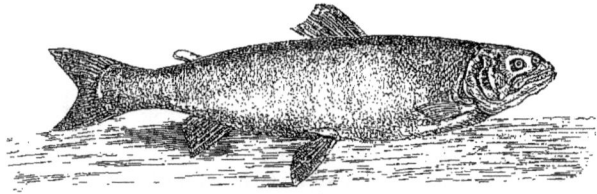

bleuâtres et le ventre argenté. Sa chair, d'un goût exquis, est pourtant difficile à digérer. On le sèche, on le sale et on le fume.

Il a huit ou neuf décimètres de long et pèse jusqu'à dix ou douze kilogrammes.

La *truite* est tout à la fois un des plus beaux poissons et un mets exquis. Ses écailles sont brillantes de reflets d'or, d'argent, mêlés de vert, de violet, de pourpre et de bleu. On la trouve dans presque toutes les contrées du globe. Elle atteint à trois ou quatre décimètres de longueur et peut peser depuis un hectogramme jusqu'à six kilogrammes.

La *truite saumonée* se rapproche beaucoup du saumon et de la truite par sa forme, sa couleur et ses habitudes; elle pèse jusqu'à cinq kilogrammes.

LE BROCHET ET L'EXOCET VOLANT

On a surnommé le brochet *requin des eaux douces:* il règne en tyran dévastateur, comme le requin au milieu des mers. S'il a moins de puissance, il ne rencontre pas des rivaux aussi redoutables; si son empire est moins étendu, il a moins d'espace à parcourir pour assouvir sa voracité: si sa proie est moins variée, elle est souvent plus abondante, et il n'est point obligé, comme le requin, de traverser d'immenses profondeurs pour l'arracher à ses asiles. Insatiable dans ses appétits, il ravage avec une promptitude effrayante les rivières et les étangs. Féroce sans discernement, il n'épargne pas son espèce; il dévore ses propres petits. Goulu sans choix, il déchire et avale avec une sorte de fureur les restes même des cadavres putréfiés. Cet animal de sang est d'ailleurs un de ceux auxquels la nature a accordé le plus d'années : c'est pendant des siècles qu'il effraye, agite, poursuit, détruit et consomme les faibles habitants des eaux douces qu'il infeste ; et comme si, malgré son insatiable cruauté, il devait avoir reçu

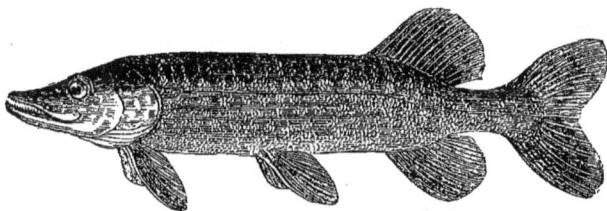

tous les dons, il a été doué non seulement d'une grande force, d'un grand volume, d'armes nombreuses, mais encore de formes déliées, de proportions agréables et de couleurs variées et riches.

L'ouverture de sa bouche s'étend jusqu'à ses yeux. On a compté sur le palais sept cents dents de différentes grandeurs, et disposées sur plusieurs rangs longitudinaux, indépendamment de celles qui entourent le gosier. On trouve ce poisson très communément en Europe et dans l'Amérique du Nord ; il atteint deux mètres de long et pèse jusqu'à quinze kilogrammes. Il est noirâtre au-dessus, blanchâtre en dessous, avec des taches jaunes et grises.

L'*exocet volant* est remarquable par sa tête aplatie en dessus, ses écailles dures, mal attachées au corps, ses nageoires pectorales propres au vol ;

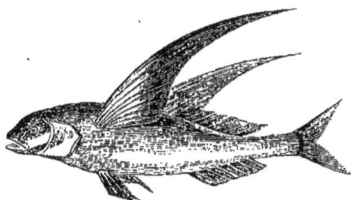

de là son nom d'*exocet volant*. Il atteint à vingt centimètres et se trouve surtout dans l'hémisphère boréal. Il offre un mélange de reflets azurés et argentés avec une teinte bleue.

LE HARENG, LA SARDINE, L'ALOSE ET L'ANCHOIS

On a cru pendant longtemps que les harengs se retiraient périodiquement dans les régions du cercle polaire, qu'ils y cherchaient annuellement sous les glaces des mers hyperboréennes un asile contre leurs ennemis, un abri contre les rigueurs de l'hiver; que, n'y trouvant pas une nourriture proportionnée à leur nombre prodigieux, ils envoyaient, au commencement de chaque printemps, des colonies nombreuses vers les rivages plus méridionaux de l'Europe ou de l'Amérique. On a tracé la route de ces légions errantes; on a cru voir ces immenses tribus se diviser en deux troupes, dont les innombrables détachements couvraient au loin la surface des mers ou traversaient les couches supérieures. L'une de ces grandes colonnes se pressait autour des côtes de l'Islande et, se répandant au-dessus du fameux banc de Terre-Neuve, allait remplir les golfes et les baies du continent américain; l'autre, suivant les directions orientales, descendait le long de la Norvège, pénétrait dans la Baltique ou, faisant le tour des Orcades, s'avançait entre l'Écosse et l'Irlande, cinglait vers le midi de cette dernière île, s'étendait à l'orient de la Grande-Bretagne, jusqu'aux rivages de la Prusse, de la Hollande et de la France.

Il faudrait des observations plus certaines pour confirmer cette assertion, qui pourtant est généralement adoptée.

Le hareng vivant est vert glauque sur le dos, blanc sur les côtés et sur le ventre, avec un brillant reflet métallique; le vert se change en bleu après sa mort. On le pêche sur nos côtes depuis la mi-octobre jusqu'à la fin de décembre.

On prépare les harengs de différentes manières, dont les détails varient un peu, suivant les contrées où on les emploie, et dont les résultats sont plus ou moins agréables au goût et avantageux au commerce, selon la nature des préparations, ainsi que selon les soins, l'attention et l'expérience des préparateurs. On sale en pleine mer les harengs qu'on trouve les plus gras et qu'on croit les plus succulents. On les nomme *harengs nouveaux* ou *harengs verts*, lorsqu'ils sont le produit de la pêche du printemps ou de l'été, et *harengs pecs* ou *pekels*, lorsqu'ils ont été pris pendant l'automne ou l'hiver; le hareng saur est salé et fumé.

La *sardine* a la tête pointue, assez grosse, souvent dorée, le front noirâtre, les yeux gros, les opercules ciselés et argentés; les écailles tendres, larges et faciles à détacher, le ventre terminé par une carène longitudinale, aiguë, tranchante et recourbée; elle a quinze ou seize centimètres de longueur, les nageoires petites et grises, les côtés argentins et le dos bleuâtre.

On la trouve non seulement dans l'océan Atlantique boréal et dans la Baltique, mais encore dans la Méditerranée, et particulièrement aux environs de la Sardaigne, dont elle tire son nom. Elle se tient dans les endroits profonds; mais, pendant l'automne, elle s'approche des côtes pour frayer.

Les individus de cette espèce s'avancent alors vers les rivages en troupes

si nombreuses que la pêche en est très abondante. On les mange frais,
salés ou fumés.

L'alose commune ne diffère pas du hareng que par l'échancrure qu'elle a
au milieu de la mâchoire supérieure, par sa taille plus grande, qui atteint
un mètre, par l'absence des dents et par une tache noire placée derrière les
ouïes. La chair de l'alose, surtout de l'alose femelle, est très délicate.

L'anchois se distingue du hareng par une taille plus petite et une
bouche plus large, de forme conique. On le pêche surtout pendant le printemps et l'été.

LA CARPE ET LE BARBEAU

Les carpes se plaisent dans les étangs, dans les lacs, dans les rivières qui
coulent doucement. Il y a même dans les qualités des eaux des différences qui échappent le plus souvent aux observateurs les plus attentifs,

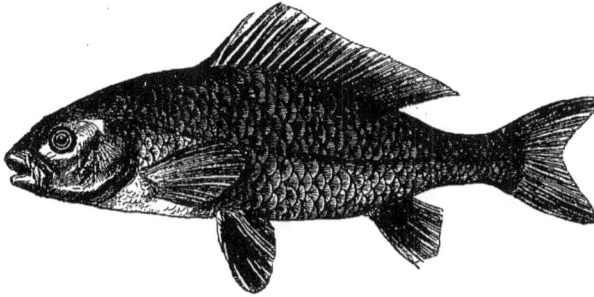

et qui sont si sensibles pour ces poissons, qu'ils abondent quelquefois dans
une partie d'un lac ou d'un fleuve et sont très rares dans une autre partie
peu éloignée de la première.

Les carpes se nourrissent de frai de poisson et de débris de substances
végétales ou animales. Elles vivent très longtemps et peuvent atteindre
jusqu'à un mètre de longueur. La grande multiplication des carpes pourrait étonner, vu les nombreux ennemis qui leur font la guerre, et parmi
lesquels se trouve le brochet, si on ne songeait à l'immense quantité d'œufs
qu'elles renferment ; on a calculé qu'une seule carpe de quarante-cinq
centimètres de longueur en contenait deux cent soixante-deux mille.

Assez semblable à la carpe par sa forme, le barbeau est caractérisé par
ses barbillons ou filaments placés à la mâchoire supérieure. Il est long de
trente-cinq à cinquante centimètres.

Ce poisson, qui redoute le plus grand froid et l'extrême chaleur, abonde
principalement dans les parties méridionales de l'Europe. Il se plaît dans

les rivières à cours rapide et à fond rocailleux ; il aime à se cacher sous les pierres et sous les saillies que font certaines rives rongées en dessous par les eaux. Sa nourriture consiste en insectes, vers, débris de cadavre, etc.

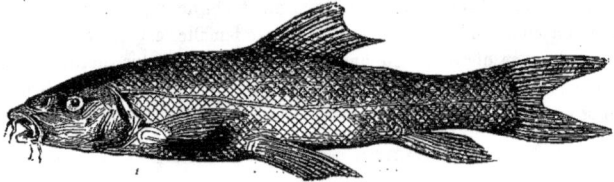

La vie du barbeau est de longue durée, car il ne commence à frayer que dans sa quatrième ou cinquième année. Il dépose, au printemps, ses œufs sur des pierres dans l'endroit le plus rapide du courant. Sa chair est excellente et tient une place distinguée dans les matelotes.

LA TANCHE

La tanche est remarquable par la petitesse de ses écailles, que recouvre un enduit visqueux. Sa grosseur est inférieure à celle de la carpe ; son poids ordinaire est de 500 gr. à un kilogramme ; sa tête est grosse, son dos arqué, sa couleur qui varie beaucoup est plus ou moins foncée suivant

les eaux qu'elle habite. En général, elle est d'un brun verdâtre, plus obscur chez les femelles. Quelquefois on y remarque des teintes dorées. Les nageoires sont épaisses et violettes. Les tanches se trouvent dans les rivières, les lacs et les étangs, mais elles ne prospèrent que dans les rivières herbeuses et dans les étangs à fonds vaseux. L'hiver, elles s'enfoncent dans la bourbe ; aux approches de l'été, elles déposent leurs œufs dans des places couvertes d'herbes ; ces œufs sont verdâtres et fort petits.

LE CHABOT

Ce poisson fort commun se fait remarquer par une grosse tête à laquelle s'attache un corps de forme conique. Ce corps de couleur brune est tacheté de noir. Il est jaunâtre en dessous chez les mâles et blanc chez les femelles ;

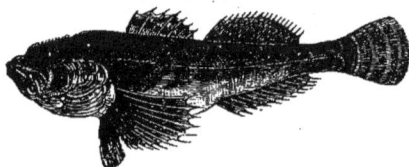

une matière visqueuse et abondante le recouvre. Sa longueur varie entre 8 et 10 centimètres. La chair du chabot est grasse, mais assez délicate.

On le trouve dans presque tous les ruisseaux et rivières de la France. Il aime les courants rapides et nage avec vélocité.

LA LOCHE

Les loches ont le corps allongé, la tête petite, la bouche peu fendue et des lèvres propres à la succion. La *loche franche* est remarquable par les six barbillons que porte sa lèvre supérieure. Son corps cylindrique est cou-

vert de taches grises; ses écailles, à peine visibles, sont enduites d'une viscosité abondante. Ce poisson, dont la taille ne dépasse pas celle du véron, habite les rivières et les ruisseaux dont les eaux sont vives et courantes. Il aime surtout celles qui viennent des montagnes. Sa chair est fort estimée. La loche fraie au printemps.

LE VÉRON

C'est avec l'épinoche le plus petit des poissons de France ; sa longueur n'excède pas huit centimètres. Son corps arrondi est couvert d'écailles

petites et visqueuses. Sa queue porte une tache brune ; sa tête est d'un vert
foncé ; le corps est tacheté de diverses couleurs, telles que noir, rouge, bleu,
jaune. Les nageoires, tirant sur le bleu, sont piquetées de rouge. Ce poisson

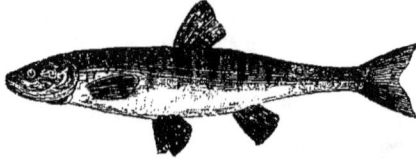

aime les eaux vives et courantes, et se plaît sur les fonds sablonneux. Il
dépérit promptement dans les eaux dormantes, marécageuses, et meurt
aussitôt qu'on le sort de l'eau.

L'ÉPINOCHE

Ce petit poisson, connu des pêcheurs sous le nom de *saretier,* est remarquable par trois aiguillons qu'il porte sur le dos et qui, se redressant dès

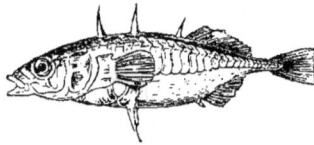

qu'il se voit menacé de quelque danger, restent dans la même position après
sa mort. Deux autres aiguillons soutiennent les nageoires ventrales.

La taille de ce poisson, le plus petit de nos eaux douces, excède rarement sept centimètres. Son corps est vert au-dessus et d'un blanc teinté
de rouge au-dessous. Il est en partie couvert de plaques osseuses qui lui
servent de bouclier.

Ce petit poisson si bien armé ne redoute pas la voracité des grands poissons, il défie même celle du brochet : aussi se multiplie-t-il considérablement et c'est en quelque sorte le fléau des étangs, car il consomme beaucoup sans pouvoir lui-même servir de nourriture aux autres poissons.

CÉTACÉS

Les cétacés sont des animaux marins ayant la forme et les habitudes
extérieures des poissons, et une organisation intérieure analogue à celle
des mammifères : ils ne peuvent rester sous l'eau plus de douze à vingt-
cinq minutes.

LA BALEINE ET LES BALEINOPTÈRES

La baleine a pour empire l'Océan : Dieu, en la créant, paraît avoir voulu donner un des plus beaux exemples de sa puissance merveilleuse.

Les dents de la baleine sont remplacées par des fanons ou lames cornées, minces, effilés, fibreuses, au nombre de huit à neuf cents et n'occupant que la mâchoire supérieure.

La baleine atteint une longueur de vingt à vingt-cinq mètres sur une circonférence de dix à treize mètres et pèse jusqu'à cent mille kilogrammes. Chaque fois qu'elle ouvre sa bouche énorme, égale au tiers de son corps, elle avale une grande quantité d'eau qui se précipite à travers ses fanons et sort à travers ses évents (sortes de narines), après avoir laissé à

l'ouverture du gosier des poissons et des mollusques de petite taille et des plantes marines. Ses yeux, relativement fort petits, sont de la grosseur de ceux du bœuf ; elle n'a que deux membres antérieurs, courts et dilatés ; sous sa peau mollasse et d'un brun noirâtre, s'étend une couche épaisse de tissu lardacé, dont on tire jusqu'à soixante et quatre-vingts quintaux d'huile.

La pêche de la baleine occupe beaucoup de navires, elle est d'ailleurs fort profitable par l'énorme quantité d'huile qu'elle produit.

Cette pêche a principalement lieu dans les mers du Nord. Les navires baleiniers ont des barques légères, montées par plusieurs matelots, dont l'un est chargé de harponner la baleine. Dès que l'animal se sent atteint, il s'enfonce dans la mer avec une prodigieuse rapidité, entraînant le câble qui tient au harpon. Un des matelots jette de l'eau sur le bord du bateau, afin que le frottement du câble ne l'échauffe pas au point de l'enflammer ; un autre veille à ce que ce câble se déroule promptement ; sans cela, le bateau serait entraîné au fond des eaux. La baleine remonte bientôt pour respirer ; le harponneur, muni de lances, lui porte de nouvelles atteintes, jusqu'à ce qu'affaiblie par la perte de son sang, on puisse en approcher sans danger. On dirige ensuite son cadavre flottant vers le navire ; là il est attaché le long de son flanc : alors des matelots, munis de chaussures garnies de crampons de fer, montent sur son dos et coupent des carrés de graisse qu'on hisse sur le pont ; puis on arrache les fanons, enfin on abandonne la carcasse aux flots.

Cette pêche n'est point sans périls : bien des fois la baleine blessée renverse ou brise d'un coup la queue le canot qui porte ses ennemis.

C'est au Groënland, au Spitzberg, dans la baie de Baffin, etc., que se rendent, tous les ans, les baleiniers ; on poursuit maintenant les baleines dans l'hémisphère austral, comme dans l'hémisphère boréal.

La baleine ne produit qu'un seul baleineau, qu'elle nourrit de son lait ; son affection pour lui est très grande; en voici une preuve.

Une baleine et son petit étaient entrés dans un bras de mer où, par l'effet du reflux, ils se trouvèrent bientôt renfermés. Les gens du pays, qui du rivage avaient remarqué cela, s'approchèrent des deux cétacés au moyen de leurs embarcations, et leur firent plusieurs blessures, en sorte que la mer fut bientôt teinte de leur sang. Après avoir, à plusieurs reprises, essayé vainement d'échapper, la mère parvint enfin à franchir le bas-fonds et se trouva en sûreté dans la pleine mer ; mais son petit n'avait pu la suivre. Elle ne put voir tranquillement le danger auquel il était exposé, et, voulant partager son sort, si elle ne pouvait le sauver, elle s'élança de nouveau dans les bas-fonds. Heureusement l'heure de la marée arriva, et ils parvinrent à s'échapper, non sans avoir reçu un grand nombre de blessures.

On a calculé qu'une baleine franche peut peser cent cinquante mille kilogrammes. Sa masse est égale à celle de cent éléphants. Le choc d'une baleine contre un vaisseau est égal à celui de soixante boulets de quarante-huit.

LES NARVALS ET LES CACHALOTS

On appelle vulgairement le narval *licorne de mer ;* il ressemble au marsouin; mais ce qui le distingue surtout, c'est une dent droite sillonnée en spirale, souvent longue de plus de trois mètres et placée à l'extrémité de sa mâchoire supérieure ; elle fournit un ivoire estimé. La longueur totale de l'animal varie de cinq à six mètres ; sa peau brillante, lisse et sans écailles, offre un mélange de couleur fauve avec des taches noirâtres. Il vit de poissons et de mollusques ; son huile passe pour être préférable à celle de la baleine.

Les narvals nagent avec une si grande vitesse, que le plus souvent ils échappent à toute poursuite, et voilà pourquoi il est si rare de prendre un individu de cette espèce, quoiqu'elle soit assez nombreuse. On ne les voit ordinairement s'avancer avec un peu de lenteur que lorsqu'ils forment une grande troupe ; dans presque tous les autres moments, leur vélocité est d'autant plus effrayante qu'elle anime une plus grande masse. Non seulement, avec leurs dents, ils font des blessures mortelles, mais ils atteignent leurs ennemis d'assez loin pour n'avoir point à redouter ses armes ; ils font pénétrer l'extrémité de leur défense jusqu'au cœur de leurs ennemis, pendant que leur tête en est encore éloignée de trois ou quatre mètres. Ils redoublent leurs coups ; ils percent, ils déchirent, arrachent la vie ; toujours hors de portée, toujours préservés eux-mêmes de toute atteinte, toujours garantis par la distance. D'ailleurs, au lieu d'être réduits à frapper leurs victimes, il en est qu'ils écartent, soulèvent, enlèvent, lancent avec leurs dents comme le bœuf avec ses cornes, le cerf avec ses bois, l'éléphant avec ses défenses.

Mais ordinairement, au lieu d'assouvir sa rage et sa vengeance, au lieu de défendre sa vie contre les requins et les divers tyrans des mers, le narval, ne cédant qu'au besoin de la faim, ne cherche qu'une proie facile ; il aime, parmi les mollusques, ceux qu'on a nommés planorbes, et, parmi les poissons, il préfère des pleuronectes ; les cadavres des habitants des mers lui conviennent, il les recherche comme aliments, et le mot *narwhal* vient, dit-on, du mot *whal*, qui veut dire *baleine*, et de *nar*, qui, dans plusieurs langues du Nord, signifie *cadavre*.

On retire des narvals une huile qu'on a préférée à celle de la baleine franche. Les Groënlandais aiment beaucoup la chair de ce cétacé qu'ils font sécher en l'exposant à la fumée.

On emploie la défense ou l'ivoire du narval aux mêmes usages que l'ivoire de l'éléphant, et même avec plus d'avantage, parce que, plus dur et plus compact, il reçoit un plus beau poli et ne jaunit pas aussi promptement. Les Groënlandais en font des flèches pour leur chasse et des pieux pour leurs cabanes.

Le cachalot est égal par ses dimensions à la baleine, il en diffère par ses dents coniques ou cylindriques qui garnissent sa mâchoire inférieure ; on trouve dans sa tête une substance particulière, sorte d'huile qui se fige par le refroidissement, et connue dans le commerce sous le nom impropre de *blanc de baleine ;* on trouve dans ses intestins l'ambre gris. Les cachalots se rencontrent dans toutes les mers, surtout dans l'Océan équatorial, où ils voyagent par troupes de deux ou trois cents individus ; ils sont très voraces et mangent les baleineaux et les requins eux-mêmes.

Le cachalot femelle montre pour ses petits une affection plus grande encore que dans presque toutes les autres espèces de cétacés. C'est peut-être à un cachalot macrocéphale femelle qu'il faut rapporter le fait suivant que l'on trouve dans la relation de Fr. Pyrar. Cet auteur raconte que, dans la mer du Brésil, un grand cétacé, voyant son petit pris par des pêcheurs, se jeta avec une telle furie contre leur barque, qu'il la renversa et précipita dans la mer son petit, qui par là fut délivré, et les pêcheurs, qui ne se sauvèrent qu'avec peine.

Ce sentiment de la mère pour le jeune cétacé auquel elle a donné le jour, se retrouve entre tous les individus de cette espèce, et nous explique ce que nous lisons dans la relation du capitaine Colnett. Il raconte que lorsqu'on attaque une troupe de macrocéphales, ceux qui sont déjà pris sont bien moins à craindre pour les pêcheurs que leurs compagnons encore libres, lesquels, au lieu de s'enfuir, vont, avec audace, couper les cordes qui retiennent les prisonniers, repousser ou tuer leurs vainqueurs, et leur rendre la liberté.

Les cachalots résistent plus longtemps que beaucoup d'autres cétacés aux blessures que leur font la lance et le harpon des pêcheurs. On ne leur arrache que difficilement la vie, et on assure qu'on a vu de ces cachalots respirer encore, quoique privés de parties considérables de leur corps que le fer avait décomposées au point de les faire tomber en putréfaction.

La peau, le lard, la chair, les intestins et les tendons du cachalot macrocéphale sont employés, dans plusieurs contrées septentrionales, aux mêmes usages que ceux des narvals vulgaires. Sa langue y est recherchée comme un très bon mets. Son huile, suivant plusieurs auteurs, donne une flamme claire sans exhaler de mauvaise odeur, et l'on peut faire une colle excellente avec les fibres de ses muscles.

LES DAUPHINS

Le dauphin est loin d'approcher, par sa taille, de la baleine ou du cachalot, car il n'a que deux mètres de longueur. Sa mâchoire est garnie de dents nombreuses, et il n'a qu'un seul évent. Sa chair, ainsi que celle de la baleine, est dure et indigeste. Il n'est point d'animal sur lequel on ait répandu plus de fables. On a prétendu, par exemple, que les dauphins étaient sensibles à la musique et qu'ils recueillaient les naufragés.

Lorsque les dauphins nagent en troupes nombreuses, ils présentent souvent une sorte d'ordre : ils forment des rangs réguliers; ils s'avancent quelquefois sur une ligne, comme disposés en ordre de bataille; et si quelqu'un d'eux l'emporte sur les autres par sa force et son audace, il précède ses compagnons, parce qu'il nage avec moins de précaution et plus de vitesse; il paraît comme leur chef et leur conducteur, et fréquemment il en reçoit le nom des pêcheurs ou des autres marins.

Pline raconte qu'en Barbarie, auprès de la ville d'Hippone-Zaryte, un dauphin s'avançait sans crainte vers le rivage, venait recevoir sa nourriture de la main de celui qui voulait la lui donner, s'approchait de ceux qui se baignaient, se livrant autour d'eux à divers mouvements d'une gaieté très vive, souffrait qu'ils montassent sur son dos, se laissait même diriger avec docilité, et obéissait avec autant de célérité que de précision. Quelque exagération qu'il y ait dans ces faits, et quand même on ne devrait supposer, dans le penchant qui entraîne souvent les dauphins autour des vaisseaux, que le désir d'apaiser une faim quelquefois très pressante, on ne peut douter qu'ils ne se rassemblent autour des bâtiments et qu'avec les signes de la confiance et d'une sorte de satisfaction, ils ne s'agitent, se courbent, se replient, s'élancent au-dessus de l'eau, pirouettent, retombent, bondissent et s'élancent de nouveau pour pirouetter, tomber, bondir et s'élancer encore.

Les dauphins se nourrissent de substances animales ; ils recherchent particulièrement les poissons ; ils préfèrent les morues et les muges ; ils poursuivent leur proie jusques auprès des filets des pêcheurs et, à cause de cette sorte de familiarité hardie, ils ont été considérés comme les auxiliaires de ces marins, dont ils ne voulaient cependant qu'enlever ou partager le butin.

On les trouve dans toutes les mers ; aucun climat ne leur est contraire.

Les dauphins n'ayant pas besoin d'eau pour respirer et ne pouvant même respirer que dans l'air, il n'est point surprenant qu'on puisse les conserver très longtemps hors de l'eau sans leur faire perdre la vie.

LES MARSOUINS

Le marsouin est plus petit que le dauphin. C'est, de tous les cétacés, celui qu'on a le plus souvent occasion de voir, car il vit sur nos côtes et remonte même dans nos fleuves. On en a vu un dans la Seine ; il traversa tout Paris et alla se faire prendre au delà du pont d'Austerlitz. Lorsque les marins voient les marsouins jouer en grand nombre à la surface de la mer, ils disent que c'est un signe de tempête.

On trouve les marsouins dans la Baltique, près des côtes du Groënland et du Labrador, dans le golfe de Saint-Laurent, dans presque tout l'océan Atlantique et dans le Grand Océan. Les anciens les ont vus dans la mer Noire, mais rarement dans la Méditerranée. Ces cétacés paraissent plus fréquemment en hiver qu'en été dans certains parages, et dans d'autres, au contraire, ils se montrent pendant l'été plus que pendant l'hiver.

Leurs courses et leurs jeux ne sont pas toujours paisibles. Plusieurs des tyrans de l'Océan sont assez forts pour troubler leur tranquillité. Ils ont d'ailleurs pour ennemis les pêcheurs, des coups desquels ils ne peuvent se préserver, malgré la promptitude avec laquelle ils disparaissent sous l'eau pour éviter les traits, les harpons ou les balles.

Les Hollandais, les Danois et la plupart des marins de l'Europe ne recherchent les marsouins que pour leur huile; mais les Lapons et les Groënlandais se nourrissent de leur chair, qu'ils font bouillir ou rôtir après l'avoir laissée se corrompre en partie et perdre sa dureté; ils en man-

Marsouin sauteur.

gent aussi les entrailles, la graisse et même la peau. D'autres salent et font fumer la chair du marsouin.

Le dauphin ou marsouin orque a une grande puissance; il exerce un empire redoutable sur plusieurs habitants de l'Océan. Sa longueur est souvent de plus de huit mètres, et quelquefois de plus de dix; sa circonférence, dans l'endroit le plus gros de son corps, peut aller jusqu'à cinq mètres.

On trouve l'orque dans l'océan Atlantique, et on l'a vu, auprès du pôle boréal, dans le détroit de Davis.

La couleur générale de l'orque est noirâtre, le ventre et une petite

Marsouin à tête ronde.

partie du dessous de la queue sont blancs, et l'on voit souvent derrière l'œil une grande tache blanche. L'orque se nourrit de poissons et dévore les phoques; il est même si hardi, si vorace et si féroce, qu'il se jette quelquefois sur la baleine, la déchire à coups de dents, et l'oblige à se dérober par la fuite à ses attaques meurtrières.

Nous citerons encore le marsouin à tête ronde, le plus grand de tous les marsouins : il atteint quelquefois à huit mètres de longueur.

QUATRIÈME PARTIE

MOLLUSQUES. CRUSTACÉS. INSECTES

MOLLUSQUES

On nomme mollusques des animaux au corps constamment mou, sans squelette intérieur ou extérieur, enveloppés d'une peau, et le plus souvent d'une coquille à une ou plusieurs pièces ; ils sont terrestres ou aquatiques ; ceux-ci habitent l'eau douce ou l'eau salée. On divise cette classe d'animaux en six ordres :

1° LES CÉPHALOPODES

Les *céphalopodes* ont les pieds attachés soit sur la tête, soit autour de la

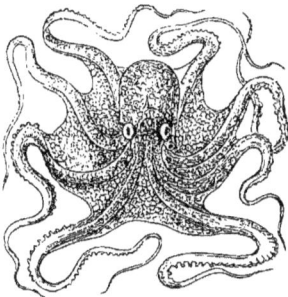
Poulpe.

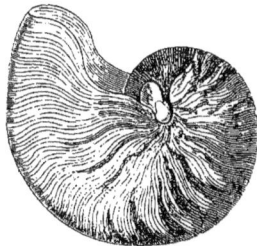
Nautile.

bouche, en sorte qu'ils se traînent le corps en haut et la tête en bas. Tous les céphalopodes sont marins et vivent de poissons et de petits crustacés :

18

parmi les principaux, on connaît les *poulpes*, les *calmars*, les *seiches*, les

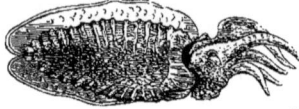

Seiche.

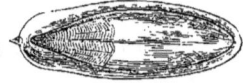

Os de seiche.

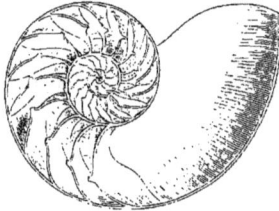

Nautile.

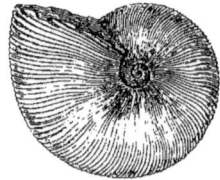

Ammonite.

argonautes, les *nautiles*, les *ammonites*, les *bélemnites* (ces deux derniers fossiles), la *spirule*, etc.

2° LES PTÉROPODES

Les *ptéropodes* ont pour organes du mouvement des nageoires placées comme des ailes de chaque côté de la bouche. Ils sont petits, privés d'or-

Ptérocère ou araignée de mer.

dinaire de coquilles ou n'en ayant que de très frêles. Ils flottent dans la mer, sans jamais se fixer; les baleines les avalent par millions. Parmi les principaux ptéropodes, nous citerons : les *ptérocères* et les *cymbalies*.

3° LES GASTÉROPODES

Les *gastéropodes* se meuvent en rampant sur un prolongement du disque de leur ventre appelé leur pied; parmi les principaux, il y a : les *pectinibranches*, les *hétéropodes*, etc.

Comme individus, nous citerons : l'*oreille de mer* ou *ormier*, le *lépas* ou *patelle*, les *cornets* ou *volutes*, le *murex* ou *rocher*, les *buccins*, les *pour-*

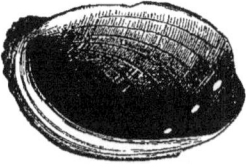

Oreille de mer.

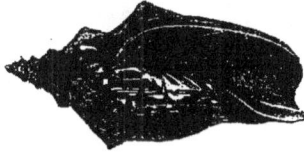

Volute, robe turque.

Patelle.

Colombelle.

Volute.

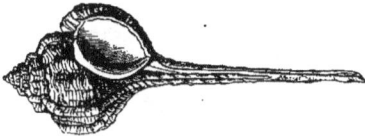

Rocher, tête de bécasse.

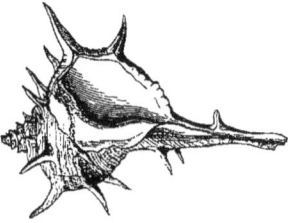

Rocher pourpre.

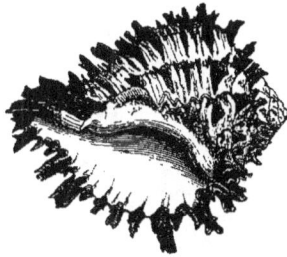

Rocher.

Porcelaine tigre.

Cône hébraïque.

pres, les *porcelaines*, les *cônes*, les *casques*, le *dauphinule*, le *limaçon* ou *escargot*, le *fuseau*, la *harpe*, les *nérites*, les *néritines*, les *natices*, les *olives*, les *oscabrions*, les *pyrules* ou *trompettes*, les *scalaires*, les *tonnes*, les

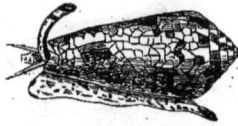

Cône.

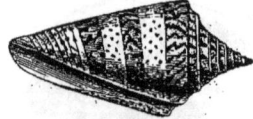

Cône Delessert.

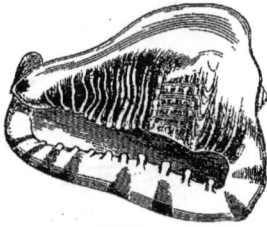

Casque.

Harpe.

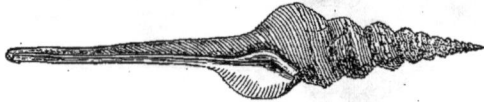

Fuseau.

Dauphinule.

Escargot pondant ses œufs.

Nérite.

Néritine.

troques, les *vis*, le *turbo*, la *cérithe*, la *colombelle*, les *licornes* et la *siliquaire*.

Tonne.

Troque, la maçonne.

Olive.

Scalaire.

Natice.

Vis.

Oscabrion.

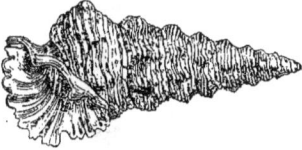

Cérithe.

Licorne.

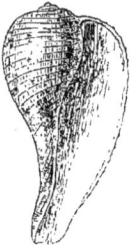

Pyrule.

Siliquaire.

Turbo.

4° LES ACÉPHALES

Les *acéphales* sont des animaux sans tête apparente, mais avec une

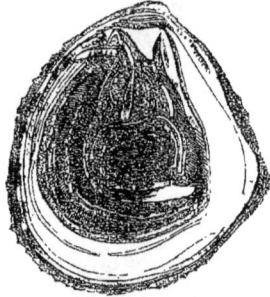

Huître.

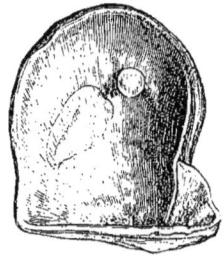

Mère-perle.

Moule.

Telline.

Moule.

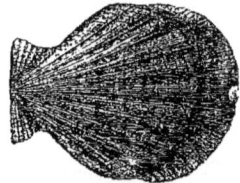

Peigne.

Vénus.

Bucarde.

bouche cachée dans les plis de la peau. Parmi les principaux individus de cet ordre nous citerons: *l'huître ordinaire, l'huître perlière*

ou *mère-perle ;* les *moules de mer* et *d'eau douce,* les *peignes,* les *pé-toncles,* qu'on connaît sous le nom de *coquilles Saint-Jacques* ou *coquilles*

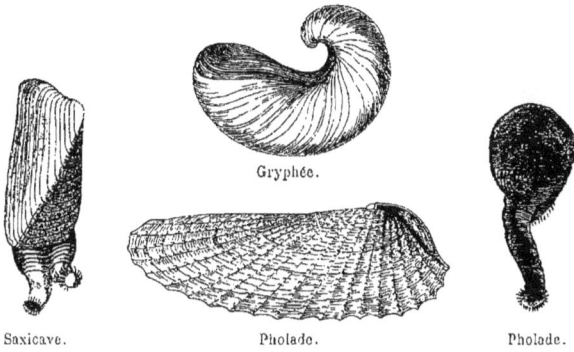

Gryphée.

Saxicave.

Pholade.

Pholade.

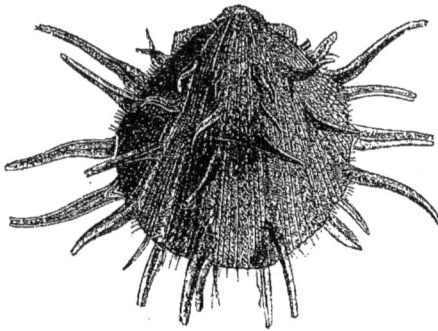

Spondyle royal.

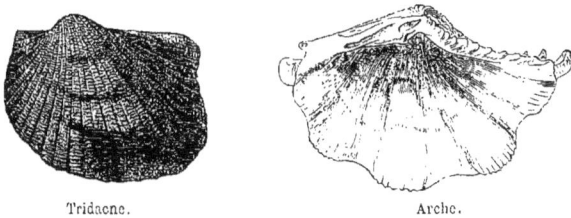

Tridacne.

Arche.

de *pèlerin,* les *bucardes* ou *cœurs de bœuf,* les *vénus* et les *cythérées ;* les *pholades,* les *solens* ou *manches de couteau,* les *gryphées,* les *saxi-*

caves ou *perce-pierre*, les *spondyles*, le *bénitier* ou *tridacne*, les *arches*, les *clavagelles*.

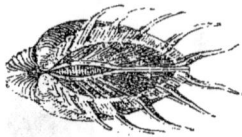 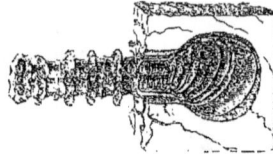

Cythérée.   Clavagelle.

5' LES BRACHIOPODES

Les *brachiopodes* sont des mollusques à coquilles bivalves, munis de deux bras charnus, garnis de nombreux filaments qu'ils peuvent étendre et retirer à volonté ; la bouche est entre les bases des attaches des bras.

Ils se fixent au rocher au moyen d'une sorte de pédoncule fibreux (petit

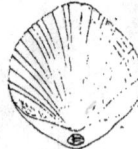

Térébratule.

pied) ou par une de leurs valves ; on les trouve rarement à l'état vivant, à cause des grandes profondeurs où ils se tiennent ; mais il y en a beaucoup d'espèces à l'état fossile.

Parmi les genres principaux, nous citerons : les *térébratules* et les *lingules*.

6' LES CIRRHOPODES

Les *cirrhopodes* sont caractérisés par des appendices fort longs, cornés, ayant la forme de vrilles et appelés *cirrhes*. Parmi les principaux cirrhopodes, nous citerons : les *balanes* ou *glands de mer* et les *anatifes à cinq valves*.

Les limites de cet ouvrage ne nous permettent d'entrer dans quelques détails que sur les principaux mollusques cités dans les six ordres précédents. Revenons sur nos pas. Les poulpes, avec leurs huit grands tentacules à peu près égaux, sont doués d'une force prodigieuse ; les animaux

qu'ils enlacent ne leur échappent pas ; on assure même qu'ils peuvent
faire périr un nageur en le serrant et en appliquant sur sa peau cent
cinquante ou deux cents ventouses. Le poulpe commun a de seize à vingt
centimètres de diamètre, et ses bras sont une fois aussi longs que son

Gland ou balane.

corps. Son ensemble figure assez bien un entonnoir renversé, dans le
fond duquel se trouve la bouche, semblable par la forme à un bec de
perroquet.

L'argonaute, qui habite une coquille mince, blanche, à demi transparente, ayant la forme d'une nacelle, se sert, dit-on, de six de ses bras

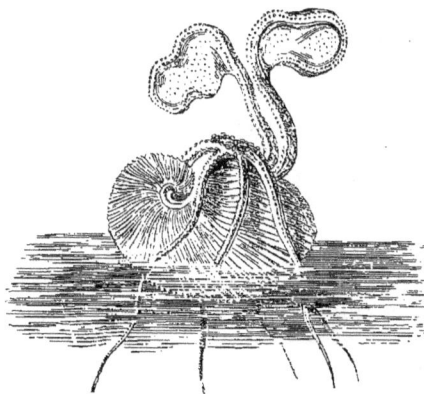

comme de rames, et des deux autres, élargis aux extrémités, comme de
voiles ; ainsi il peut naviguer. Cette assertion n'est pas basée sur des faits
positifs. L'argonaute se trouve assez communément dans la Méditerranée.

La coquille de l'ammonite, qui est divisée en spirale, n'est encore
connue qu'à l'état fossile ; l'intérieur présente de brillantes couleurs. On
l'appelle vulgairement *corne d'Ammon*.

La sèche ou seiche a cinq paires de bras, avec lesquels elle saisit sa proie ; sa peau menue et muqueuse forme sur le dos un sac sans ouverture intérieure, renfermant une coquille nommée *os de sèche* ou *biscuit de mer*. Quand on l'attaque, la seiche trouble et colore l'eau autour d'elle en répandant une liqueur noire, contenue dans une vessie placée près du cœur (de cette liqueur on fait la sépia).

Quelques naturalistes, à la suite de Pline, n'ont pas craint d'affirmer, mais bien à faux, qu'il existait une espèce particulière de poulpe (le kraken), capable d'embrasser avec ses pattes un vaisseau voguant à pleines voiles et de le faire sombrer. On connaît l'histoire de ce fameux poulpe des côtes d'Espagne, à tête grosse comme un tonneau, à pattes longues de dix mètres et grosses comme la jambe d'un cheval ; il sortait de la mer, disait-on, pour aller manger les poissons dans les réservoirs d'eau douce, malgré les murs et les palissades. Il fallut vingt ou trente hommes et des meutes de chiens vigoureux pour le prendre et le tuer.

Le limaçon (ou hélice) à coquille globuleuse vit d'herbes et de feuilles d'arbres. On en mange plusieurs espèces. Le *limaçon des vignes* (*vigneronne*), à l'approche de l'hiver, s'enferme dans sa coquille, dont il bouche l'entrée au moyen d'une membrane calcaire. La bouche du limaçon mérite d'être examinée avec soin : elle est munie d'une dent unique, en forme de croissant, au bord intérieur mince et tranchant, avec laquelle l'animal entame, taille, coupe et morcelle des feuilles, même dures et cornées. Le célèbre Spallanzani assure que si l'on coupe la tête d'un limaçon au-dessus ou au-dessous du cerveau, et si l'on a soin de mettre ce tronçon de corps dans un lieu convenable, sous le rapport des aliments, une nouvelle tête entière, avec ses organes distincts, reparaît au bout de deux ans environ, et ne diffère de la première que par son épiderme plus fin et plus lisse.

L'huître vit et meurt là où elle est née ; c'est à la mer de lui apporter sa nourriture, qui se compose de frai de poisson et de débris de toutes sortes, suspendus dans ses eaux. Il lui faut huit ans pour parvenir à la taille de celles qu'on vend sur nos marchés. Les plus estimées sont celles de la Manche. L'huître de la Méditerranée est appelée *pied de cheval*.

On pêche ce mollusque du mois de septembre au mois d'avril ; c'est dans les mois qui ont des *r* dans leur nom que les huîtres sont les meilleures. On les élève aussi dans des réservoirs particuliers ou parcs.

La plupart des marchés d'Europe sont approvisionnés d'huîtres venant des côtes de la Manche, entre Saint-Malo et le Mont-Saint-Michel, où on les pêche pendant toute l'année, excepté en été, avec la drague, sorte de râteau de fer placé à l'ouverture d'un large filet ou d'une poche en cuir. On les met ensuite en réserve dans un parc, à l'abri du vent, sur un fond de galets ; on doit éviter, si ce fond se découvre trop souvent aux basses marées, d'y laisser entrer une grande quantité de pluie qui est mortelle pour les huîtres. Il y a de ces parcs en plusieurs endroits de nos côtes : à Dieppe, à Étretat, à Courseul, à Saint-Vast.

Les huîtres les plus estimées des amateurs sont les *vertes*, ainsi appelées à cause de la couleur verdâtre qu'on leur fait prendre dans les parcs par des procédés particuliers.

L'huître à perle se pêche surtout autour de l'île de Bahrein, au Japon, et sur les côtes de l'Arabie Heureuse.

Tout le monde connaît les moules. Ces mollusques se servent d'une sorte de pied ou pédoncule pour ramper. On en trouve dans les eaux douces comme dans les eaux salées.

Il faut s'abstenir d'en manger pendant les mois de mai à septembre ; on croit que ce qui les rend dangereuses à cette époque, c'est le frai des étoiles de mer dont elles se nourrissent. On doit toujours les assaisonner avec du vinaigre et du poivre.

Les balanes ou glands de mer s'attachent souvent au corps des baleines et des cachalots, et les avertissent, dit-on, au moment où le pêcheur s'apprête à les harponner.

CRUSTACÉS

Comme les poissons, les crustacés respirent par des branchies ; ils sont couverts d'une *croûte calcaire* qui leur a fait donner leur nom ; ils ont les yeux multiples ; leur bouche présente quelquefois jusqu'à six paires de mâchoires ; on les trouve dans toutes les mers, dans les eaux douces, dans les creux d'arbres ou de rochers. Leur chair peu nutritive ne se digère pas facilement. Parmi les principaux crustacés nous citerons :

LE HOMARD

Le homard se distingue par sa carapace unie, par un rostre (l'extrémité de la bouche) petit, armé de chaque côté de trois ou quatre épines ; par ses branchies qui ressemblent à des bras, au nombre de vingt environ de chaque côté ; par ses pattes très grosses, de forme ovale, comprimées, inégales, terminées par de fortes pinces ; par ses antennes rougeâtres, son corps d'un brun verdâtre ; il devient tout rouge quand il est cuit. On le trouve communément dans l'Océan et dans la Méditerranée, près des côtes, au milieu des rochers, à une assez

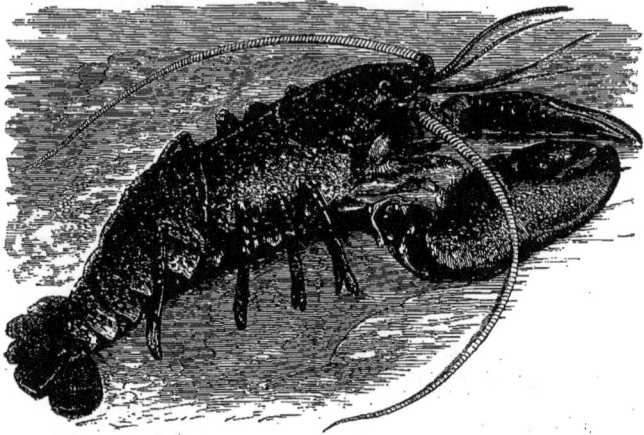

faible profondeur; il atteint environ cinquante centimètres de longueur.

LA LANGOUSTE

La langouste, qu'on confond souvent avec le homard, a les antennes fort longues et hérissées de poils ou de piquants et point de pinces ; cinq lames natatoires disposées en éventail terminent son abdomen; elle atteint à la même taille que le précédent et peut peser jusqu'à cinq ou six kilogrammes (dix ou douze livres), sa cuirasse demi-cylindrique offre un mélange de brun verdâtre, de rouge foncé et de bleu jaunâtre. On la rencontre communément sur les côtes de France et d'Algérie ; comme le homard, elle ne vit pas dans l'eau douce.

L'ÉCREVISSE

Ce crustacé a les six pattes de devant terminées chacune par une pince à deux doigts; les deux premières, très grosses et très fortes, ont la propriété, comme les antennes, de repousser si on les lui arrache ; on remarque six anneaux très convexes à sa queue. Elle passe du brun verdâtre au rouge par la cuisson ; cependant on a vu des écrevisses vivantes naturellement rouges. Elle habite les eaux douces ; chaque année elle change de test, on trouve alors sur elle, du côté de l'estomac, des concrétions pierreuses employées autrefois comme remèdes. Elle se nourrit de

poissons, de larves d'insectes, de chair en putréfaction ; sa chair est
bonne à manger, et on sert les écrevisses *en buissons* sur nos tables.

LA CREVETTE

Les crevettes ressemblent assez à de petites écrevisses ; on les distingue
à leur corps allongé, à leur tête petite et arrondie, à leurs quatorze pieds
dont les quatre de devant sont armés d'une main large, comprimée et à

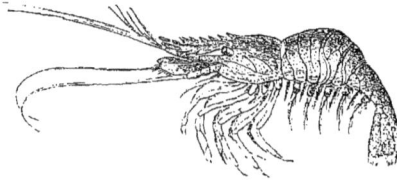

crochet ; les autres pieds finissent par un doigt simple et un peu recourbé ;
à l'abdomen on voit de longs filets très mobiles placés au-dessous de la
queue. On les trouve dans l'eau salée et même dans l'eau douce, où elles
mangent des insectes, des végétaux, des débris d'animaux, etc. On estime
surtout celles d'Angleterre et des côtes de Normandie.

LES CRABES

Les crabes ont le corps couvert d'une cuirasse calcaire plus large que
longue, tantôt dentelée comme une scie, tantôt assez profondément
découpée ; les yeux rapprochés et fixés chacun à l'extrémité d'un pédoncule ; leurs pattes de devant sont fortes et terminées par des pinces quelquefois très grosses ; leur queue appliquée sous le ventre se voit à peine.
D'un aspect désagréable et bizarre, marchant ordinairement de côté, ils
habitent en grand nombre les côtes de l'Océan et se nourrissent d'animaux marins morts ou vivants ; on connaît surtout le *crabe vulgaire*, le
tourteau ou *poupart*, le *gélasime* ou *crabe appelant*, ainsi nommé parce
qu'il a l'habitude de tenir une de ses pattes toujours élevée en avant de
son corps, comme s'il faisait le geste d'appeler ; les *cancres*, etc.

LE CLOPORTE

Tout le monde connaît cet animal de forme ovale, qui fuit la lumière et
vit dans les endroits humides, surtout sous les vieilles poutres et sous les
pierres ; il se nourrit de matières végétales et animales en décomposition.
Le *cloporte armadille* ou *cloporte des boutiques* est gris.

INSECTES PROPREMENT DITS

On a donné le nom d'insectes à de petits animaux dépourvus de squelette intérieur et dont le corps, dur extérieurement, est divisé en trois parties, la *tête*, le *corselet* et l'*abdomen*. Leur bouche est formée de deux lèvres entre lesquelles se meuvent horizontalement quatre mâchoires dont les plus petites s'appellent *mandibules*. Ils ont des yeux simples ou composés et à facettes ; ils portent d'ordinaire six pattes à leur corselet ; et sur leur abdomen se trouvent, en côté, des *stigmates* ou ouvertures des trachées par lesquelles ils respirent.

Ils subissent durant leur vie diverses métamorphoses curieuses au nombre de trois, pour la plupart d'entre eux.

1° Ils sont *larves* ou *chenilles* ; 2° *nymphes* ou *chrysalides* ; 3° *insectes parfaits*.

On les a divisés en huit ordres, d'après les caractères distinctifs tirés de leurs ailes.

1er ORDRE : COLÉOPTÈRES

C'est ainsi qu'on appelle des insectes caractérisés par quatre ailes dont les supérieures, dites *élytres*, dures et coriaces, cachent les inférieures qui sont membraneuses. Leurs antennes, de forme variable, ont ordinairement onze articles (onze divisions ou anneaux). Leur tête est jointe immédiatement au corselet formé lui-même de deux parties, l'une antérieure ou *prothorax*, l'autre postérieure et triangulaire, l'*écusson*.

Parlons des principaux insectes de cet ordre :

LUCANES OU CERFS-VOLANTS

Les lucanes sont surtout remarquables par leurs deux cornes longues et mobiles, leurs quatre antennes et leur trompe avec laquelle ils pompent le suc des chênes. Les Hottentots adorent ces insectes et leur immolent des bœufs ; l'homme qu'ils touchent seulement du bout de leurs ailes est regardé par eux comme sacré et presque divin. Les larves de cerfs-volants se trouvent dans les bois pourris. Elles ressemblent à un ver mou, assez gros, dont le corps courbé en arc est composé de treize anneaux distincts ; leur bouche est armée de deux mâchoires cornées très dures et très fortes, par le moyen desquelles ces larves rongent et réduisent le bois en une espèce de tan ; devenues plus grosses, elles construisent dans la substance même du bois une cellule ou coque ; après quoi elles se changent en nymphes et ne sortent de leur habitation que sous la forme d'insectes parfaits.

Elles ne vivent pas longtemps dans ce dernier état. Nous rangeons le *lamellicorne* à côté des lucanes.

SCARABÉES

On reconnaît les scarabées à leurs corps ovoïde ou convexe, à leur tête à chaperon muni d'une corne ; à leurs antennes courtes à six divisions ; à leurs grandes élytres : à leurs jambes ; à leur couleur noire ou brune ;

Lamellicorne.

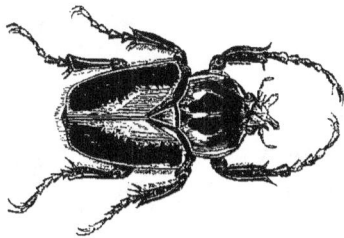

Scarabée géant.

les femelles n'ont point de cornes. Les principaux sont : le *scarabée nasicorne*, le *scarabée hercule*, l'*actéon*. En Égypte, le scarabée était l'emblème de la force et du courage guerrier.

Le *scarabée typhée*, entièrement noir et luisant, a la tête étroite, avancée ; le corselet a trois cornes dont deux latérales, longues, droites, dirigées en avant, et la troisième sur le milieu de la partie antérieure. Il se trouve dans toute l'Europe et surtout en France aux environs de Paris. Il se cache dans les bouses de vache et dans les fientes d'autres animaux.

GÉOTRUPES

Ces insectes ont beaucoup d'analogie avec les scarabées proprement dits. Parmi les principales espèces, nous nommerons : le géotrupe printanier, plus petit que le hanneton brun, d'un purpurin foncé ; le géotrupe des fumiers, présentant des couleurs mêlées de bleuâtre en dessous et de verdâtre en dessus. La larve de ces insectes ressemble à celle du hanneton, quoique plus petite. Elle subit ses métamorphoses dans la terre où elle s'enfonce.

ANTHRÈNES

Ce sont de jolis insectes colorés en dessus de charmantes couleurs et noirs en dessous ; on les trouve dans les fleurs dont ils sucent avidement la liqueur mielleuse contenue dans le calice; ils rongent aussi les cuirs, les peaux d'animaux empaillés, etc.

Leurs cornes sont surtout remarquables par des aigrettes de longs poils qu'elles redressent avec colère, comme les porcs-épics leurs piquants, quand on les inquiète.

BOUSIER

Linné a rangé les bousiers parmi les scarabées ; ils vivent dans le

Bousier.

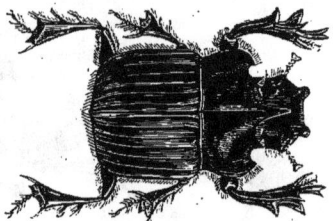

Bousier d'Égypte.

fumier et les excréments d'animaux, dont ils se nourrissent ; dans nos contrées, ils ne dépassent guère huit à dix centimètres de long et sont noirs ou bruns, avec un beau reflet métallique vert ; leur tête présente des cornes ou de petites éminences assez analogues aux cornes. Parmi les principaux sont le *bousier commun* et le *bousier d'Égypte*.

HANNETONS

On reconnaît le hanneton à sa tête courte, à ses yeux arrondis, à ses antennes divisées en articles, dont les sept derniers chez le mâle et les six derniers chez les femelles forment autant de feuillets. On voit paraître

Hanneton.

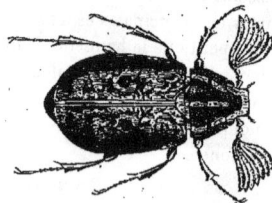

Hanneton foulon.

les hannetons vers la fin du mois d'avril. La femelle pond en terre vingt à trente œufs jaunâtres, d'où naissent les larves, appelées en France *vers blancs*, qui mettent plusieurs années à arriver à l'état d'insectes parfaits.

Les principales espèces de hannetons sont : le *hanneton ordinaire* et le *hanneton foulon*.

De tous les insectes malfaisants, il en est bien peu qui le soient autant que les hannetons. Depuis leur naissance jusqu'à la mort, ces insectes se nourrissent de substances végétales et nous font un tort considérable. Dans l'état de larves, ils rongent pendant deux, trois ou quatre années consécutives les racines tendres des plantes annuelles, celles des plantes vivaces et des arbrisseaux, et même celles des arbres les plus durs. En Europe, et dans tous les climats froids et tempérés, ces larves cessent leurs dégats pendant l'hiver, s'enfoncent plus profondément dans la terre, se forment une loge dans laquelle elles passent la mauvaise saison sans prendre de nourriture et dans une sorte d'engourdissement.

Devenus insectes parfaits, les hannetons abandonnent la terre et ne se nourrissent plus de racines, mais ils attaquent alors les feuilles des arbres et des plantes. Il y a des années où les espèces qui se trouvent aux environs de Paris sont si multipliées, qu'elles dépouillent dans peu de temps tous les arbres d'un champ et d'une forêt.

Les hannetons vulgaires rongent indistinctement toutes les racines dans leur premier état ; ils attaquent et détruisent les feuilles de presque tous les arbres dans leur état de perfection.

Une espèce de hannetons, commune dans les départements méridionaux de la France, ronge les bourgeons et les feuilles tendres des pins.

Le *hanneton de la vigne*, ainsi nommé parce qu'il dépouille la vigne de ses feuilles, attaque aussi le saule, le peuplier et la plupart des arbres fruitiers.

Pour connaître l'histoire des hannetons en général, il suffira de connaître celle du hanneton vulgaire, plus commun, plus nuisible, et qui a été plus observé que les autres.

Les hannetons vulgaires passent la plus grande partie de la journée immobiles et engourdis, attachés aux branches et aux feuilles des arbres ; ils prennent rarement leur essor quand le temps est chaud et sec ; mais après le coucher du soleil, pressés par le besoin de se nourrir, ils volent en bourdonnant d'un arbre à l'autre. Leur vol est lourd, pesant, inconsidéré ; ils heurtent tous les objets qu'ils rencontrent. On les voit souvent s'abattre du coup, et se relever pour reprendre leur vol, à moins que le choc n'ait été trop rude ou qu'ils ne se trouvent renversés sur le dos.

La durée de la vie des hannetons est très courte dans leur dernier état. Chaque individu vit à peine une semaine, et l'espèce ne se montre guère que durant un mois.

Les larves qui naissent des œufs du hanneton sont molles, d'un blanc sale, un peu jaunâtres. Elles ont six pattes courtes, écailleuses, une tête grosse, deux antennes composées de cinq pièces et neuf stigmates de chaque côté (trois faisant l'office de poumons). Elles n'ont point encore

19

d'yeux, du moins ceux qu'elles auront un jour sont cachés sous les enveloppes dont la larve doit se débarrasser peu à peu. Leur corps est composé de treize anneaux assez apparents. Elles naissent au commencement du printemps.

HISTER OU ESCARBOT

L'hister est reconnaissable à ses antennes terminées par trois articles globuleux, à ses pattes aplaties, triangulaires, à son corps carré, peu ou point renflé, à ses élytres plates, carrées et dures.

Il vit dans les fumiers, les charognes et les vieux arbres.

NÉCROPHORES

Les nécrophores ou *fossoyeurs* ont les antennes aussi longues que la

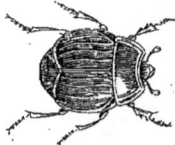
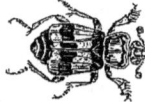
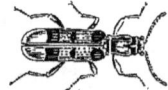

Hister ou Escarbot.   Nécrophore.   Clairon.

tête et terminées par quatre articles, le corps noir, les pieds roussâtres. Ils vivent sur les cadavres en putréfaction.

CLAIRON

Le clairon, au corps cylindrique, à la tête et au corselet plus étroit que l'abdomen, aux antennes longues, plus grosses aux extrémités, vit sur les troncs d'arbre ou sur les fleurs ; il dépose quelquefois ses larves dans les ruches des abeilles. Il est commun aux environs de Paris.

DYTIQUE

Le dytique a pour caractères : des antennes filiformes de onze articles

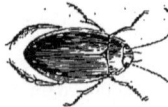

Dytique.   Hydatique.   Colymbète.

diminuant graduellement jusqu'à leur extrémité ; une bouche munie de six palpes ; un corps bombé ; il vit dans l'eau ; il est très féroce et se nourrit d'autres insectes. Il dépasse en grosseur le hanneton commun. On range, à côté du dytique, l'hydatique et le dytique colymbète.

CARABES

Ces insectes ont pour caractères distinctifs : le labre supérieur (lèvre supérieure) partagé en deux ; la dent de l'échancrure du labre inférieur

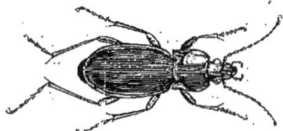 

Carabe sycophante.　　　　Carabe bombardier.

entière, et point d'ailes propres au vol ; ils sont plus utiles que nuisibles parce que, pour la plupart, ils vivent de chenilles et d'insectes. Quelques-

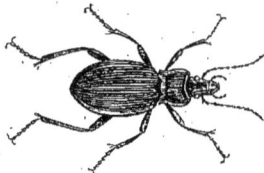 

Carabes ferrugineux.

uns offrent de fort belles couleurs. On les trouve d'ordinaire sous les pierres, et leurs larves sont déposées dans la terre et dans le bois pourri ; ils répandent une odeur pénétrante, analogue à celle du tabac. On con-

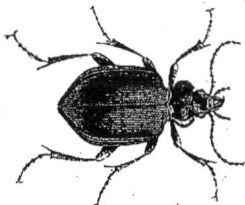 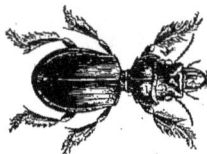

Calosum.　　　　　　Scarite.

naît surtout : le *carabe sycophante*, grand mangeur de chenilles ; le *carabe bombardier*, ainsi nommé, parce que, dès qu'on le touche, il jette par l'anus une fumée d'un bleu clair qui s'échappe avec un bruit semblable à la détonation d'une petite arme à feu ; enfin le *carabe ferrugineux*, qui passait pour anti-odontalgique (bon contre le mal de dents). Nous joindrons aux carabes le *calosum* d'un noir violet, long de douze à quinze millimètres et la *scarite*.

CICINDÈLES

Ces insectes sont remarquables par leur tête saillante, leurs mâchoires

Cicindèle.

ou mandibules très développées et fortement dentées, leurs yeux très gros. On les trouve dans les endroits sablonneux, où ils vivent de chasse. Il faut ranger à côté des cicindèles, les *manticores* et les *colliures*. La cicindèle commune a les antennes noires, la tête et le corselet verts, avec quelques taches cuivreuses, les élytres lisses, unies et vertes, marquées de six points blancs.

STAPHYLIN

Le staphylin a pour caractères : des antennes droites, grenues (à grains) ;

Staphylin.

des palpes (pièces de la bouche) filiformes ; des élytres courtes ; les pieds de derrière cylindriques. Les uns sont lisses et brillants ; les autres couverts de poils et velus comme les bourdons ; ils se trouvent, pour la plupart, sur les charognes, les excréments et le fumier.

BUPRESTES

Le nom de ces insectes vient de deux mots grecs qui signifient *enfle-bœuf*, parce qu'on croyait qu'ils faisaient enfler et crever les bœufs lorsque

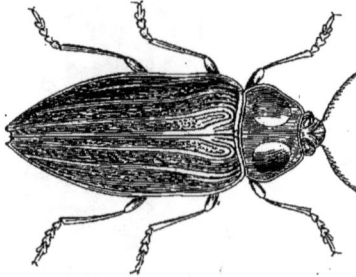

Bupreste.

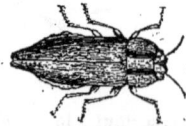

Bupreste rubis.

ceux-ci les avalent avec l'herbe sans les voir. On connaît plus de cent cinquante espèces de buprestes, étrangères pour la plupart et toutes remarquables par leurs belles couleurs métalliques. Nous citerons : le *bu-*

Bupreste allongé.   Petit bupreste.   Bupreste commun.

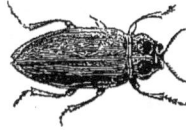

preste géant ; le *bupreste rubis* à tête d'un vert doré, aú corps rouge et noir (commun en France) ; le *buprestc allongé* et le *buprestc commun.*

TAUPINS OU ÉLATERS

Ils sont surtout remarquables par leur facilité à sauter à de grandes hauteurs. On les trouve sur les fleurs et les plantes. Une partie cornée et pointue placée sous le corselet, et qui s'enfonce et se relève subitement dans une cavité correspondante, permet à l'insecte placé sur le dos de sauter perpendiculairement et de retomber sur ses pattes.

LAMPYRES OU VERS LUISANTS

Les lampyres sont remarquables par leur corps mou et allongé. leur corselet à demi circulaire, et surtout par leur propriété de jeter une lueur phosphorescente. La femelle n'a point d'ailes.

CANTHARIDES

Les cantharides sont remarquables par leur corps élégant, d'un beau vert à reflet doré. La principale espèce est la cantharide vésicante, ainsi appelée parce qu'elle sert à faire les vésicatoires. On la trouve communément sur le frêne, le lilas et le troène.

MÉLOÉS

Parmi les méloés nous citerons le méloé proscarabée à corps mollasse, d'un noir violet, à tête grosse et pointillée, n'ayant point d'ailes. Il marche lourdement ; lorsqu'on l'écrase, il rend par toutes les articulations de son corps une liqueur grasse et onctueuse, d'une odeur assez agréable et qui, dit-on, est bonne pour guérir les plaies.

La femelle méloé dépose ses œufs dans la terre, où ils éclosent au bout d'un mois ; les larves, d'un jaune d'ocre, ont six pattes et deux antennes terminées par un poil ; elles tuent et mangent de tout petits insectes.

CRIOCÈRE

Elle a pour caractères : les tarses (parties postérieures du pied) munis de crochets, le corps allongé et brillant des couleurs les plus belles et les plus variées ; mais les larves sont courtes, molles, laides, et traînent après elles une sorte de fourreau ou de poche sale et déchirée.

CHARANÇONS

Ils ont pour principal caractère une tête terminée par une trompe qui porte des antennes ; leur nombre et leur petitesse rendent impuissants les moyens de les détruire ; ils mangent nos blés et nos fruits ; leurs

Charançon.   Curculis.   Charançon à trompe velue.

dégâts sont effrayants. Le froid les engourdit sans les faire périr, et ils peuvent supporter une chaleur de 70° Réaumur. Ils établissent leurs larves dans l'épaisseur des feuilles. Nous citerons seulement : le *charançon commun*, de couleur brunâtre ; le *charançon à trompe* velue, et le *curculis*.

COCCINELLE

Ces insectes, encore appelés *bêtes à bon Dieu*, offrent un cops de forme ronde, petit, convexe en dessus, plat en dessous ; tantôt ils sont rouges, tantôt jaunes, ou noirs avec des points disséminés. Ils tuent les pucerons et les mangent ; on doit se garder de les détruire.

CÉTOINES

Cette tribu nombreuse, qui comprend un grand nombre d'espèces ana-

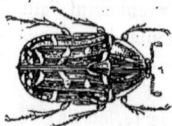

Cétoine dorée.   Cétoine jaune.

logues aux scarabées, est remarquable par ses belles couleurs métalliques

et variées, et des formes généralement lourdes et massives. Elles volent
en gardant leurs élytres fermées. On les trouve surtout sur les roses et
d'autres fleurs dont elles sucent avidement le suc, à la manière des abeilles.
La *cétoine dorée*, commune dans nos jardins, est d'un beau vert émeraude ; nous citerons encore la *cétoine jaune*.

CHRYSOMÈLES

Les chrysomèles ont pour caractères distinctifs : une tête engagée dans
le prothorax, des palpes à quatre articles, dont le dernier est plus court et
glandiforme (en forme de gland) ; des antennes à onze articles ; des

Chrysomèle variée.   Chrysomèle tortue.

élytres globuleuses et enveloppant entièrement le corps. Elles brillent des
couleurs les plus belles, mais elles se tiennent cependant dans les lieux
obscurs et redoutent la lumière du jour. Nous citerons la chrysomèle
variée et la chrysomèle tortue.

2ᵉ ORDRE : ORTHOPTÈRES

Pour caractères particuliers de ces insectes, nous indiquerons : quatre
ailes dont les deux supérieures sont courtes et demi-coriaces, en forme
d'élytres, et les inférieures, membraneuses, veinées et plissées en droite
ligne ; des antennes composées ordinairement de plus de onze articles ; la
bouche organisée pour la mastication ; le corps mou et allongé. Nous ne
pouvons parler que des principaux insectes de cet ordre.

PERCE-OREILLE

Il est remarquable par les petites pinces qui terminent son abdomen ; il
vit dans les lieux humides et se nourrit de fruits et de fleurs. Il est faux
qu'il puisse percer les oreilles.

BLATTES

Ces insectes, au corps mou et hideux à la vue, fuient la lumière et ne
sortent que pendant la nuit ; les mâles seuls peuvent voler.

Les blattes ont des ailes membraneuses, pliées longitudinalement et cachées sous deux étuis presque coriaces; deux antennes longues composées d'un grand nombre d'articles. Elles sont très faciles, à reconnaître par leurs pattes, qui ne sont propres qu'à la course, par leurs antennes placées au-dessous des yeux et leur corselet large et bordé.

Les ailes et les élytres manquent à la femelle de la blatte des cuisines; on aperçoit seulement un moignon d'élytre.

Les larves des blattes ne diffèrent de l'insecte parfait que par le défaut d'ailes. La nymphe n'en diffère non plus que parce qu'on lui voit le commencement des ailes et des élytres qui croissent et se développent peu à peu. Celle-ci d'ailleurs montre la même agilité et fait usage des mêmes aliments que la larve et l'insecte parfait.

Les blattes sont fort agiles; elles font plus ordinairement usage de leurs pattes que de leurs ailes, quoique quelques-unes volent très bien. La plupart fuient la lumière, comme nous l'avons dit plus haut, de là leur nom ancien de *lucifuges* (insectes qui fuient la clarté) : quelques espèces vivent toujours dans nos maisons, où elles sont très incommodes, et rongent tout ce qu'elles trouvent, mais principalement le pain, la farine, le sucre, le fromage et différentes provisions.

Elles se cachent pendant le jour dans les trous et les fentes des murs, derrière les tapisseries, dans les angles des armoires, etc. Elles sortent pendant la nuit et se répandent partout, mais la clarté d'une lampe suffit pour les écarter et les faire fuir.

La femelle pond un ou deux œufs très gros, presque de la grandeur de la moitié de son ventre. Dès que la larve est éclose, elle court et vit avec les insectes parfaits. On dit que la blatte des cuisines garde son œuf attaché extérieurement à elle pendant plusieurs jours.

SAUTERELLE

La grande sauterelle verte est connue de tout le monde. Son corps, d'un beau vert, laisse voir sur le dos une ligne et deux lignes pâles sous le ventre. Sa tête, placée verticalement, a quelque ressemblance avec celle du cheval.

Elle rumine, car elle a deux estomacs. La femelle pond ses œufs vers la fin de l'été dans les fentes de la terre ou dans le sable; après quoi elle meurt; le mâle ne lui survit pas longtemps.

Ses œufs, de couleur blanchâtre, gros à peu près comme un grain d'anis, enveloppés dans une sorte de membrane filamenteuse, restent en terre jusqu'au printemps; alors sortent des larves grosses comme des puces et qui passent en quelques jours du blanc gris au noirâtre et roussâtre. Au bout de vingt-cinq ou vingt-six jours la nymphe sauterelle, qui déjà saute cherche à se débarrasser de l'enveloppe qui la retient; elle est condamnée au jeûne, s'attache à quelque chardon ou à quelque épine, se gonfle, fait crever sa peau au-dessous du cou et sort par cette déchirure.

Les sauterelles ne volent guère par un temps obscur et froid ; mais elles franchissent d'assez grandes distances dans l'air par un beau soleil d'été. Elles se nourrissent d'herbes, de fruits, et même, dit-on, de miel.

On connaît la *sauterelle porte-selle*, de couleur cendré-brun mêlée de vert et ainsi nommée à cause de son corselet qui ressemble assez à une selle ; la *sauterelle contre les verrues* ainsi nommée parce que, suivant Linné, en mordant les verrues elle y répand une liqueur caustique qui les fait sécher ; la femelle de cette espèce porte à l'extrémité du corps une tarière grisâtre recourbée en cimeterre.

GRILLON

Le grillon des champs est brun avec des antennes minces et déliées, une grosse tête ronde et luisante, des yeux jaunes et proéminents. La femelle est armée à l'extrémité du corps d'une sorte de dard aussi long que son ventre et qui lui sert à déposer et à enfouir ses œufs en terre. Le grillon vit de fourmis et d'autres insectes.

Le grillon domestique est d'un brun cendré mêlé de bleuâtre ; il se trouve fréquemment dans nos villes, il se cache dans les cheminées, les fours. Il chante toujours, excepté quand le froid est très vif. Le grillon passe pour porter bonheur à la maison qu'il habite.

3ᵉ ORDRE : NÉVROPTÈRES

Nous indiquerons comme caractères des insectes de cet ordre : quatre ailes nues, transparentes, à nervures ordinairement de même grandeur ; une bouche organisée pour la mastication, des formes élégantes, de belles couleurs. Nous nommerons les principaux insectes névroptères.

TAUPE-GRILLON OU COURTILIÈRE

La courtilière est de la longueur du doigt et d'un gris sombre. Sa tête, assez petite, allongée, est garnie de deux antennes très déliées et de quatre antennules ; elle a trois yeux d'un brillant noirâtre et durs, et trois petits yeux lisses, tous rangés sur une ligne transversale. Le corselet ressemble à une cuirasse ; les élytres ne dépassent pas le milieu du ventre et sont croisées l'une sur l'autre ; les ailes, plus longues que l'abdomen, finissent en pointe ; le ventre est mou et se termine par deux appendices ; des espèces de griffes, assez semblables à des soies de sanglier, garnissent les pattes antérieures très grosses et aplaties.

On trouve la courtilière dans les lieux humides où elle passe la plus grande partie de sa vie, surtout dans les couches des jardins ; elle voyage la nuit en marchant lentement ou en sautant comme les sauterelles. Elle mange le blé, l'orge, l'avoine, dont elle fait des provisions pour l'hiver. Elle peut, sans mourir, supporter un jeûne de plusieurs jours ; ce qu'il y a de plus remarquable dans l'organisation intérieure de cet insecte, c'est qu'on y voit plusieurs estomacs comme dans les ruminants.

On nomme la courtilière *taupe-grillon*, parce que, après avoir creusé la terre, elle forme de petit monceaux de terre comme la taupe. On dit que si les porcs avalent un de ces insectes vivants, ils périssent aussitôt : la taupe-grillon leur pique et déchire les intestins avec les pinces dont sa tête est armée.

Pour nid, la courtilière choisit une motte de terre assez solide, qu'elle creuse et où elle dépose ses cent ou cent cinquante œufs, qui éclosent au mois de mai. Pour les détruire, on les arrose avec de l'essence de térébenthine ou de l'huile de noix.

LIBELLULES OU DEMOISELLES

Les libellules ont les ailes ouvertes et étendues comme les feuillets d'un livre ; le corps mince et allongé. Elles subissent les trois métamorphoses dont nous avons déjà parlé plus haut. La libellule commune a six à sept centimètres de long.

Si les épithètes de belles et même de jolies peuvent être données à des

mouches, dit Réaumur, c'est à celles-ci ; leurs quatre ailes n'ont point à
nous offrir, à la vérité, des couleurs aussi variées que celles qui ornent les
ailes de divers papillons ; les leurs sont extrêmement transparentes et
paraissent de gaze ; regardées en certains sens, on leur découvre du luisant
avec des éclats d'or ou d'argent.

C'est sur la tête, le corselet de beaucoup d'espèces différentes, que brillent les couleurs qui les parent. On ne trouve nulle part un plus beau bleu
tendre que celui qui orne le corps de quelques-unes ; le corps de quelques
autres est tantôt jaune, tantôt rouge, tantôt vert d'émeraude.

Les libellules se rendent dans nos jardins, parcourent les campagnes ;
elles volent volontiers le long des haies, des ruisseaux, des petites rivières

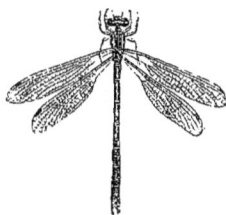

et des étangs. Quoique, par la gentillesse de leur figure, par un air de propreté et de netteté, elles soient dignes du nom qu'elles portent, on le leur
eût peut-être refusé si leurs inclinations meurtrières eussent été mieux
connues : loin d'avoir la douceur en partage, loin de n'aimer à se nourrir
que du suc des fleurs et des fruits, elles sont des guerrières plus féroces
que les amazones ; elles ne se tiennent dans les airs que pour fondre sur les
insectes ailés qu'elles peuvent y découvrir ; elles croquent à belles dents
ceux dont elles se saisissent ; elles ne sont pas difficiles sur le choix de
l'espèce ; j'en ai vu se rendre maîtresses de petites mouches à deux ailes,
des grosses mouches bleues de la viande, de plusieurs papillons diurnes.
C'est leur inclination vorace qui les conduit le long des haies sur lesquelles
beaucoup de mouches et de papillons vont se poser.

Toutes les libellules tirent leur origine de l'eau. C'est dans les ruisseaux,
dans les étangs, les marais et les lacs, qu'elles vivent sous la forme de
larves et de nymphes, et on les y trouve pendant toute la belle saison,
mais surtout au printemps ; c'est alors qu'elles doivent se transformer en
insectes ailés.

Les larves et les nymphes marchent au fond de l'eau et sur les plantes
aquatiques : elles se tiennent souvent dans la boue, mais savent nager.

Les larves des libellules changent plusieurs fois de peau avant de parvenir à leur dernier état. Quand elles ont à muer, et elles en ont besoin

autant de fois que leur vieille peau est devenue trop étroite, elles se fixent, au moyen des crochets des tarses, indifféremment à des plantes aquatiques ou à quelque autre objet convenable. Ensuite, il se fait une fente à la peau tout le long du dessus du derrière de la tête, du corselet, de la poitrine, entre les étuis des ailes et les deux premiers anneaux du ventre. La larve, en gonflant le corps, peut faire cette crevasse à la peau, et c'est par l'ouverture de cette fente qu'elle tire peu à peu et par degrés tout le corps avec tous ses membres; on les voit glisser hors de la fente, et cela est opéré comme dans les autres insectes qui muent, par le gonflement, l'allongement et la contraction alternative des parties du corps, et en particulier des anneaux du ventre.

La dépouille que la libellule vient de quitter est si complète qu'il n'y manque pas une seule de toutes les parties extérieures; cette peau conserve même la figure qu'elle avait sur le corps de l'insecte, elle reste tendue et gonflée, sans qu'aucune de ses parties soit dérangée. A voir cette peau dans l'eau, on la prendrait aisément au premier coup d'œil, pour la larve même. Mais ce qui est surtout remarquable, c'est que les trachées qui sont au dedans du corps changent aussi en même temps d'enveloppe; les dépouilles de celles qui avaient été enfermées dans la poitrine sont alors entraînées hors de la fente du dos; on les voit sur la peau en forme de filets très blancs.

La plupart des nymphes doivent vivre dix à onze mois sous l'eau avant que d'être en état de se transformer en demoiselles. Les transformations de certaines espèces n'arrivent que dans certains mois : ce n'est qu'en mai et juin qu'on voit des demoiselles jaunes et à corps court quitter leur état de poissons.

Souvent les nymphes qu'on trouve sur les bords des ruisseaux, à quelques centimètres de l'eau, y rentrent après avoir respiré l'air; mais celles qui ont fait un plus grand chemin, quelques décimètres, par exemple, celles surtout qui déjà se sont cramponnées sur des tiges ou des branches de plantes, quittent résolument le fourreau qui les retient encore prisonnières.

ÉPHÉMÈRES

Les éphémères sont ainsi nommées à cause de la courte durée de leur vie : elles naissent après le coucher du soleil et meurent à son lever; d'autres ne jouissent que d'une heure ou deux d'existence. On reconnaît ces insectes à leur tête grosse, à leurs yeux saillants, à leurs quatre ailes minces, transparentes, placées comme celles des papillons; dix anneaux forment le corps, et du dernier sortent deux ou trois filets très minces, très longs, avec lesquels ces insectes se soutiennent sur l'eau. On les voit en grand nombre sur les marais, sur les ruisseaux, vers le milieu du mois d'août, où elles ne tardent pas à tomber mortes comme des flocons de neige; les pêcheurs s'en servent comme d'excellentes amorces pour prendre le poisson. Les femelles pondent chacune jusqu'à sept ou huit cents œufs, qui restent pendant trois ans au fond de l'eau pour éclore et subir leurs métamorphoses.

Il faut encore ranger dans les névroptères : les ponorbes, les friganes, etc.

4ᵉ ORDRE : HYMÉNOPTÈRES

Cet ordre contient des insectes qui se rapprochent beaucoup des névroptères; pour caractères, nous citerons : leurs ailes membraneuses, à nervures longitudinales, leur abdomen armé, chez les femelles, d'une tarière ou d'un aiguillon.

Il faut ranger parmi les hyménoptères : les *abeilles*, la *guêpe*, le *frelon*, l'*andrène*, la *fourmi*, etc.

LES ABEILLES DOMESTIQUES

Les abeilles domestiques forment trois classes d'individus distinctes : les mâles, les femelles et les ouvrières; ces dernières sont chargées de tous les travaux tant intérieurs qu'extérieurs; elles récoltent de quoi faire le miel et la cire pour construire les nids et nourrir les petits; elles se trouvent ordinairement au nombre de quinze ou seize mille dans une ruche où il n'y a qu'une seule femelle, et de deux cents à huit cents mâles.

Les femelles se reconnaissent à leur abdomen assez long proportionnellement; les ouvrières sont plus petites que les mâles et les femelles.

Chacun des gâteaux d'une ruche, placé parallèlement, est composé de cellules à six côtés, appliquées les unes auprès des autres, les unes contenant le miel, les autres, les œufs, et plus tard, les œufs devenus larves à la base des gâteaux; à l'entrée de leur demeure, les abeilles font une sorte de maçonnerie avec une substance particulière appelée propolis, qui provient des bourgeons du peuplier et de quelques autres arbres.

Les larves éclosent au bout de trois jours; elles sont de couleur franche, sans pattes, et roulées en cercle. Les abeilles ouvrières montrent pour elles la plus grande tendresse, le plus grand dévouement.

Dès qu'une reine naît, elle cherche instinctivement à tuer toutes les autres reines prêtes à sortir de leurs cellules pour lui disputer l'autorité suprême. « On les voit, dit Huber, se jeter sur les cellules royales et percer les reines de coups d'aiguillon. Cependant, si celles-ci parviennent à sortir, une lutte terrible s'engage : les rivales s'élancent l'une contre l'autre et se prennent par les antennes avec leurs mâchoires; la tête, le corselet, le ventre de l'une sont apposés à la tête, au corselet, au ventre de l'autre ; elles n'ont qu'à replier l'extrémité postérieure de leur corps pour se percer réciproquement et se tuer. Mais la nature n'a pas voulu que leurs duels fissent périr les deux combattantes : on dirait qu'elle a ordonné aux reines qui se trouvent dans la position que je viens de décrire de se séparer à l'instant même : dès qu'elles sentent que leurs aiguillons vont se croiser, elles se dégagent l'une de l'autre, et s'enfuient.

« Quelques minutes après s'être séparées, leur crainte cesse ; elles recommencent à se chercher ; elles se voient et s'élancent l'une contre l'autre. Elles se saisissent comme la première fois et se mettent dans la même position, puis se dégagent et s'enfuient encore. Les abeilles ouvrières sont fort agitées pendant ce temps-là, et le tumulte paraît s'accroître lorsque les adversaires se séparent. Je les vis deux fois de suite arrêter les reines dans leur fuite, les saisir par les jambes et les retenir prisonnières plus d'une minute. Enfin, dans une troisième attaque, la plus forte ou la plus acharnée des deux reines, court sur sa rivale au moment où celle-ci ne la voit pas venir ; elle la saisit de ses mandibules à la naissance de l'aile, monte sur son corps, ramène l'extrémité de son ventre sur les derniers anneaux de son ennemie et la perce ; elle lâche alors l'aile et retire son dard ; la reine vaincue tombe, se traîne languissamment, perd vite ses forces et expire bientôt après. »

Après ces combats, il en vient d'autres tout aussi redoutables : le massacre des faux bourdons. Des sentinelles, placées aux entrées de la ruche, repoussent tous les faux bourdons qui se trouvent dehors pendant que les ouvrières tuent ceux en dedans, même les larves et les nymphes de bourdons enfermées encore dans les cellules.

Il meurt beaucoup d'abeilles tous les ans, les unes de mort naturelle, les autres victimes des oiseaux, des mulots, des guêpes, des teignes, des araignées et des mites.

On trouve dans Huber tout ce qui a été écrit de plus intéressant sur les abeilles.

LES GUÊPES

On reconnaît ces insectes à leur corps lisse, à leur ventre qui ne tient au corselet que par un filet très fin, à leur couleur mêlée de jaune et de noir combinés par raies, à leur bouche évasée, assez semblable aux fleurs qu'on appelle en botanique *fleurs en gueules*.

Les guêpes vivent en société, ; nous signalerons deux ou trois espèces principales.

La guêpe commune, de la grosseur d'une abeille, a les antennes noires, les mandibules jaunes, le reste du corps noir et jaune. Elle vit dans des demeures souterraines. On l'appelle *guêpe domestique* parce que c'est elle qui envahit audacieusement nos maisons et qui va jusque sur nos tables, manger nos fruits. Le guêpier, creusé ordinairement à un pied et demi de profondeur, a pour entrée un trou assez étroit ; puis l'on voit une galerie qui conduit par de nombreux détours au centre même de l'habitation ; on trouve là une boule plus ou moins régulière enveloppée de plusieurs couches de papier séparées les unes des autres et formant un assemblage de petites voûtes. Le guêpier a jusqu'à douze ou quinze étages au milieu desquelles sont des colonnades. Les cellules ne servent qu'à contenir les larves. Quelque nombreuse que soit la population d'un guêpier, elle n'appartient généralement qu'à une seule mère qui fait sa ponte au printemps.

Les guêpes ne font aucune provision ; elles vivent au jour le jour, de vol et de rapine ; non seulement elles dévorent les viandes et les fruits, mais elles tuent les abeilles et les mouches, surtout ces grosses mouches bleues si communes en été dans les boutiques des bouchers.

La guêpe de Cayenne, appelée *guêpe cartonnière*, attache à une branche d'arbre son guêpier qui est fait d'une sorte de carton très solide. Il ressemble assez à une cloche allongée fermée en bas par un couvercle, n'ayant qu'une ouverture très étroite. Des galeries de même matière et de même forme sont disposées à l'intérieur, étage par étage, et percées parallèlement chacune d'un trou qui permet aux guêpes de circuler librement dans leur demeure.

La guêpe aérienne forme son nid avec des feuilles d'une sorte de carton qui ressemble à une grosse rose au moment de son épanouissement ; un vernis particulier en recouvre la surface et l'empêche d'être pénétré par la pluie.

La guêpe aérienne est la plus petite de toutes celles qui vivent en société.

FOURMIS

Les fourmis, si vantées par leur travail et leur économie, vivent en société dans des domiciles appelés *fourmilières*. On connaît en France deux espèces de fourmis : la grosse fourmi des bois et la petite fourmi des jardins. Chaque fourmilière contient : des fourmis mâles, faciles à distinguer par la petitesse de leurs corps et la grosseur de leurs yeux ; des fourmis femelles, grosses, grandes, armées d'un aiguillon à l'anus ; les mâles et les femelles ont des ailes ; les ouvrières, armées pareillement d'un aiguillon, n'ont pas d'ailes. Les mâles sont peu sédentaires, les ouvrières et les femelles sont toujours au logis, excepté pendant le temps des provisions.

On trouve d'ordinaire les fourmilières dans les terrains secs, au pied des vieux arbres ou sur des murs éboulés, toujours exposées au soleil levant. L'entrée est voûtée, et soutenue par des écorces d'arbre ou des morceaux de bois très menus.

Les fourmis vivent de fruits, de graines, d'insectes morts, de charognes, de sucre, etc. ; si l'on leur jette un lézard, un crapaud, un oiseau ou un rat, elles les dissèquent mieux que ne pourrait le faire le plus habile naturaliste. Elles ne gardent point de nourriture en réserve, comme on l'avait pensé d'abord ; elles mangent sur-le-champ le butin apporté dans leur habitation et rejettent leurs restes en dehors.

Les larves des fourmis sont blanches et oblongues ; les ouvrières en ont le plus grand soin et les apportent régulièrement à l'entrée de leur souterrain pendant les beaux jours d'été, pour les exposer aux rayons du soleil. Ces larves, privées de pattes, se transforment en nymphes blanches, molles et presque fluides.

Après la naissance des larves, les mâles et la plus grande partie des femelles périssent, et, l'hiver venu, on ne trouve guère dans les fourmilières que les ouvrières engourdies et entassées sans mouvement les unes sur les autres ; elles ne sortiront de leur léthargie qu'au printemps.

Parmi les fourmis étrangères, nous citerons : les *fourmis visitatrices* de Surinam, qui délivrent l'homme des araignées et d'autres insectes incommodes et nuisibles ; les *grosses fourmis* d'Amérique, qui, en une seule nuit, dégarnissent des arbres entiers de leurs feuilles, dont elles nourrissent leurs larves ; elles habitent à sept ou huit pieds de profondeur sous la terre ; les *fourmis mineuses*, communes aux Indes-Orientales ; elles ne marchent presque jamais à découvert, mais dans des galeries souterraines, qu'elles se creusent elles-mêmes, malgré les obstacles de toutes sortes ; pour exécuter leur travail, elles se partagent en deux bandes : les unes apportent les parcelles de terre destinées à garnir la voûte, les autres fournissent la matière visqueuse qui sert de ciment ; — les *fourmis saccharivores* d'Amérique, redoutées surtout des planteurs ; elles peuvent détruire en une nuit des centaines de cannes à sucre, qu'elles rongent par la racine et par les feuilles ; elles attaquent la volaille, les bestiaux, les enfants au berceau ; les rivières, les torrents des montagnes ne les arrêtent pas dans leur marche ; les premières de la troupe s'attachent à un morceau de bois, forment une chaîne, se cramponnent aux deux rives et servent ainsi de pont sur lequel toutes les autres passent sans danger.

5ᵉ ORDRE : LÉPIDOPTÈRES OU PAPILLONS

Un des ordres les plus remarquables et les plus nombreux des insectes est celui-ci. Pour caractères principaux des lépidoptères, nous indiquerons : quatre ailes longues, veinées, recouvertes d'une sorte de poussière farineuse, nuancées de diverses manières et composées d'écailles colorées ; tête fort petite, thorax bombé, bien plus court que l'abdomen, pattes assez longues, formées de cinq articles. Les papillons éprouvent de complètes métamorphoses.

Sous la forme de larves, les lépidoptères ont reçu le nom de chenilles, qui, parvenues à leur entier accroissement après trois ou quatre mues, doivent se changer en chrysalides ou nymphes pour devenir ensuite insectes parfaits.

Les chenilles ont ordinairement le corps long et cylindrique, couvert d'une peau membraneuse, nue ou hérissée de poils, composé de douze ou treize anneaux séparés par des incisions plus ou moins apparentes et garni de chaque côté de neuf stigmates que l'on peut apercevoir distinctement. La tête est couverte d'une peau écailleuse en forme de casque avec de petites antennes et des barbillons. La bouche est munie de deux fortes mâchoires par le moyen desquelles les chenilles rongent les feuilles, les fleurs et les fruits des plantes et des arbres, les pelleteries et toutes les diverses matières dont elles se nourrissent ; on aperçoit à la partie inférieure le petit trou par où passe et où doit se mouler le fil qu'elles tirent et auquel on a donné le nom de *filière*. Elles ont six pattes écailleuses aux trois premiers anneaux du corps, et plusieurs pattes membraneuses à crochets sur quelques-uns des autres. Le nombre de ces dernières varie, mais n'excède jamais celui de seize. Si sous leur dernière forme, les lépidoptères peuvent être un objet de curiosité pour leur parure, ils doivent, sous la forme de chenilles, devenir plus particulièrement un objet d'observation pour leur industrie.

Les chrysalides sont de figure plus ou moins conique ; elles sont couvertes d'une peau dure et écailleuse sur laquelle sont empreintes, quoiqu'un peu obscurément, les parties de l'insecte ailé ; le ventre est la seule partie mobile et divisée en anneaux par des incisions transversales.

Pour les chenilles comme pour les lépidoptères, nous suivons la division reçue le plus communément : *papillons* ou *diurnes*, *crépusculaires* ou *sphinx*, et *nocturnes* ou *phalènes*.

CHENILLES DES DIURNES

Les chenilles de cette famille sont de trois sortes : les unes ont la peau couverte de poils courts et si peu serrés qu'ils n'en cachent point le fond et sont comme demi-velues ; dans d'autres, la peau est rose, comme un peu chagrinée ; enfin les troisièmes sont les chenilles-cloportes, ainsi nommées parce qu'elles ressemblent en quelque sorte aux cloportes, ayant le corps très aplati et large, et portant ordinairement la tête cachée sous le premier anneau. Les chenilles de cette famille se suspendent pour se

20

transformer, par un lien de soie qui leur embrasse le dessus du corps; les demi-velues et les rases s'attachent par la partie postérieure du corps, mais les chenilles-cloportes se contentent de se fixer uniquement par un cordon qui leur passe en travers du corps. Les chenilles des deux premières sortes se transforment en chrysalides angulaires qui n'ont à la tête qu'une seule pointe conique; les chrysalides des chenilles-cloportes ne sont point angulaires.

Il y a d'autres chenilles qui ont une corne charnue et très flexible divisée en deux branches qu'elles font sortir du dessus de leur col, ou entre la tête et le premier anneau du corps quand elles le trouvent à propos. Quelques-unes de ces chenilles, quand elles doivent se transformer, filent autour de leur corps, comme celles de la famille précédente, une ceinture de soie et attachent les deux pattes postérieures à un monticule de soie, après quoi elles prennent la forme de chrysalides angulaires avec deux pointes coniques à la tête; d'autres attachent ensemble quelques feuilles au moyen de fil de soie et en forment comme un paquet dans lequel elles se métamorphosent en chrysalides, non pas angulaires, mais simplement coniques et sans pointe saillante.

Les chenilles de la troisième famille sont nommées *chenilles épineuses*, parce qu'elles sont hérissées de poils gros et assez durs pour piquer comme des épines; quelques-unes de ces chenilles ont des épines simples, d'autres en ont de composées ou de branchues, qui jettent des épines latérales. Le nombre des épines varie selon les espèces; les unes en ont quatre, d'autres cinq, d'autres six, d'autres sept et d'autres huit sur chaque anneau. Ces chenilles, pour prendre la forme de chrysalides se pendent toujours verticalement la tête en bas, en s'accrochant avec les deux pattes postérieures à un petit monticule de soie qu'elles se préparent, et leurs chrysalides, qui souvent sont toutes dorées ou bien ornées de taches dorées ou argentées, sont toujours angulaires, à courtes épines et garnies audevant de la tête de deux pointes coniques ou de deux espèces de pointes courtes; elles représentent comme une face humaine, ayant une éminence qui a assez la forme d'un nez.

CHENILLES DES SPHINX

Ces chenilles ont toujours seize pattes et sont toujours parfaitement rases : les unes ont la peau du corps lisse et unie; les autres l'ont un peu rude au toucher et comme chagrinée, mais toutes portent sur le onzième ou pénultième anneau une pointe conique élevée en forme de corne courbée en arrière, dure ou comme écailleuse. Le corps ferme et assez dur sous les doigts qui le touchent, est moins gros par devant que par derrière. Son diamètre augmente peu à peu jusqu'au seizième anneau qui porte la corne. Tantôt la tête est arrondie ou ovale et un peu plate en-dessus; tantôt elle est triangulaire, plate par devant et placée verticalement ou perpendiculairement au corps.

Quand ces chenilles se trouvent en repos, elles élèvent le devant du corps de manière que, dans cette attitude, elles ressemblent en quelque sorte à l'animal de la fable nommé *sphinx*. Un peu avant de se préparer à leur transformation, elles changent subitement et totalement de couleur, sans changer de peau; elles perdent toutes leurs belles couleurs et deviennent, en moins de douze heures, pâles et livides; grises ou brunes; elles cherchent alors, avec une sorte d'inquiétude, un lieu convenable pour y subir leur transformation, et ce lieu est ordinairement l'intérieur de la terre, où elles s'enferment, mais sans y former des coques de soie; d'autres restent à sa surface, où elles fabriquent des coques minces composées de grains de terre et de fragments de feuilles, qu'elles tiennent grossièrement ensemble avec des fils de soie, car elles sont de mauvaises fileuses. Elles se transforment ordinairement vers la fin de l'été ou au commencement de l'automne, et restent le plus souvent sous la forme de chrysalides pendant l'hiver.

Ces chrysalides, de figure conique, sont le plus souvent d'un brun marron, qui est la couleur des chrysalides coniques, en général; elles ont à l'extrémité postérieure du corps une pointe dure, raboteuse et un peu courbée; quelques espèces ont à la tête une partie relevée et recourbée en bas, qui repose sur la poitrine et qui ressemble assez à une espèce de nez; une portion de la trompe est logée dans ce nez. Les insectes qui sortent de ces chrysalides, au commencement de l'été, ont toujours une trompe longue.

CHENILLES DES PHALÈNES

Parmi ces chenilles, il y en a de toutes les figures: elles sont à seize, à quatorze, à douze, ou bien à dix pattes; ces dernières sont nommées *arpenteuses* ou *géomètres*. Les unes sont rases ou sans poils, d'autres sont à demi velues, d'autres tout à fait velues, à aigrettes, à brosses, etc., mais elles ne sont jamais épineuses ou garnies de pointes en forme d'épines sur le corps, ces dernières chenilles appartiennent uniquement aux papillons ou diurnes. Quelques chenilles entrent en terre pendant le jour et n'en sortent que la nuit pour se nourrir des feuilles des plantes. La plupart des chenilles vivent solitaires; mais d'autres aiment à se tenir en compagnie ou en société pour toujours, ou seulement pour une partie de leur vie, c'est-à-dire jusqu'au temps de leur transformation. Elles se font des nids de soie en commun, et plusieurs passent l'hiver ensemble dans ces nids, qu'elles savent fortifier à l'extérieur en y liant des feuilles; elles s'y trouvent alors dans un état d'engourdissement ou d'inaction jusqu'au printemps. D'autres chenilles solitaires passent l'hiver dans la terre pour en sortir au retour de la belle saison, et pour ronger les feuilles naissantes avant de se transformer. Les chenilles des phalènes vivent sur les arbres et les plantes, ou à découvert, ou cachées de plus d'une manière. Les unes roulent les feuilles ou les plient en paquet et y demeurent solitaires ; d'autres se tiennent dans les feuilles entre les deux membranes qui les composent et en mangent la substance : ce sont les chenilles *mineuses;* plusieurs petites chenilles, connues sous le nom de *teignes*, se font de petits logements ou de petites maisonnettes ordinairement cylindriques et creuses en dedans, qu'elles ne quittent jamais, les portant ou les traînant partout où elles vont ; ces loges sont faites, ou de membranes de feuilles, ou de laine et de poils, ou de soie mêlée de sable, ou de petits fragments de pierre, ou enfin de soie pure. D'autres se font des fourreaux non transportables. Les unes vivent de toutes sortes de grains; les autres rongent les meubles, les habits de laine, les pelleteries ; enfin, il y en a de véritablement aquatiques qui vivent dans l'eau et sur les plantes qui y croissent.

Les chrysalides des chenilles qui donnent les phalènes sont de celles qu'on a nommées *coniques*, dont le gros bout (celui de la tête) est ordinairement arrondi en forme de genou, l'autre bout est plus ou moins pointu.

Quoique leurs couleurs soient très variées, il y en a pourtant une qui semble dominer sur les autres : c'est le brun marron.

Avant de se transformer en chrysalides, les chenilles arpenteuses, au lieu de se filer des coques, se suspendent horizontalement au moyen d'un lien de soie qui leur entoure le corps. Plusieurs chenilles arpenteuses donnent des phalènes femelles sans ailes, ou tout au plus qui n'ont que des moignons d'ailes, tandis que leurs mâles en ont de fort bonnes. Quelques autres se font des coques en forme de bateau et de nasse à prendre le poisson ; elles se ménagent une ouverture pour sortir plus tard; elles sont pourvues d'une certaine quantité de liqueur caustique propre à délayer et à amollir la soie, après quoi elles n'ont qu'à agir contre une coque assez tendre pour s'y faire un passage.

D'autres coques de phalènes fort solides, et de la consistance du parchemin, sont faites de telle sorte qu'elles ont au bout, où se trouve la tête de l'insecte, une portion en forme de calotte qui s'en détache quand la phalène veut sortir.

Nous finirons l'article des chenilles par quelques mots sur les *arpenteuses*. Les chenilles arpenteuses à dix pattes n'ont jamais le corps fort gros, mais ordinairement très long, et elles sont toujours rases ; quand elles marchent, elles mettent le corps en boucle en rapprochant les pattes membraneuses tout près de la dernière paire de pattes écailleuses, en sorte que c'est comme si elles mesuraient le terrain en marchant. Elles entrent ordinairement dans la terre pour se transformer, et, n'ayant que peu de matière à soie, elles mêlent dans leur coque des grains de terre et d'autres matières étrangères. Pour sortir de leurs chrysalides, elles font sauter la pièce de la poitrine sans qu'il se fasse de fente en dessus du corselet.

C'est parmi les chenilles phalènes, qu'il faut ranger celles qui donnent les bombyx processionnaires. Ces chenilles sortent le soir de leur nid, comme pour chercher leur nourriture ; elles marchent à la file et comme en procession ; de là vient le nom qu'elles ont reçu de Réaumur.

DIURNES

On compte plus de huit cents espèces de diurnes. Nous nous bornerons à dire un mot des plus beaux, des plus rares, sans oublier quelques-uns des plus curieux.

Le *paon de jour*, aux ailes d'un brun fauve en dessus, a un œil sur chacune ; le dessous des ailes est également d'un brun fauve.

Le paon de jour.

Le *morio*, d'un beau noir velouté, tacheté de jaune et de bleu, passe, dit-on, une partie de l'hiver caché dans des trous.

La grande tortue.

L'Hébé.

Le *vulcain*, aux ailes d'un beau noir, a une large bande rouge et des plaques blanches sur les ailes supérieures. Il est très commun en France.

Citons encore le *protésilas*, la *grande tortue*, l'*ajax*, l'*agapénor*, la *pié-*

ride callidice, le satyre-norma, l'aurore cordamine, etc., le poirier ou grand paon, l'orion, l'hébé, le chardon (papillon du chardon) l'ortie (pa-

Le protésilas.

L'ogapénor.

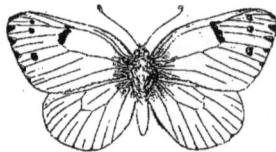

La piéride callidice.

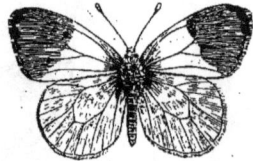

L'aurore cordamine.

Le satyre-norma.

L'ortie.

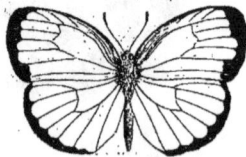

Le daphné.

L'hécabe.

pillon de l'ortie), le *daphné*, l'*hécabe*, le *navet* (papillon du navet), le *chou* (papillon du chou), la *rave* (papillon de la rave), la *coliade*, etc.,

Ce sont des lépidoptères au corps robuste, caractérisés par une tête allant un peu en pointe, par des ailes triangulaires, par un abdomen conique.

Le chardon.

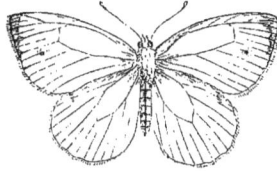

Le navet.

L'orion.

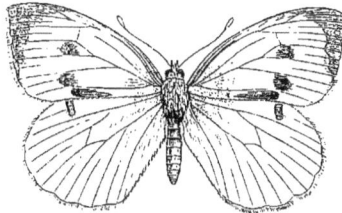

Le chou.

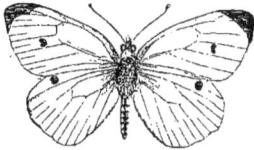

La rave.

La coliade.

Tête de mort.

Le sphinx gazé.

Ils ne se montrent qu'à la chute du jour et volent avec rapidité sur les fleurs dont ils pompent le suc. Parmi les principaux, nous citerons:

Le *sphinx atropos* ou *tête de mort*, ainsi appelé parce qu'il porte sur son corselet l'empreinte assez exacte de la face d'un squelette humain ; il est remarquable par sa grande taille, surtout par la faculté qu'il possède seul, parmi les insectes, de faire entendre un cri lorsqu'on l'inquiète ; ce

Le grand marronia.

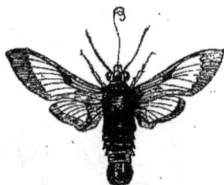

Le marronia.

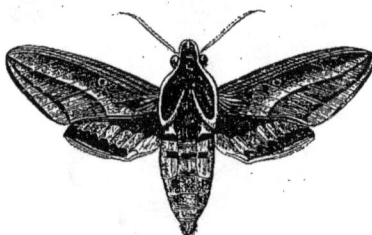

Le sphinx rayé.

Le sphinx liseron.

Le zygène.

cri ressemble assez à celui d'une souris. Il pénètre souvent dans les ruches, extermine les abeilles et dévore leurs larves et leur miel. — Le *sphinx gazé*, le *sphinx liseron*, le *sphinx rayé*, les *maronias* ou *sphinx du marronnier*, et la *zygène*.

NOCTURNES OU PHALÈNES

Ils sont caractérisés par des antennes diminuant d'épaisseur de la base à la pointe, et qui ressemblent assez, par leur forme, aux plumes des oiseaux. Parmi les principales phalènes, nous citerons :

La *saturnie,* le plus grand des lépidoptères d'Europe, qui a des ailes

La saturnie ou paon de nuit.

grises en dessus; une large bande d'un brun jaune clair sur le milieu de chaque aile; de plus un œil noir sur l'aile, avec un cercle blanc et un

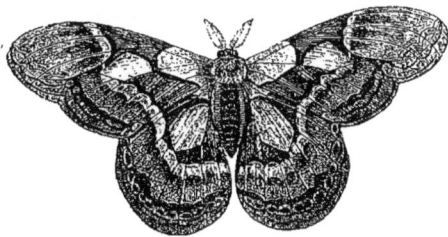

La petite saturnie.

rouge; le corps brun, le corselet roussâtre, l'abdomen gris. Il est commun en France sur les arbres fruitiers.

Il y a un autre paon de nuit un peu plus petit que le premier.

Le *bombyx du peuplier* ou *feuille morte* ressemble assez, comme son nom l'indique, à une feuille morte; il atteint une assez grande taille.

Le *bombyx du ver à soie,* autrefois type des bombycides, est aujourd'hui le type du genre séricaire; sa larve a la forme d'un ver grisâtre qui, après avoir subi quatre mues en trente-cinq ou quarante jours, commence à filer ; elle achève son cocon en trois ou quatre jours, devient chrysalide,

Le bombyx du peuplier ou feuille morte.

La noctuelle.

Le plumistaire.

puis insecte parfait. On nourrit les vers à soie avec des feuilles de mûrier. Les *noctuelles*, les *plumistaires*, etc., font partie de cette famille.

6ᵉ ORDRE : HÉMIPTÈRES

Pour caractères de ces insectes, nous citerons : quatre ailes, les supérieures cornues dans la première moitié, membraneuses dans leur partie terminale ; la tête garnie de trois soies aiguës formant un suçoir.

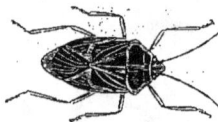

La punaise.

Il nous suffira de nommer les principaux hémiptères : la *puce*, la *punaise*, la *cigale*, la *cochenille*, le *puceron*, etc.

7ᵉ ORDRE : DIPTÈRES

Comme caractères principaux, on remarque deux ailes membraneuses, plus ou moins transparentes, presque toujours accompagnées de petits appendices écailleux appelés *balanciers* et *ailerons*, et leur servant, dit-on, à régulariser leur vol. Les diptères se nourrissent du suc des plantes, du sang des animaux et de matières en putréfaction.

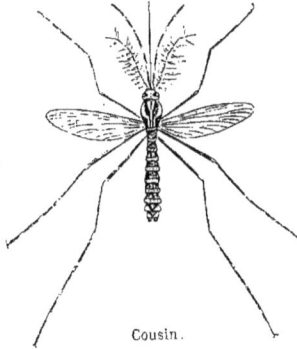

Cousin.

Nous nommerons seulement la *mouche*, les *cousins*, les *taons*, la *mouche à feu* et la *mouche à scie*.

Nous terminerons cet ouvrage par ces belles paroles de saint Augustin : « *Chaque espèce a ses beautés naturelles. Plus l'homme les considère, plus elles excitent son admiration, et plus elles l'engagent à louer l'auteur de la nature. Il s'aperçoit qu'il a tout fait avec sagesse, que tout est soumis à son pouvoir, et qu'il gouverne tout avec bonté.* »

FIN

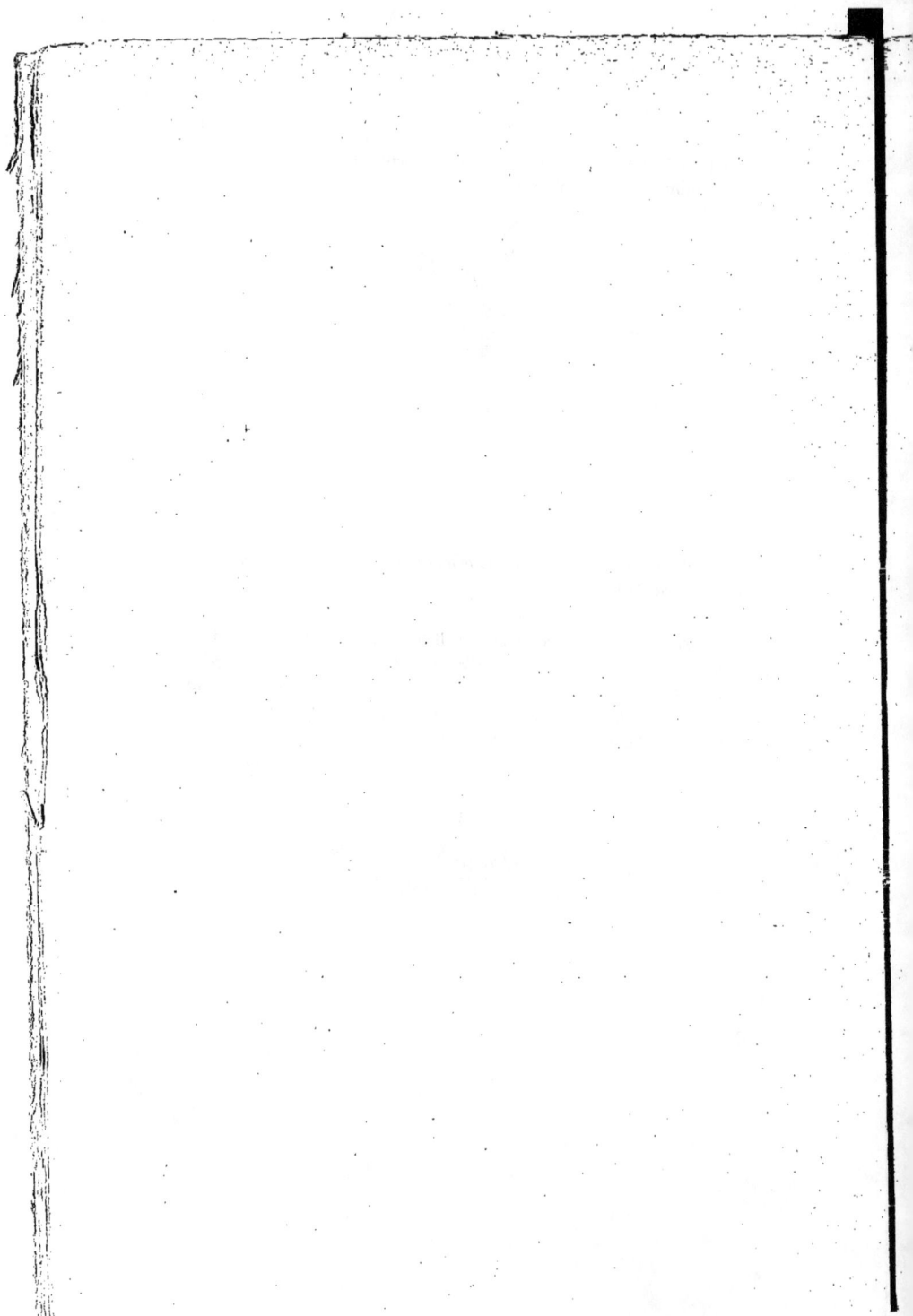

TABLE DES MATIÈRES

PREMIÈRE PARTIE

MAMMIFÈRES

ANIMAUX DOMESTIQUES

Le cheval...................... 1
L'âne.......................... 5
Le mulet....................... 7
Le bœuf et la vache............ 7
Le bélier, la brebis, le mouton...... 10
La chèvre...................... 11
Le cochon...................... 13
Le sanglier.................... 15
Le chien 16
Le chat........................ 20

ANIMAUX CARNASSIERS

Le loup........................ 22
Le renard...................... 25
Le blaireau.................... 27
La loutre...................... 28
La fouine...................... 29
La marte ou martre............. 30
Le putois...................... 31
Le furet....................... 32
La belette..................... 33
L'écureuil..................... 33
L'écureuil noir................ 34
Le rat......................... 35
Le loir commun................. 36
La souris...................... 37
Le mulot....................... 37
Le rat d'eau................... 38
Le campagnol................... 38
Le hamster..................... 39
Le chinchilla.................. 40
Le cochon d'inde............... 40
La musaraigne.................. 41
Le desman...................... 42
La taupe....................... 43
Le hérisson.................... 44
La marmotte.................... 45
L'ours......................... 47
Le castor...................... 51
Le raton-laveur................ 54

Le coati... 55
L'agouti....................... 56
Le lion........................ 57
Le tigre....................... 60
La panthère.................... 63
Le léopard..................... 64
Le jaguar ou tigre d'Amérique...... 65
Le couguar ou lion des Péruviens.... 66
Le guépard ou léopard à crinière.... 66
Le lynx ou loup-cervier........... 68
Le chacal et l'adive.............. 69
Le serval...................... 70
L'ocelot....................... 71
La hyène 72
La civette..................... 73
La genette..................... 74
Chéiroptères ou chauves-souris..... 74

ANIMAUX SAUVAGES (non carnassiers)

Le cerf........................ 78
Le chevreuil................... 81
Le lièvre...................... 81
Le lapin....................... 82
Le pécari...................... 84
Le tamanoir ou fourmilier tamanoir.. 84
L'encoubert ou tatou à six bandes... 85
Le kangourou enfumé............. 86
La sarigue 88
L'éléphant (genre des pachydermes
  ou animaux à cuir épais)........ 89
Le rhinocéros.................. 91
Le chameau et le dromadaire....... 92
Le lama et la vigogne........... 94
Le buffle, le bison et le zébu....... 96
Le yack........................ 99
Le mouflon..................... 99
Le zèbre....................... 100
L'hémione...................... 100
L'élan et le renne............. 101
Le bouquetin et le chamois........ 103
Les gazelles, la gazelle antilope..... 104
Le nylgaul ou bœuf gris du Mongol.. 105

Le musc ou chevrotain porte-musc... 106
Le tapir............................ 107
L'hippopotame....................... 108
Le porc-épic........................ 109
La girafe........................... 110
L'unau ou bradype et l'aï.......... 112
Le koala............................ 113
Les gerboises, le gerbo............ 114
Le phalanger ou rat de Surinam.... 115
La mangouste ou rat de Pharaon.... 115
L'isatis ou renard bleu............ 116
Le glouton.......................... 117
Le kinkajou......................... 118
Le lemming.......................... 118
Les moufettes....................... 119
La zibeline ou marte zibeline...... 120
L'ornithorynque.................... 120

QUADRUMANES

Les makis : le mococo, le mongous,
  le vari........................... 121

SINGES

L'orang-outang pongo................ 123
L'orang-outang jocko................ 125
Le gorille et le chimpanzé.......... 125
Le magot............................ 127
Le mandrille........................ 127
Le mangabey......................... 127
La mone............................. 128
L'ouistiti.......................... 129
Le galago........................... 130
Le titi............................. 131

PHOCACÉS

Le grand phoque à museau ridé ou
  lion marin........................ 132
Le phoque à capuchon................ 133
Le phoque commun ou veau ma-
  rin............................... 133
Le morse ou vache marine et le dugong.............................. 134

DEUXIÈME PARTIE

OISEAUX

LES AIGLES

L'aigle commun, ou grand aigle..... 136
Le pygargue ou queue blanche...... 138
L'orfraie ou aigle de mer.......... 138

LES VAUTOURS

Le griffon.......................... 140
Le grand vautour.................... 140
Le condor ou vautour des Andes.... 140
Le serpentaire...................... 142

LE MILAN ET LES BUSES

Le milan et la buse................ 143
La bondrée.......................... 144
L'épervier.......................... 145
L'autour............................ 146
Le gerfaut.......................... 146
Le faucon........................... 146
La crécerelle....................... 147
L'émerillon......................... 147

OISEAUX DE PROIE NOCTURNES

Le grand-duc........................ 148
Le hibou ou moyen-duc.............. 148
La hulotte et le chat-huant........ 150
L'effraie........................... 150

LES PIES-GRIÈCHES ET LES MERLES

La pie-grièche grise............... 151
Le loriot........................... 152
Le mauvis........................... 152

Le merle............................ 153
La grive, la draine et la litorne...... 154

LES GOBE-MOUCHES

Le gobe-mouches commun, le gobe-
  mouches noir...................... 155

LES GROS-BECS

L'ortolan, le bruant, les veuves, les
  bengalis et les sénégalis......... 156
Le bouvreuil........................ 157
Le pinson........................... 158
Le moineau et le friquet........... 158
Le serin des Canaries et le serin do-
  mestique.......................... 159
La linotte.......................... 160
Le chardonneret..................... 161
L'étourneau ou sansonnet........... 161

LES CORVIDÉS

Le corbeau et la corneille......... 163
La pie, le geai et le rollier...... 163
L'oiseau de paradis ou paradisier... 166

LES GRIMPEREAUX

La huppe et le grimpereau.......... 167
L'oiseau-mouche et le colibri...... 168
Le martin-pêcheur ou alcyon....... 169

LES MOTACILLES

Les mésanges........................ 170
Le rossignol........................ 171

La fauvette...................... 172
Le rouge-gorge.................... 173
Le roitelet, la lavandière et la berge-
ronnette...................... 173
L'alouette....................... 174
L'hirondelle de cheminée, le martinet
et l'engoulevent................ 175

LES PICS

Le pic vert ou pivert, le coucou et le
toucan........................ 177
Les kakatoës (perroquets à queue
courte)...................... 179
Le jaco ou perroquet cendré...... 180
Les aras (perroquets à queue courte).. 181

GALLINACÉS

Le pigeon, le ramier et la tourte-
relle......................... 182
La perdrix grise, la perdrix rouge et
la caille..................... 183
Le paon et la lyre............... 186
Le coq et la poule............... 187
Le faisan ordinaire, le faisan doré.. 189
Le dindon et le hocco............ 190
La pintade et les outardes........ 191

BRACHYPTÈRES

L'autruche...................... 193
Le casoar et le dronte........... 194

OISEAUX AQUATIQUES. — ÉCHASSIERS

Le grand pluvier, le vanneau...... 195

L'ibis.......................... 196
La grue et l'oiseau royal.......... 198
La cigogne et le marabout........ 199
Le héron commun, le butor et l'ai-
grette........................ 200
Le râle de terre et le râle d'eau.... 202
L'huîtrier ou pie de mer et la spa-
tule.......................... 203
La bécasse et la bécassine........ 204
Le flammant ou phénicoptère...... 205

PALMIPÈDES

Le cygne........................ 207
L'oie........................... 208
L'eider......................... 209
Le canard....................... 210
Le canard siffleur et la macreuse... 211
Les sarcelles.................... 211
Le pélican...................... 212
La frégate...................... 213
Le cormoran..................... 214
L'avocette et les hirondelles de mer.. 214
Les goëlands et les mouettes, le labbe
ou stercoraire................. 216
Les pétrels ou oiseaux de tem-
pêtes......................... 217
L'albatros...................... 218
Le grèbe........................ 219
Le macareux..................... 219

LES PLONGEONS

Les pingouins et les manchots ou
oiseaux sans ailes.............. 221

TROISIÈME PARTIE

REPTILES ET POISSONS

LES TORTUES

La tortue grecque................ 223
La tortue bourbeuse.............. 224
L'émyde......................... 224
La tortue franche................ 224

LES LÉZARDS

Le crocodile.................... 225
L'iguane........................ 227
Le chlamydosaure ou lézard à manteau 228
Le basilic...................... 229
Les petits lézards.............. 230
Le caméléon..................... 232
Le dragon....................... 232
La salamandre terrestre.......... 234

LES BATRACIENS

La grenouille commune, la rainette. 234
Les crapauds.................... 235

LES SERPENTS

La vipère....................... 238
L'aspic......................... 239
Le céraste...................... 239
Le serpent à lunettes ou naja...... 239
La couleuvre verte et jaune ou cou-
leuvre commune................ 240
Le boa ou devin................. 241
Le serpent à sonnette ou boiquira... 242
L'orvet......................... 243

POISSONS

La lamproie..................... 244
La raie batis................... 244
La torpille..................... 245
Le requin....................... 245
La scie......................... 246
L'esturgeon..................... 246
Le triodon, la mole ou lune de mer. 246

Le gymnote électrique............ 246
L'anguille et le congre............. 247
L'espadon................... 248
L'hippocampe.............. 249
La morue.................. 249
Le merlan, le thon et la bonite...... 250
Le maquereau................ 250
La scorpène horrible............. 251
Le rouget et le surmulet........... 252
La perche commune.......... 252
La dorade, la limande, la sole et la plie 252
Le turbot et le carrelet............ 253
Le saumon, la truite saumonée.... 253
Le brochet et l'exocet volant........ 254

Le hareng, la sardine, l'alose et l'an-
  chois.................... 255
La carpe, le barbeau............. 257
La tanche............... 258
Le chabot.................. 259
La loche.............. 259
Le véron.................. 259
L'épinoche.................. 260

CÉTACÉS

La baleine et les baleinoptères...... 261
Les narvals et les cachalots......... 262
Les dauphins................. 264
Les marsouins................. 265

QUATRIÈME PARTIE

MOLLUSQUES. — CRUSTACÉS — INSECTES.

1° Les céphalopodes............... 267
2° Les ptéropodes.................. 278

MOLLUSQUES

3° Les gastéropodes............... 268
4° Les acéphales............... 272
5° Les brachiopodes............., .. 274
6° Les cirrhopodes............ 274

CRUSTACÉS

Le homard..................... 277
La langouste................. 278
L'écrevisse................... 278
La crevette................. 279
Les crabes.................. 279
Le cloporte.................. 279

INSECTES PROPREMENT DITS

1er Ordre. — Coléoptères............ 280

Lucarnes ou cerfs-volants......... 280
Scarabées.................. 281
Géotrupes................. 281
Anthrènes................., .. 281
Bousier.................. 282
Hannetons................. 282
Hister ou escarbot............. 284
Nécrophores.............. 284
Clairon.................. 284
Dytique................. 284
Carabes................. 285
Cicindèles.............. 286
Staphylin.............. 286
Buprestes.............. 286
Taupins ou élaters........... 287

Lampyres ou verts luisants......... 287
Cantharides.............. 287
Méloés.................. 287
Cricocère.............. 288
Charançons.............. 288
Coccinelle.............. 288
Cétoines.............. 288
Chrysomèles.............. 289

2e Ordre. — Orthoptères........... 289

Perce-oreille.............. 289
Blattes.................. 289
Sauterelle.............. 290
Grillon.................. 290

3e Ordre. — Névroptères........... 292

Taupe-grillon ou courtilière........ 292
Libellules ou demoiselles......... 292
Éphémères.................. 294

4e Ordre. — Hyménoptères........... 293

Les abeilles domestiques........... 295
Les guêpes.................. 296
Fourmis.................. 297

5e Ordre. — Lépidoptères ou papillons 298

Chenilles des diurnes............. 299
Chenilles des sphinx........... 300
Chenilles des phalènes........... 301
Diurnes.................. 304
Nocturnes ou phalènes........... 307

6e Ordre. — Hémiptères........... 308

7e Ordre. — Diptères............... 309

4419-96. — Corbeil. Imprimerie Éd. Crété.

www.ingramcontent.com/pod-product-compliance
Lightning Source LLC
Chambersburg PA
CBHW060417200326
41518CB00009B/1383